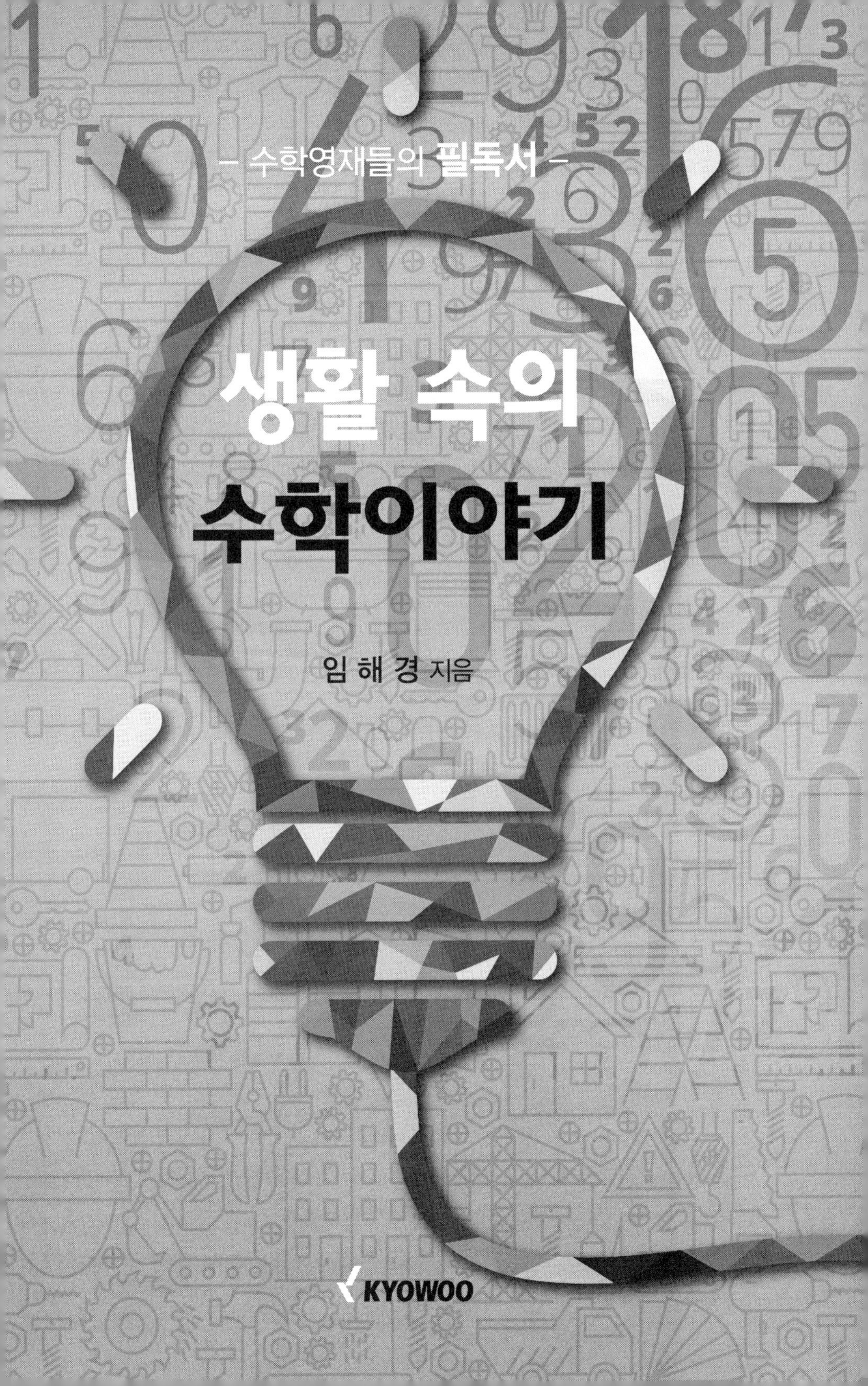

– 수학영재들의 **필독서** –

생활 속의 수학이야기

임 해 경 지음

KYOWOO

발간사

골치 아프고 어렵고 재미없는 수학, 돈 계산 할 때만 필요한 수학이라고 치부되며 늘 외면당하는 수학. 수학은 억울하다.

1994년 필즈상을 수상하고 현재 샌디에고 캘리포니아 대학(UC San Diego) 교수이며, 우리나라의 고등과학원에서 석학교수를 지낸 에핌 젤마노프(Zelmanov, Efim) 교수는 '수학은 2천 년 전부터 어려웠고 지금도 어렵지만 매우 중요한 과목'이라고 말한다. 그는 또 '모든 학생들이 수학을 잘 해야 한다고 일률적으로 강요하는 교육철학이 문제'라고 지적하기도 한다. 사람들은 전공이 아닌 분야에 대해서도 상식 수준의 지식은 가지고 있기 마련이다.

이 책의 내용은 그런 상식적인 지식만으로도 쉽게 수학에 다가갈 수 있게 만든다.

무심코 지내는 우리의 생활과 자연 속 곳곳에 숨어있는 수학 내용, 알면 생활에 조금 또는 많이 도움이 되는 내용, 고정관념과는 다르게 의외의 결과를 나타내는 내용, 신기한 사실, 재미있는 퍼즐, …….

이런 것들이 이 책의 소재들이다.

제목에서 말하고 있듯이 이야기처럼 가볍게 읽을 수 있으며 쉽게 이해할 수 있도록 노력하였다. 가장 쉽게 설명할 수 있는 사람이 가장 실력 있는 사람이라고 미래 교사인 학생들에게 내가 늘 강조하는 말이다. 교정을 봐 준 R은 불어 전공을 하였지만 딱 한 곳을 빼고는 모두 이해하면서 읽었다고 하니 대부분의 독자들도 그러할 것으로 기대한다.

이 책은 2015년에 쓴 『퀴즈로 알아보는 수학이야기』에 9개의 주제를 추가하여 새롭게 출간한다.

처음 쓸 때에는 〈생활과 수학〉 강의의 교재가 필요하기도 하여 연구년 과제로 집필을 시작했었다.

어느 날 TV 프로그램인 〈문제적 남자〉 제작팀에서 『퀴즈로 알아보는 수학이야기』의 일부를 발췌 사용해도 좋다는 동의를 구해왔다.

〈문제적 남자〉는 우연히 채널을 돌리다 보고 깜짝 놀랐던 프로그램이다. 평소 TV 프로그램들의 영향으로 인하여 우리들의 가치관이 점점 더 외모지상, 황금만능으로 굳어져가고 있다는 생각으로 불만이었던 참에 예능의 주제가 수학이라니 고개를 갸우뚱하지 않을 수 없었다. 한편으로 이 프로그램이 얼마나 오래갈까하는 의구심도 들었다. 홈페이지의 문구가 더욱 맘에 든다.

'조각 같은 얼굴의 꽃미남만이 사랑받던 시대는 끝났다. 외모보다 두뇌……' 물론 발췌 사용에 동의했음은 말할 나위가 없다.

미국에서 사는 오랜 친구가 한국에 다니러 왔던 길에 이 책을 전해 주었는데 며칠 만에 뜻밖의 문자 한통이 도착했다.

'생각나면 잠들기 전에 니 책을 읽는데 수학은 뭐 사고 돈 계산할 때 뿐 인줄 알았는데 그게 아니네?'

반가운 정답이다!

끝으로 이 책이 수학에 관심 있던 사람에게는 지적 호기심을 좀 더 충족시키고, 반대의 경우라면 수학에 대한 생각을 좀 더 긍정적으로 바꾸는 데 기여해 주길 기대하면서

아, 그렇구나~

그런거였어?

신기하네!

재미있네!

이렇게 한번이라도 중얼거려 주신다면 저자로서 그보다 더한 기쁨이 없겠다.

2017년 7월

임해경

차례 CONTENTS

1 A4용지

Quiz

A4의 가로 : 세로

A4용지의 가로와 세로의 비를 아는가?

① 1 : 2 ② 1 : $\sqrt{2}$ ③ 2 : 3 ④ 황금비

Solution

현재 우리가 주로 사용하고 있는 A4용지의 규격은 1909년 독일의 물리학자 프레드릭오스트발트(Friedrich Wilhelm Ostwald, 1853~1932)에 의해 만들어졌다. 국제표준화기구 ISO[1)]는 독일의 종이규격을 참고하여 1975년 A와 B시리즈를 국제표준규격으로 정하였다. 현재도 미국에서는 레터(letter)용지와 리걸(legal)용지가 주로 쓰이고 있는데[2)], A4용지가 국제표준규격으로 정해진 데에는 합리적인 이유가 있다. A4용지는 원지인 A0용지를 반으로 자르는 과정을 네 번 반복하여 얻어진다. 이 때 A0를 반으로 잘라 A1을 만들 때 두 개의 도형이 닮음이 된다면 확대나 축소했을 때 남는 부분이 없어 잘라낼 필요가 없다는 경제적인 생각에서 나온 것이다. A0를 반으로 잘랐을 때 A1과 닮

1) International Organization for Standardization. 1791년부터 프랑스의 과학자들이 혼란한 상태에 있는 여러 나라의 단위를 표준화한 것이 계기가 되어 1899년 단위의 국제표준화가 시작되었다.

2) 종이뿐만 아니라 미국과 영국에서는 현재 국제표준단위를 사용하지 않고 foot-pound 시스템을 사용하고 있어서 세계화 시대를 살고 있는 다른 나라에 불편함을 주고 있다.

음이 되기 위해서는 A0의 가로를 1이라 하고 세로를 x라했을 때 $1:x=\frac{x}{2}:1$이 되어야 하므로 $x=\sqrt{2}$ 이다. 따라서 A4 용지의 가로와 세로의 비는 $1:\sqrt{2}$ 이다.

정답은 ②번

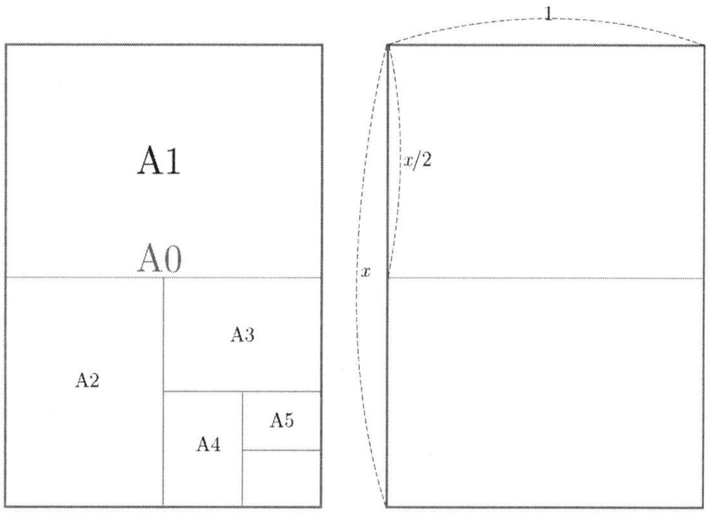

Quiz

A4와 B4

A4 용지와 B4 용지는 닮은꼴일까?

① 닮음이다 ② 닮음이 아니다

A4용지의 크기는 210×297(mm)이다.

닮음이 되도록 하기위해 가로와 세로의 비가 $1:\sqrt{2}$ 가 되었다는 사실

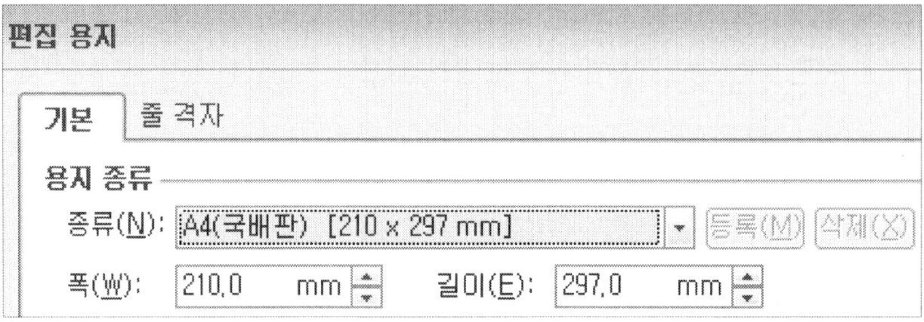

은 알았는데 가로나 세로의 길이가 200이나 300이 아니고 하필 210×297이 되었는지 궁금하다. 그 이유는 A0의 넓이를 1m^2가 되도록 한 때문이다.

가로와 세로의 비가 1: $\sqrt{2}$ 이면서 넓이가 1m^2가 되는 직사각형의 가로의 길이를 구해보자. 가로의 길이를 x라 하면

$$x \times \sqrt{2}\,x = 1\text{m}^2 = 1{,}000{,}000\text{mm}^2$$
$$x \fallingdotseq 840.9\ \text{mm}$$

그러니까 A0용지의 가로가 약 841mm이고, A4용지의 가로는 약 210mm이다.

한편 B0는 A0와 마찬가지의 경제적인 이유로 가로와 세로의 비는 1: $\sqrt{2}$ 이면서 원지인 B0의 넓이를 1.5m^2 되도록 하였다. 따라서 A0와 B0는 가로와 세로의 비가 같으므로 닮은꼴이다.

정답은 ①번

Test

A4용지와 B4용지의 닮음비는?

① 2 : 3 ② 1 : $\sqrt{2}$ ③ $\sqrt{2}$: $\sqrt{3}$

Solution

닮은꼴인 A0와 B0의 넓이의 비가 1 : 1.5 = 2 : 3이므로 대응하는 변의 길이의 비는 $\sqrt{2}$: $\sqrt{3}$ 이겠지?

정답은 ③번

국제표준규격 A계열 ISO A-series		국제표준규격 B계열 ISO B-series	
A0용지	840×1188(mm)	B0용지	1030×1456(mm)
A1용지	594×840(mm)	B1용지	728×1030(mm)
A2용지	297×594(mm)	B2용지	515×728(mm)
A3용지	420×297(mm)	B3용지	364×515(mm)
A4용지	210×297(mm)	B4용지	257×364(mm)
A5용지	148×210mm)	B5용지	182×257(mm)
A6용지	105×148(mm)	B6용지	128×182(mm)

미국에서 주로 쓰는 letter용지는 215.9×279.4(mm)이다.

letter용지는 A4용지보다 가로(폭)가 더 넓고 세로는 더 짧다.

A계열 용지와 B계열 용지는 모두 닮음이지만 letter용지는 그렇지 않다. letter용지의 유래에 대해서는 다양한 설이 있는데, 어쨌든 미국에서 국제표준을 따르지 않고 미국표준을 고집함으로써 국제적으로 불편함을 주고 있다.

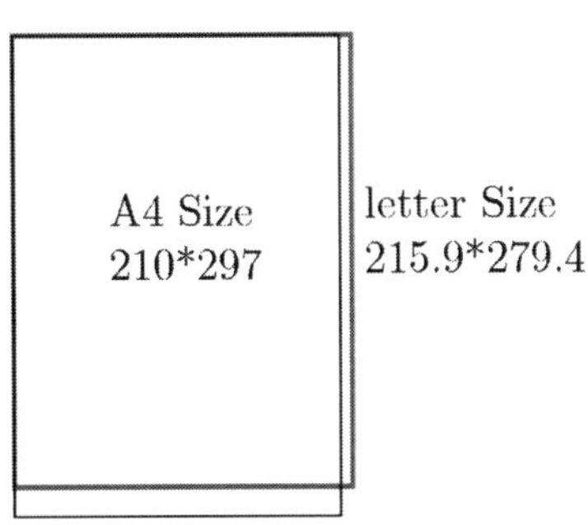

2 과수원의 사다리

Quiz

과수원의 사다리

송이네 밭에는 감나무가 열 그루 있는데 가을이 되어 감을 따려고 보니 감나무의 키가 너무 자라서 사다리가 필요하게 되었다. 송이는 지금 철물점에서 다음 중 어느 사다리를 사야할지 고민 중이다. 어느 사다리를 고르는 것이 현명할까?

①

②

Solution

의자 다리 네 개가 모두 다 바닥면에 닿지 않아서 기우뚱거리는 경우가 있다. 바닥이 흙으로 된 시골 장터의 선술집이 아니더라도 가끔은 그런 경험이 있을 것이다. 이런 경우의 원인은 무엇일까? 바닥면이 평평하지 않거나 아니면 다리의 길이가 똑같지 않기 때문이겠지. 이때 우리는 바닥에 닿지 않은 다리 밑에 무언가를 받쳐서 평형을 유지시키기도 한다.

자, 여기서 네 개의 다리 중 어떤 세 개는 동시에 바닥에 닿아 있다는 사실에 주목하자.

그럼 기우뚱거리지 않도록 다리를 하나 떼어버리면 어떨까?

그 대신 세 개의 다리가 고르게 분포(?)되도록 해 주면 되겠지. 이렇게, 아래 그림처럼 말이야.

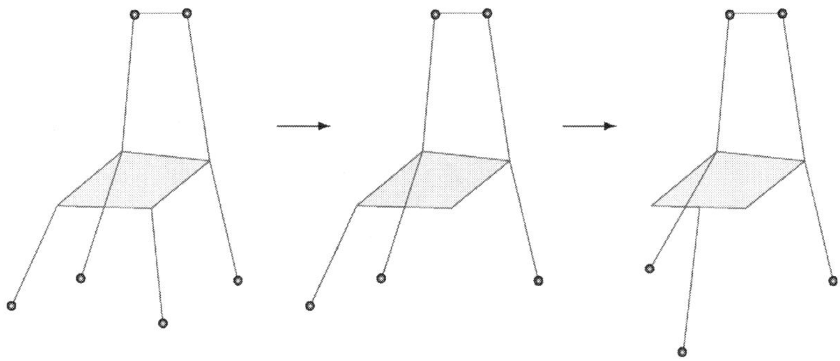

다리가 세 개인 이 의자는 좀 불안정하다고? 그렇게 따진다면 어렸을 적 아버지께서 내주신 수수께끼 하나가 떠오른다. 그 답을 듣고 얼마나 웃었던지(요즈음 쓰는 말로 '빵 터졌던'). 여러분도 한번 들어 보고 정답을 맞혀 보실까?

수수께끼

시골 쥐가 도시에 놀러왔다가 자동차가 너무 많아 눈이 휘둥그레졌단다. 시골보다 훨씬 더 넓은 도로에 쉴 새 없이 자동차가 지나다니니 길을 단번에 건너기가 어려워서 며칠을 고민하던 중 드디어 좋은 수를 발견하였단다. 차선의 한 중앙에 서 있으면 자동차가 머리 위를 지나가더라도 안전하다는 사실을 알게 되었단다. 그런데 어느 날

분명 차선의 한 가운데 서있던 이 쥐가 사고를 당하고 말았단다. 사고 차량은 어김없이 차선을 잘 지켰고, 이 쥐는 차의 한 가운데 서 있었는데. 그런데 왜 그랬을까?

그 이유는 지금은 거리에서 찾아 볼 수 없는 삼륜차였단다. 당시에도 흔히 볼 수 있는 보편적인 자동차의 모습은 아니었으므로 우리는 아버지께서 답을 말씀하시자 박장대소를 하였던 기억이 난다.

세 개의 다리를 가진 것은 평평하지 않은 곳에 세워놓아도 덜걱거리는 일은 없다. 그 이유는 세 점이 하나의 평면을 결정하기 때문이다. 이해를 돕기 위해 한 차원 낮은 예를 들어 설명해 보는 게 좋을 것 같다.

- 한 점을 지나는 직선은 무수히 많이 존재하듯이 두 점을 지나는 평면도 무수히 많이 존재한다.

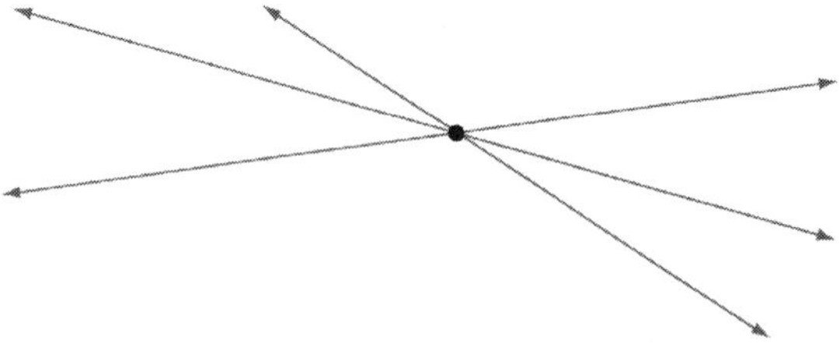

한 점을 지나는 직선은 무수히 많다.

• 두 개의 점을 지나는 직선은 유일하게 존재하듯이 세 개의 점을 지나는 평면은 유일하게 존재한다.

두 점을 지나는 직선은 유일하다.

• 세 개의 점을 지나는 직선은 일반적으로 존재하지 않으며, 세 점 중 두 개의 점을 지나는 직선 위에 나머지 점이 존재하는 특별한 경우에 세 점을 지나는 직선이 되는 것이다. 마찬가지로 평면 위에 네 점이 존재한다는 것은 세 점을 지나는 평면 위에 다른 한 점이 존재하는 경우인 것이다.

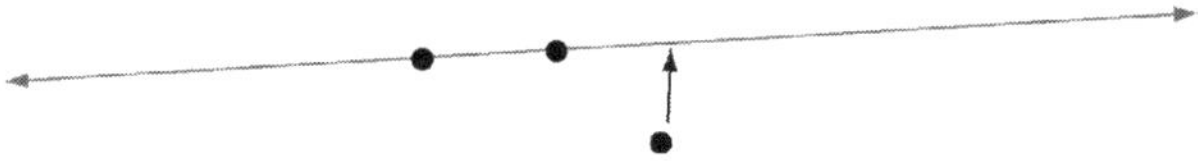

세 점을 지나는 직선은 일반적으로 존재하지 않는다. 두 점을 지나는 직선 위에 나머지 점이 존재하는 (특별한) 경우가 아니라면.

그러니까 네 개의 다리로 된 의자가 기우뚱거리지 않으려면 다리의 길이가 같고, 바닥이 평평할 때, 즉 세 다리의 끝점(세 점)을 지나는 평면 위에 네 번째 다리의 끝점(나머지 한 점)이 존재하는 것이다.

평평한 곳이라면 다리의 길이가 같은 네 발 의자, 다섯 발 의자, 여섯 발 의자, …를 사용해도 좋겠지.

그러나 바닥이 평평하지 않은 과수원에서 사용할 사다리는 세 개의 다리로 되어야만 한다, 기우뚱거리지 않도록.

정답은 ②번

어느 날 남편이 시골에 감을 따러 가야한다며 사다리를 사 가지고 왔다. 그런데 아뿔싸, 네 발 사다리였다. 하기야 남편이 세 발 사다리가 있다는 사실도 알 리가 없었겠지. 하는 수 없이 지금도 일 년에 한 번씩 사용하고 있는데 지난 가을엔 사다리가 기우뚱하는 바람에 큰일 날 뻔 했다. 과수원을 지나게 되면 유심히 살펴보게 되는데 그분들은 모두 현명하게도 세 발 사다리를 사용하고 계신다.

카메라 받침대가 삼각대인 이유도 똑같겠지?

도자기로 된 화분의 다리가 세 개인 이유도 마찬가지다. 평평한 곳에 놓을 것인데 다리가 왜 꼭 세 개일 필요가 있냐고?

내가 한 때 도자기 공방에 열심히 다닌 적이 있다. 머지않아 두 가지 이상의 취미생활을 할 수 있을 만큼 시간이 많을 때가 되면 다시 물레를 돌려야지 하고 생각하고 있다. 도자기 공방에서는 물레 작업을 하기 전까지 손으로 여러 가지를 만들면서 흙과 친해지게 된다.

흙으로 다리의 길이를 똑같게 만들고 평평한 곳에 세워서 평형을 잘 맞추어 말리더라도 가마

초보 시절 내가 만든 화분

에 들어가서 높은 온도로 구워지면서 다리의 길이가 달라질 수 있게 된다. 흙이 균질하지 않아서 수축의 정도가 다를 수 있기 때문이다. 다리를 세 개 만들어 주면 다리의 길이가 달라져서 한쪽으로 기울 수는 있지만 기우뚱거리지는 않을테니까.

3 삼각형과 사각형

Quiz

천장의 지지대

큰 체육관과 같은 건물의 천장을 올려다보면 지붕이 무너지거나 휘어지지 않도록 지지대 역할을 하는 구조물을 볼 수가 있다. 그림처럼 볼트로 연결되었다고 할 때, 지지대 역할을 하는 구조물 모양으로 적절한 것은 다음 중 어느 것일까?

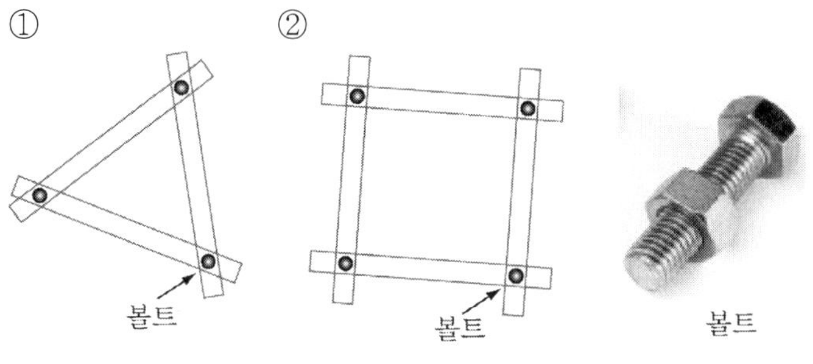

Solution

세 변의 길이가 주어지면 유일한 삼각형이 결정된다는 사실은 초등학교에서 배운다. 주어진 세 변을 가지고 합동인 삼각형 그리는 활동을 초등학교 5학년 교과서에서 다루거든.

한편 네 변이 주어졌을 때는 유일한 사각형이 결정되지 않는다. 가장 쉬운 예를 들어 보면 다음 그림처럼 네 변의 길이가 모두 같은 사각형은 다양하게 존재한다.

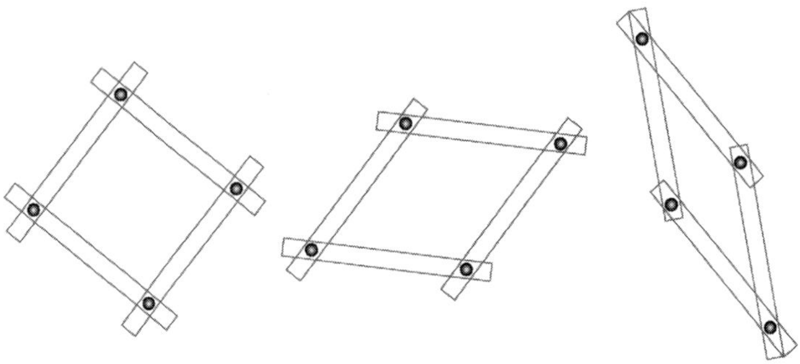

따라서 사각형의 경우는 볼트가 느슨해지면 모양이 변할 수 있으므로 지지대로서 적당치 않다. 삼각형은 볼트가 느슨해지더라도 모양의 변화가 없어서 튼튼한 지지대의 역할을 한다.

정답은 ①번

하지만!

때로는 마름모의 유연함이 필요한 곳도 있다.

접이식 대문

접이식 옷걸이

마름모의 유연함 덕분에 접이식 옷걸이는 벽면의 넓이를 고민하지 않아도 되며 지그재그형 철문은 수위아저씨 혼자서도 쉽게 문을 여닫을 수 있다.

4 시계

Quiz

시계의 큰바늘과 작은바늘

찬주네 집의 벽에 걸린 시계는 큰바늘과 작은바늘이 겹칠 때마다 종소리를 한 번 내고, 종소리가 날 때마다 찬주가 기르고 있는 다람쥐는 도토리를 한 개씩 먹는다고 한다. 찬주는 매일 아침 다람쥐가 하루 동안 먹을 정확한 개수의 도토리를 준비해 주어야 한다. 날마다 찬주가 챙겨야 하는 도토리는 몇 개일까?

① 22개 ② 23개 ③ 24개 ④ 25개

Solution

시계의 큰바늘과 작은바늘은 하루에 몇 번 겹칠까? 얼핏 생각하면 한 시간에 한 번씩 겹쳐서 24번 겹칠 것 같다. 실제로 시계를 돌려볼까? 하루를 0시부터 24시 직전까지로 하고 실제로 시계의 바늘을 돌리면서 세어보면, 0시에 겹치는 것을 시작으로 24시에 다시 겹치게 되는데 24

시는 다음날 0시이므로 24시 전에 겹치는 것까지 세면 22번 겹치는 것을 확인할 수 있다. 왜 그러는지 생각해 보자.

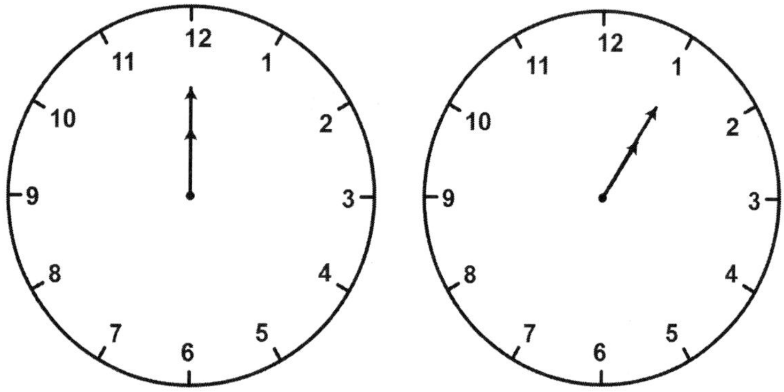

두 바늘이 0시에 겹친 후 다시 겹치는 시각은 몇 시 몇 분일까? 1시 5분이 좀 넘는 시각에 겹치는 것을 볼 수 있을 것이다. 시계의 두 바늘이 이루는 각도 문제는 초등학교 5학년 때쯤 다루는 내용이 아닌가 싶다. 교육과정이 여러 번 바뀌어서 정확히 알 수는 없지만 아들들이 그 무렵 시계와 각도 문제를 풀었던 기억이 난다.

1시와 2시 사이에 겹치는 시각을 1시 x분이라고 하고 정확한 시각을 구해 보자. 한 시간 동안 시계의 작은바늘은 30도 회전하며, 큰 바늘은 360도 회전한다. 따라서 1분 동안 작은바늘은 $\frac{1}{2}$도 회전하며, 큰바늘은 6도 회전한다. 지금 시각이 1시라면, 0시(숫자 12)를 기준으로 작은 바늘은 30도 회전한 상태이고 큰바늘은 0도에 위치해 있다. 지금부터 x분 후에 작은 바늘이 0시(숫자 12)를 기준으로 이루는 각도는 $30+\frac{1}{2}x$이고, 큰바늘이 이루는 각도는 $6x$이다.

두 바늘이 겹치는 것은 $30+\frac{1}{2}x=6x$이므로 $x=\frac{60}{11}=5\frac{5}{11}$, 즉 1시

$5\frac{5}{11}$분에 겹친다. 그러니까 시계의 두 바늘이 다시 겹치는데 걸리는 시간은 1시간 $5\frac{5}{11}$분이다. 1시간마다 겹치게 된다면 24번이 되겠지만 1시간보다 좀 더 걸리므로 24번보다는 더 적게 겹칠 것이라고 짐작이 된다. 겹치는 시각을 보두 나열해 볼까?

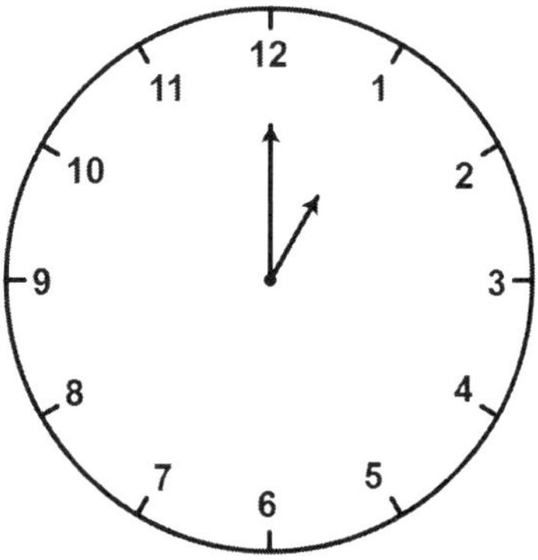

0시	11시 60분 = 12시
1시 $5\frac{5}{11}$분	13시 $5\frac{5}{11}$분
2시 $10\frac{10}{11}$분	14시 $10\frac{10}{11}$분
3시 $16\frac{4}{11}$분	15시 $16\frac{4}{11}$분
4시 $21\frac{9}{11}$분	16시 $21\frac{9}{11}$분
5시 $27\frac{3}{11}$분	17시 $27\frac{3}{11}$분
6시 $32\frac{8}{11}$분	18시 $32\frac{8}{11}$분
7시 $38\frac{2}{11}$분	19시 $38\frac{2}{11}$분
8시 $43\frac{7}{11}$분	20시 $43\frac{7}{11}$분
9시 $49\frac{1}{11}$분	21시 $49\frac{1}{11}$분
10시 $54\frac{6}{11}$분	22시 $54\frac{6}{11}$분

그 다음 겹치는 시각은 23시 60분=24시=다음날 0시이다. 따라서 하루에 시계의 두 바늘이 겹치는 것은 정확히 22번이다. '정확히'라는 표현을 쓴 것은 0시에 겹치고 24시에 다시 겹친다는 말을 하고 싶어서이다.

일일이 겹치는 시각을 나열하지 않고 대수적으로 계산하여 확인해보자.

24시간=24×60분, 겹치는데 걸리는 시간은 1시간 $5\frac{5}{11}$분이므로 (24×60)분$\div\left(65\frac{5}{11}\right)$분$=24\times60\div\frac{720}{11}=24\times60\times\frac{11}{720}=22$. '정확히' 22로 나누어 떨어진다.

정답은 ① 22개

5 구간단속

언젠가부터 고속도로에서 과속 단속의 풍경이 바뀌었다. 시작 지점에서 끝 지점까지의 평균속력으로 과속 여부를 판정하는 구간단속이 시작되었다. 과속 단속을 피하기 위해 단속카메라 앞에서만 속력을 줄였다가 단속카메라를 지나자마자 속력을 올리는 캥거루과속을 방지하기 위한 것이다. 캥거루과속은 정지와 점프를 반복하며 뛰는 모습이 캥거루를 닮았다고 하여 붙여진 명칭이란다.

Quiz

평균속력

제한속도 100km인 고속도로의 A지점에서부터 B지점까지 구간단속을 한다고 하자. 내가 A지점을 출발하여 단속구간의 $\frac{1}{2}$ 되는 지점까지 일정하게 시속 110km로 가다가 그 다음부터 B지점까지는 일정하게 시속 90km로 달렸다고 하자. 이때 단속구간에서의 나의 평균 시속은 얼마일까?

① 100km ② 100km 초과 ③ 100km 미만

Solution

단속구간의 반은 100km 보다 10km 더 빠른 속력으로 달리고 또 나머지 반은 꼭 그만큼 천천히 달렸으므로 평균속력은 딱 100km가 되지 않을까 생각되지만 설마 그런 문제를 내지는 않았을 것이므로 정답은 ②번 아니면 ③번?

내가 최근에 자주 왕래하는 광주-순천 고속도로에 구간단속을 하는 구간이 있다. 운전하면서 혹시 과속인가 아차 싶으면 그 정도 거리만큼을 천천히 달려주곤 하는데…

문제의 답을 구하기 위해 계산에 들어가 보자.

$$\text{속력} = \frac{\text{거리}}{\text{시간}},\ \text{시간} = \frac{\text{거리}}{\text{속력}},\ \text{거리} = \text{속력} \times \text{시간}$$

이다.

AB구간을 $a$km라고 하자.

(A지점에서 $\frac{1}{2}$ 지점까지 주행시간)= $\frac{a}{2} \div 110 = \frac{a}{220}$.

($\frac{1}{2}$ 지점에서 B지점에서 주행시간)= $\frac{a}{2} \div 90 = \frac{a}{180}$.

AB를 주행한 시간$= \frac{a}{220} + \frac{a}{180} = \frac{400a}{220 \times 180}$.

평균속력$= a \div \frac{400a}{220 \times 180} = 99$.

따라서 평균속력은 99km/h.

정답은 ③번

결과적으로 같은 속도로 계속 달리는 것보다 빨리 달렸다 천천히 달렸다 할 때의 평균속력이 더 느리다는 사실을 알게 되었다. 따라서 규정 속도로 꾸준히 운전하는 것이 시간이 덜 걸린다.

Test

아버지께서 오토바이를 타고 집에서 회사까지 갈 때는 시속 60km로 주행하셨고 올 때는 40km로 주행하셨다고 한다. 왕복 평균 주행 속력은 얼마인가?

Solution

집~회사 거리를 $a$km라고 하면 총 주행거리$= 2a$.

주행 총시간$= \frac{a}{60} + \frac{a}{40} = \frac{a}{24}$

속력$= 2a \div \frac{a}{24} = 48$

정답은 48km/h(시속 48km)

Quiz

편서풍과 비행시간

재윤이는 방학을 맞이하여 미국에서 공부하고 있는 형을 보러 가기로 하였다. 비행기 시간을 알아보다가 이상한 점을 발견하였다. 미국으로 갈 때와 한국으로 돌아올 때의 비행시간이 다른 것이다. 알고 보니 그 원인은 제트기류라는 편서풍의 영향이라고 한다. 바람과 같은 방향으로 갈 때는 바람이 비행기를 밀어주는 효과로 속력이 빨라져서 시간이 단축되는 대신 바람의 방향과 반대로 갈 때는 비행 속력이 느려져서 시간이 더 걸리는 것이다.

어느 비행 구간에 항상 일정한 방향과 속력으로 바람이 불고 있다고 가정하자. 만일 이 구간에 바람이 전혀 없다면 바람이 불 때와 비교하여 왕복 시간은 어떻게 다를까?

① 왕복 시간은 같다.

② 바람이 불 때 왕복시간이 더 걸린다.

③ 바람이 없을 때 왕복시간이 더 걸린다.

Solution

먼저 바람이 불 때 왕복 시간 t_1을 구해보자.

A지점에서 B지점까지의 거리를 l이라고 하고, 비행기의 속력을 a, 바람의 속력을 w라고 하자 $(0 < w < a)$.

A지점에서 B지점까지 갈 때 시간은 $\dfrac{l}{a+w}$이고 B지점에서 A지점까

지 올 때 시간은 $\frac{l}{a-w}$이므로 왕복 시간 t_1은 $\frac{l}{a+w}+\frac{l}{a-w}$ $=\frac{2al}{a^2-w^2}$이다.

다음, 바람이 없을 때는 갈 때와 올 때의 거리와 속력이 같으므로 시간도 같다.

왕복 시간 t_2는 $\frac{l}{a}+\frac{l}{a}=\frac{2l}{a}$이다.

두 수 t_1과 t_2의 크기를 비교하기 위하여 $\frac{t_1}{t_2}$를 구해보자.

$$\frac{t_1}{t_2}=\frac{\frac{2al}{a^2-w^2}}{\frac{2l}{a}}=\frac{a^2}{a^2-w^2}>1\ (0<w<a\text{이므로})\text{이다.}$$

따라서 $t_1 > t_2$ 이다. 즉 바람이 불 때 왕복시간이 더 걸린다.

정답은 ②번

Quiz

시간과 거리

송현이와 송익이는 학교를 향하여 집에서 동시에 출발하였다. 그런데 송현이는 학교까지 가는 거리의 반을 v_1의 속력으로 가고 나머지 반을 v_2의 속력으로 갔다. 송익이는 집에서 학교까지 가는 시간의 반을 v_1의 속력으로 가고 나머지 반을 v_2의 속력으로 갔다. $v_1 > v_2$ 라고 하면 누가 먼저 학교에 도착하였을까?

① 동시에 도착한다.

② 송현이가 먼저 도착한다.

③ 송익이가 먼저 도착한다.

Solution

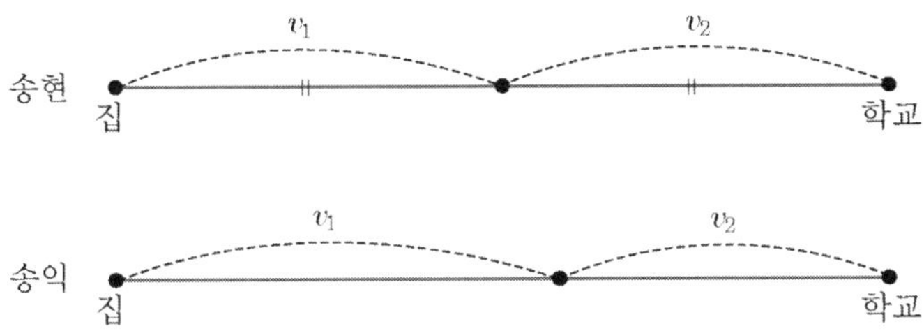

송현이는 v_1의 속력으로 간 거리와 v_2의 속력으로 간 거리가 같다.

송익이는 v_1의 속력으로 간 시간과 v_2의 속력으로 간 시간이 같다.

송익이가 v_1의 속력으로 간 거리는 v_2의 속력으로 간 거리보다 길 것이다. 왜냐하면 같은 시간동안에 간 거리는 빠른 속력으로 간 거리가 더 길 것이므로. 따라서 송현이와 비교하여 송익이는 빠른 속력으로 간 거리가 더 길고 느린 속력으로 간 거리가 더 짧으므로 송익이가 더 빨리 도착한다.

따라서 **정답은** ③번

그러나 계산으로 확인을 하고 싶겠지? 그럼 계산해보자.

집에서 학교까지의 거리를 l이라고 하고, 송현이가 집에서 학교까지 걸린 시간을 $t_{현}$이라고 하고, 송익이가 집에서 학교까지 걸린 시간을 $t_{익}$이라고 하자.

$$속력 = \frac{거리}{시간},\quad 시간 = \frac{거리}{속력},\quad 거리 = 시간 \times 속력.$$

송현이는 거리의 반인 $\frac{l}{2}$을 각각 속도 v_1과 v_2로 갔으므로 $t_{현}$은 쉽게 구할 수 있다.

$$t_{현} = \frac{\frac{l}{2}}{v_1} + \frac{\frac{l}{2}}{v_2} = \frac{l}{2v_1} + \frac{l}{2v_2} = \frac{l(v_1+v_2)}{2v_1v_2} \text{이다.}$$

한편 송익이의 시간 $t_{익}$을 계산하기 위해 그림을 그려보았다.

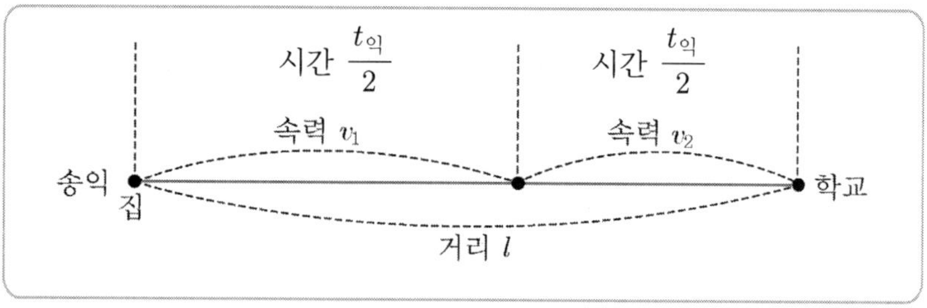

$$l = \frac{t_{익}}{2}v_1 + \frac{t_{익}}{2}v_2 = \frac{t_{익}(v_1+v_2)}{2} \text{이므로}$$

$$t_{익} = \frac{2l}{(v_1+v_2)} \text{이다.}$$

이제 두 사람이 걸린 시간을 비교하기 위하여 $t_{현} - t_{익}$을 해 보자.

$$t_{현} - t_{익} = \frac{l(v_1+v_2)}{2v_1v_2} - \frac{2l}{(v_1+v_2)} = \frac{l}{2v_1v_2(v_1+v_2)} \times \{(v_1+v_2)^2 - 4v_1v_2\}$$

$$= \frac{l}{2v_1v_2(v_1+v_2)} \times (v_1-v_2)^2 > 0$$

따라서 $t_{현} > t_{익}$ 이다.

즉 송익의 시간이 더 짧으므로 송익이가 먼저 도착한다.

6 케이크 나누기

Quiz

아빠의 생신을 축하하기 위해 재성이와 재윤이가 집에 와서 오랜만에 네 가족이 한데 모였다. 엄마는 예쁘고 맛있는 네모 모양의 케이크를 만드셨다. 케이크를 나누어 먹으려고 하는데 마침 재성이 여자 친구가 방문하여 케이크를 다섯 명이 똑같이 나누어 먹으려고 한다. 공평하게 나누어 먹기 위해서는 모양과 크기는 물론이고 윗면과 옆면을 덮은 크림이랑 토핑도 똑같이 나누어야 한다. 어떻게 나누면 될까?

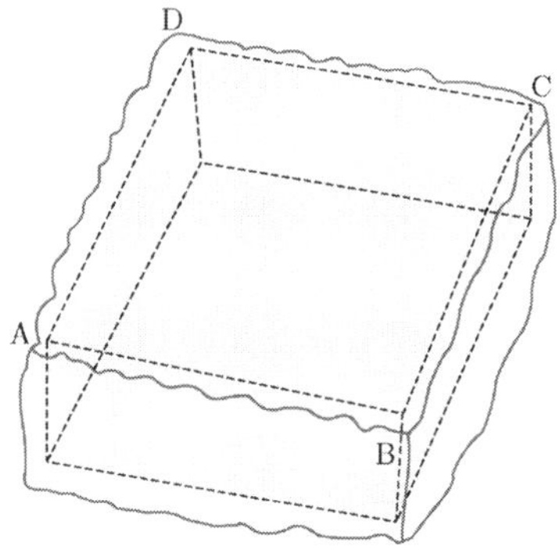

Solution

문제에서 케이크를 나누는 조건은 세 가지이다.

① 모양이 같다

② 부피가 같다

③ 윗면과 옆면의 넓이가 같다

동그란 모양의 케이크는 몇 명이 모이더라도 똑같이 나누어 먹을 수 있다.

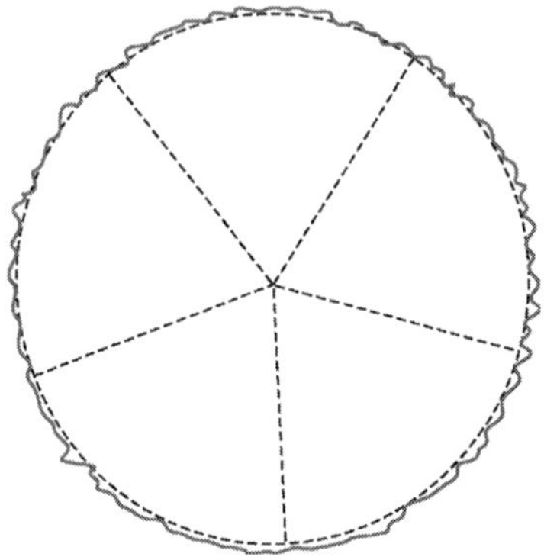

네모 모양의 케이크는 ③번 조건을 만족시키는 것이 쉽지 않다.

두 명이나 네 명일 때는 쉽게 똑같이 나눌 수 있는데, 세 명이나 다섯 명, 여섯 명, …이 똑같이 나누는 좋은 방법을 찾아보자.

두 가지 방법을 그림으로 소개해 주겠다.

(방법 1)

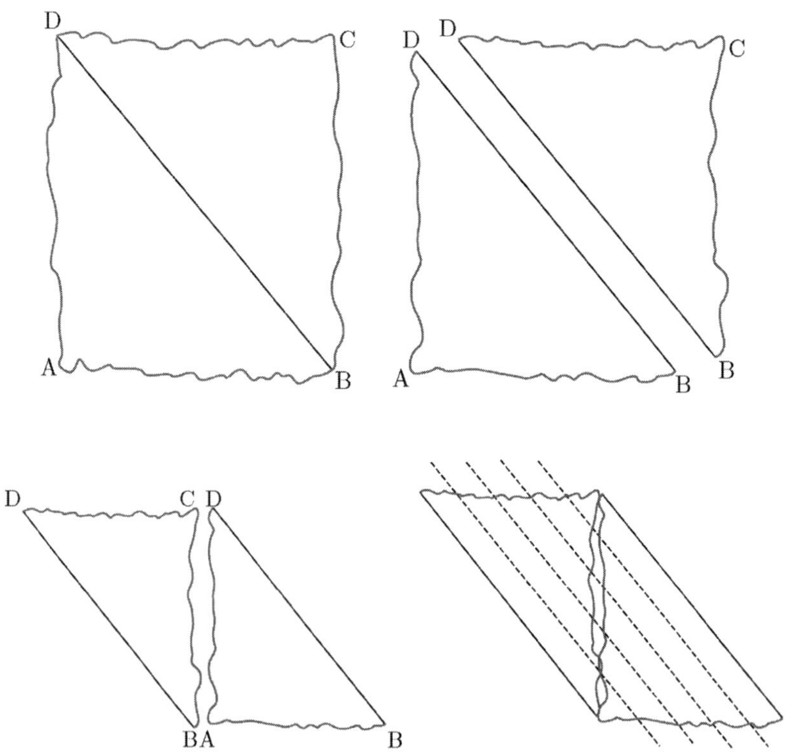

(방법 2)

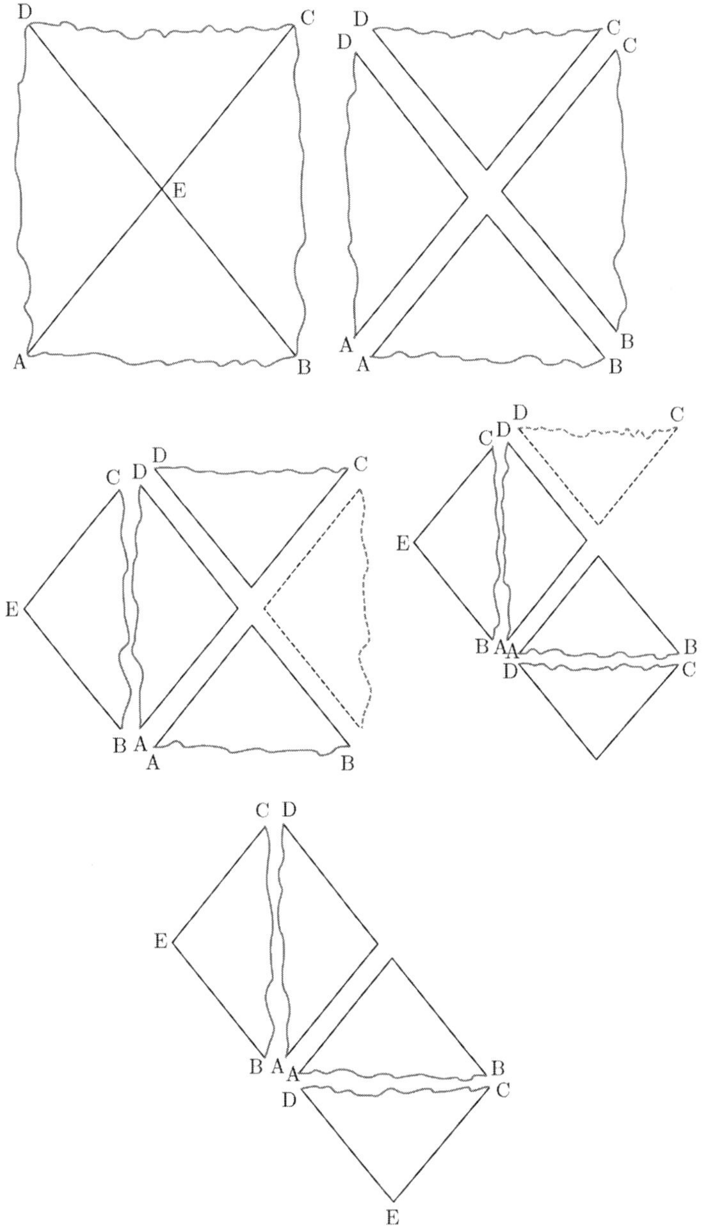

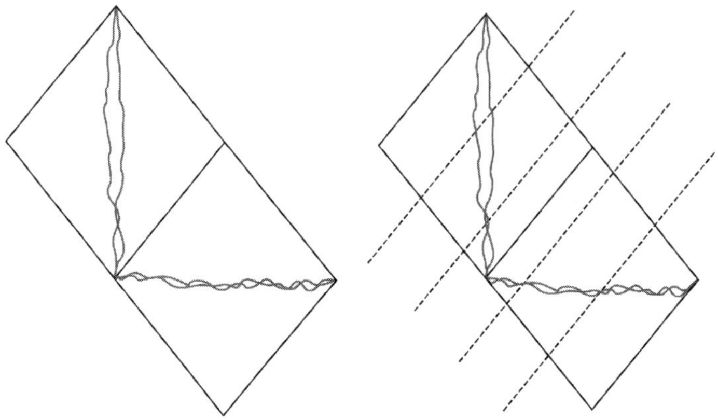

Quiz

송화네 가족은 할머니, 아빠, 엄마, 언니, 이렇게 다섯 명이다. 어느 날 아빠가 정사각형 모양의 케이크를 사 오셨다. 그런데 학교에서 아직 돌아오지 않은 언니를 위해서 그림과 같이 $\frac{1}{4}$을 잘라서 냉장고에 넣어두고 나머지를 가지고 네 명이 똑같이 나누어 먹기로 하였다. 물론 공평하게 윗면과 옆면을 덮은 크림이랑 토핑도 똑같이 나누어야 한다. 어떻게 나누면 될까?

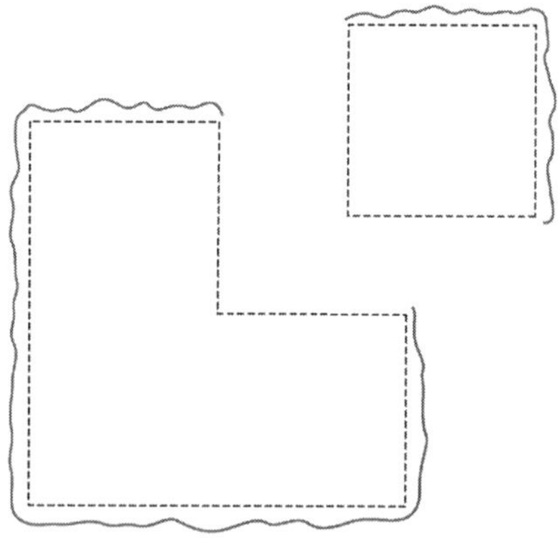

Solution

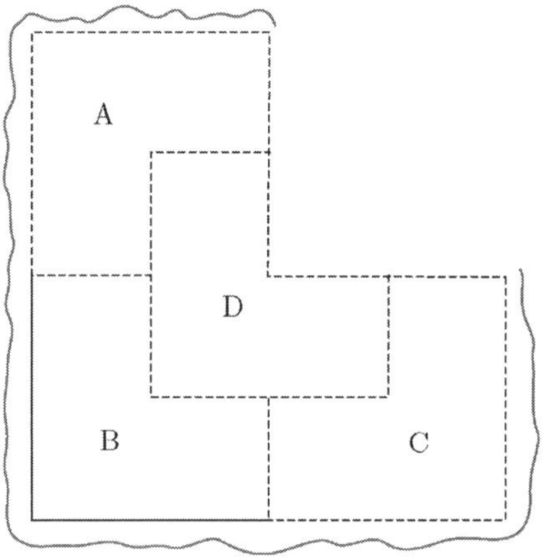

이렇게 나눈다면 모양과 부피는 같지만 D를 먹는 사람은 크림이 없는 부분만 먹게 되므로 공평하지 않고, 좋은 방법이 없을까?

문제를 내 놓고 겨우 생각해 낸 방법을 그림으로 보여 주겠다. 혹시 더 기발한 방법이 있으면 알려주기 바란다.

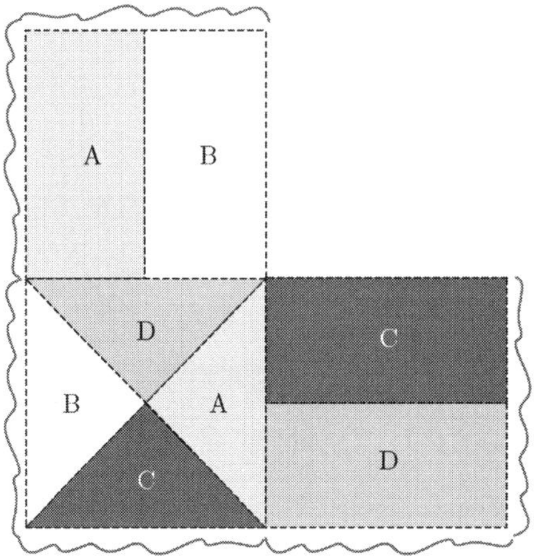

이렇게 각각 두 조각씩 먹는다고 하면 A와 D는 같은 위치이고, C와 B는 같은 위치이다.

두 조각씩 붙여서 세 가지 조건(같은 모양, 같은 부피, 같은 크림과 토핑)을 모두 만족하는지 살펴보자.

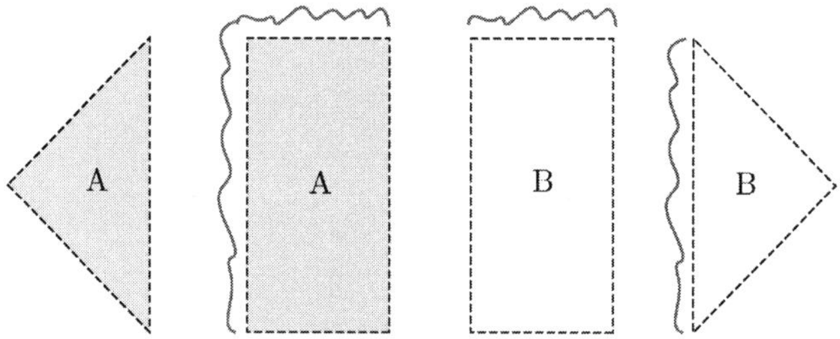

7 복권, 슬롯머신

Quiz

로또 복권

택시를 탄 어느 손님이 목적지에 도착하자 택시비가 부족하다면서 자기가 가지고 있는 5000원짜리 로또 복권을 현금 대신 받아달라고 한다. 택시기사는 5000원짜리 로또복권으로 현금 얼마를 대신하면 될지 고민이다. 당신이 택시기사라면 얼마가 합리적이라고 생각하는가?

① 5,000원　② 2,500원
③ 3,000원　④ 알 수 없다.

Solution

혹시 '알 수 없다'에 동그라미를 치신 분이 계신가?

당첨금이 얼마일지 모르므로? 그럴 수도 있겠군.

하지만 당첨금을 모르는 지금 당장 계산을 치러야하지 않은가?

이 복권의 기댓값만큼 값을 매기는 것이 합리적일 것이다.

그럼 로또 복권의 기댓값은 얼마나 될까?

로또 복권은 판매되는 복권의 수가 일정하지 않으므로 복권 판매액의 50%를 총 상금으로 정해 놓았다는군. 따라서 5,000원의 50%인 2,500원으로 인정해 주면 된다.

그러니까 로또 복권은 사는 순간 그 가치는 반으로 줄어든다는 사실!

정답은 ②번

내가 슬롯머신의 손잡이를 처음 당겨본 것은 초등학교 3~4학년 때의 일이다. 지금은 하늘나라에 계신 아버지께서는 상당히 부잡하셨다(아버지의 성격을 표현하는 적절한 단어라고 생각하여 나는 자주 이 표현을 쓰는데 좀 불손한가? 보통 '부잡하다'는 것은 개구쟁이 어린아이에게 애정을 담아 쓰는 표현이 아니던가? 원고에 쓰려다 꺼림칙하여 사전을 찾아보니 나의 의도와는 전혀 다른 뜻으로 되어 있다. 다른 적절한 단어가 떠오르지 않으므로 내가 자주 쓰는 '부잡하다'는 단어를 다시 정의 해줄 필요가 있겠다. 여기서 내가 쓰는 '부잡'은 호기심 많고 재주 많은 사람이 위험이나 손해를 신중히 고려하지 않고 어떤 일에나 도전하는 것을 즐기고 또 잘 성취해내는 능력이나 성격을 의미함. 그럼 불손이 어느 정도 용서될 수 있겠지?). 아버지는 어린 나를 데리고 가끔 당시 시내에 있던 관광호텔의 슬롯머신장에 들르시곤 하셨는데 어머니께는 비밀로 해야 했었다.

Quiz

슬롯머신의 기댓값

슬롯머신의 환급율은 75%이상으로 법에 정해져 있다고 한다.
슬롯머신을 잘 모르는 사람이 문제를 해결할 수 있도록 쉽게 설명하면 코인을 넣고 손잡이를 당기면 (돌다가 멈추어) 나타나는 그림에 따라 해당되는 상금(?)을 주는 게임이다. 코인을 넣고 당기면 해당되는 금액의 코인이 아래로 쏟아진다. 자판기처럼. 물론 '꽝'인 경우도 (자주) 있다. 자, 이제부터 문제로 들어가 보자.
강원랜드 슬롯머신의 환급율이 90%라고 가정하자. 내가 500원짜리 코인 100개를 가지고 게임을 한다면 기댓값은 얼마일까?

① 45,000원　　② 40,000원
③ 30,000원　　④ 알 수 없다.

Solution

환급율이 90%이므로 한번 코인을 넣고 당겼을 때 기댓값은 $500 \times 0.9 = 450$원이다. 매번 코인을 넣고 당겼을 때의 기댓값은 동일하다. 따라서 처음 준비한 코인이 다 떨어질 때까지 받게 되는 상금의 합, 즉 기댓값은 $450 \times 100 = 45,000$원이다.

그러나 이것은 100개의 코인을 모두 넣고 나서 게임을 끝냈을 때의 이야기다. 그러니까 100번 코인을 넣고 손잡이를 당겨서 받은 모든 상금을 가지고 일어선다면 45,000원을 들고 집에 갈 수 있겠지.

그런데 십중팔구는(아니 거의 모든 겜블러들은) 수중에 다시 들어온 코인을 가지고 계속 게임을 하게 된다. 행여 잭팟이 터지지나 않을까 하는 기대를 하면서.

어쨌든 45,000원의 코인을 가지고 한 번 더 한다면

기댓값은 $45,000 \times 0.9 = 40,500$원이 되고, 다시 그것을 가지고 한 번 더 한다면 $40,500 \times 0.9 = 36,450$원이 된다.

계속하면 코인은 점점 줄어들고 결국 코인이 없어질 때까지 하게 되는 것이다.

따라서 슬롯머신의 기댓값은 게임을 얼마나 오랫동안 하느냐에 따라 달라진다. 게임을 하는 시간이 길어질수록 기댓값은 작아진다.

그러니까 잭팟은 아니더라도 꽤 큰 상금을 얻었다면 그 즉시 게임을 중단하는 것이 경제적으로는 가장 현명한 일이다.

정답은 ④번

뉴스에서 복권을 훔친 도둑 이야기가 나왔다. 500만원어치 복권을 훔쳤지만 가장 큰 당첨금액은 10만원 이었다는 뉴스이다. 500만원어치를 훔쳐서 모두 얼마의 당첨금을 받았는지 궁금하지? 나도 궁금하여 수소문해 보았으나 한 번에 훔친 것이 아니어서 당첨금의 총액을 알 수는 없다고 하니 아쉽다.

아버지 덕분에 일찍이 슬롯머신을 접하긴 했지만 내가 직접 복권을 산 경험은 거의 없다. 왜냐하면 기댓값을 알고 있기 때문이다. 어떤 이는 복권을 사면 기대에 부풀어 일주일이 행복하다고 하기도 하고, 적은 돈으로 그만한 효과를 볼 수 있다면 좋은 것 아니냐고 항변하는 이도 있다. 듣고 보니 그러하기도 하지만 경제적인 이유로 복권을 산 것이라면

바람직한 일이 아님은 분명하다.

그래도 누군가 1등을 한 사람이 있지 않느냐고? 그렇긴 하네.

그런데 1등할 확률은 $\frac{1}{8백만}$ 보다도 작다.

정확한 계산이 필요하다면 해 보자.

로또가 1부터 45까지의 숫자 중 6개의 숫자를 고르는 것이라고 하니 45개에서 6개를 뽑는 조합의 수와 같다

즉

$$
\begin{aligned}
{}_{45}C_6 &= \frac{45!}{(45-6)!6!} = \frac{45!}{39!\,6!} \\
&= \frac{45\times 44\times 43\times 42\times 41\times 40}{6\times 5\times 4\times 3\times 2\times 1} \\
&= 8,145,060
\end{aligned}
$$

가지이다.

그러니까 1등을 하기위한 확률은 $\frac{1}{8백만}$ 보다 작다는 것이다. 게다가 1등이 여러 명이 나오는 경우는 당첨금을 나누게 될 것이고.

그런데 어느 신문기사에서 로또에 당첨된 사람들을 조사해 보니 서민들이 많다는 내용을 보았다. 마치 그러니 복권이 서민들에게 보탬이 된다는 듯한, 복권사업을 정당화하는 듯한 내용으로 기억된다. 그러나 당첨자에 서민이 더 많은 것이 사실이라면 살기 힘든 서민들이 일말의 희망을 걸고 복권을 더 많이, 더 자주 산 결과가 아닌가 하는 생각이 든다.

어쨌든 복권이나 도박이나 이런 것들에서 돈을 잃지 않는 방법은 딱 한 가지이다.

⋮

절대 하지 않는 것!!

8 마방진

Quiz

3차 마방진

아홉 개의 수 1, 2, 3, 4, 5, 6, 7, 8, 9를 빈 칸에 넣어서 가로의 합, 세로의 합, 그리고 대각선의 합이 모두 같게 하려고 한다. 한 가운데에 들어가야 할 숫자는 무엇일까?

① 1 ② 5

③ 9

Solution

우선 1부터 9까지의 수를 모두 더하면 45이다. 그런데 가로가 세 줄이므로 합이 똑같도록 하려면 각 줄의 합이 $\frac{45}{3}=15$가 되어야겠지. 따라서 세로의 합과 대각선의 합도 15이다.

1부터 9까지의 수를 가지고 세 수의 합이 15가 되는 세트를 찾으면

(1, 5, 9) (1, 6, 8) (2, 4, 9) (2, 5, 8)

(2, 6, 7) (3, 4, 8) (3, 5, 7) (4, 5, 6)

이렇게 모두 8가지가 된다.

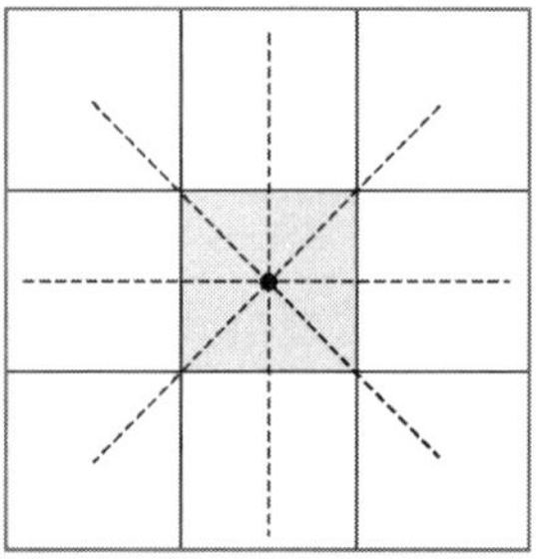

그런데 한 가운데 있는 수는 가로, 세로, 대각선 두 개, 즉 네 세트에 공통으로 들어가야 한다.

세트 중 네 번 들어가 있는 수는 5밖에 없다.

(1, ⑤, 9) (1, 6, 8) (2, 4, 9) (2, ⑤, 8) (2, 6, 7) (3, 4, 8) (3, ⑤, 7) (4, ⑤, 6)

따라서 한가운데에는 꼭 5가 들어가야 한다.

정답은 ②번

Test

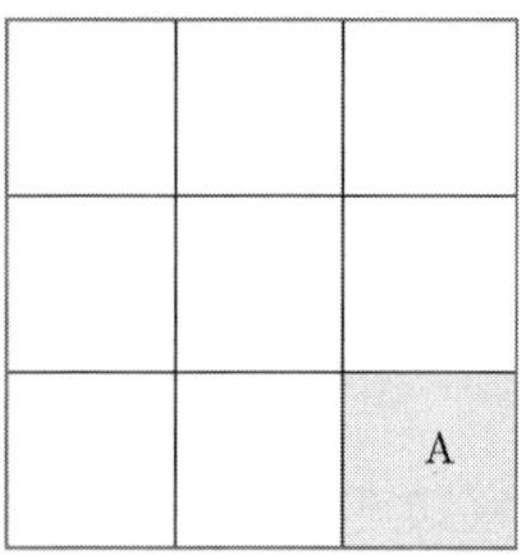

위의 Quiz에서 A와 같은 귀퉁이 칸에 들어갈 수 있는 수는 다음 중 어느 것인가?

① 3

② 6

③ 7

Solution

8가지의 세트에 포함된 숫자들과 3×3정사각형의 빈 칸의 모양을 비교하면서 잘 관찰해 보자.

(1, 5, 9) (1, 6, 8) (2, 4, 9) (2, 5, 8)

(2, 6, 7) (3, 4, 8) (3, 5, 7) (4, 5, 6)

A와 같은 귀퉁이에 들어갈 숫자는 최소한 세 세트에 포함되어야하겠지? B와 같은 위치에 들어갈 숫자는 최소한 두 세트에 포함되면 되고.

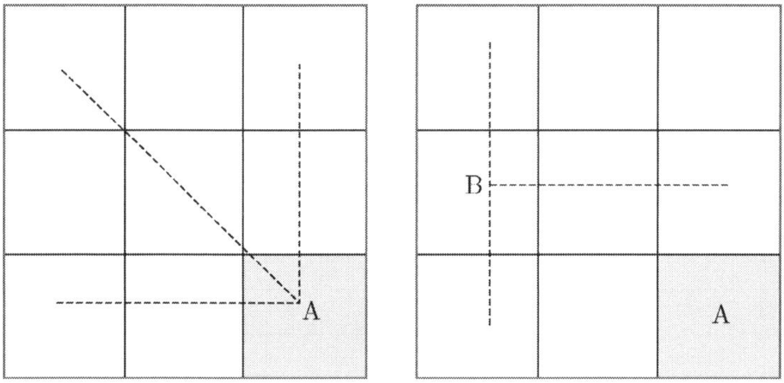

그런데 네 세트에 포함된 숫자 5는 한 가운데로 정해졌으니 세 세트에 포함된 숫자 2, 4, 6, 8이 귀퉁이에 들어갈 수 있다.

정답은 ②번

1부터 n^2까지의 연속된 숫자를 가로, 세로, 대각선의 합이 모두 같도록 정사각형 모양으로 배열하는 것을 마방진(魔方陣, magic square)이라고 하는데 魔자는 마력 또는 마술, 方자는 정사각형, 陣은 나열한다는 뜻이다. 후에 유럽으로 전해져 'magic square'라는 영어가 되었다.

〈마방진의 유래〉

마방진은 BC 2200년경 중국 하나라 우왕시대에 황하가 범람하여 강의 정비 공사를 하던 중 강 한가운데에 나타난 거북이의 등껍데기에 새겨진 그림으로부터 유래되었다고 한다. 당시 사람들은 하늘이 이 거북을 인간세계에 보내준 것으로 믿어 이 무늬를 귀하게 여겼다고 한다. 가로, 세로, 대각선 방향으로 더했을 때 일정한 수가 나오는 것을 신기하고 신비스럽게 생각하여 이 모양을 부적으로 사용했다고 한다.

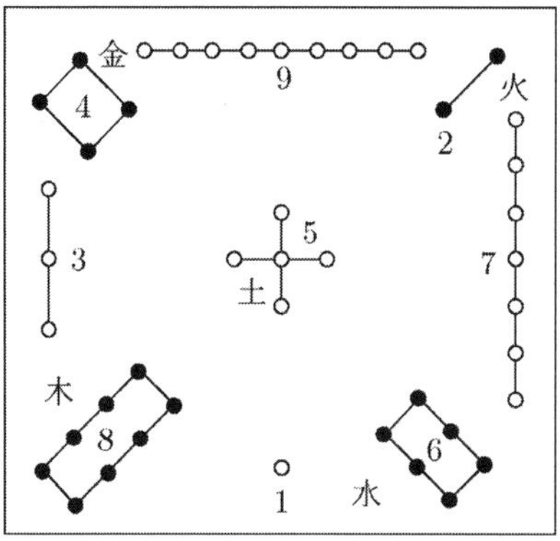

이 그림을 낙서(洛書)라고 하는데, 낙서는 하도(河圖)와 함께 주역의 근원이라고 한다. 그러니까 마방진은 (내가 아는 언론정보학과 교수님이면서 국선도 선사이시면서 주역 공부에 심취해 계시는 교수님의 간략한 설명을 빌리면) 주역의 64괘를 뽑는 근원인 것이다.

3차 마방진 모양은 중국의 주나라 때 실시한 토지 정전법에서도 찾아볼 수 있다. 당시 정전은 사방 1리(里)의 땅을 네모 반듯하게 잘라 우물 정(井)자로 정확하게 9등분하여 8가구의 사람들에게 지급했다고 한다. 기본적으로 주나라의 세금은 소득 또는 생산량의 $\frac{1}{10}$을 기준하는데 이것을 십일조(什一條)라고 했다고 한다. 공평하게 분배하기 위하여 3차 마방진 모양으로 분배하고 한 중앙의 땅은 공공 용도로 공동 경작을 하였다고 한다.

그럼 여기서 우리는 당연히 의문이 하나 생기겠지. 공동 경작하는 땅은 정확히 $\frac{1}{10}$이 아니라 $\frac{1}{9}$이 아니냐고? 한 가운데 땅에는 경작지 외에도 공동 우물과 작업장 망루 등 공공시설이 있었다고 하니 그 부분을 빼고 나면 경작지는 $\frac{1}{10}$이 되겠지.

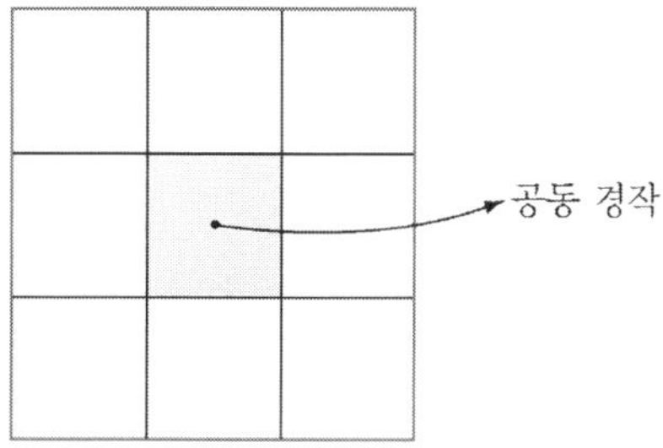

마방진은 전술용으로도 여겨졌는데, 마방진 형태로 군사를 배치할 경우 어느 방향에서 봐도 군사의 수가 같기 때문에 제갈공명이 마방진을 사용해서 전쟁에서 여러 차례 이겼다는 이야기도 전해져 내려온다.

우리나라에도 마방진에 관한 연구 자료가 남아 있는데, 조선시대 수학자인 최석정(1646~1715)이 저술한 『구수략(九數略)』이란 책에는 매우 수준 높은 9차 마방진과 거북 모양의 지수귀문도라는 절묘한 마방진이 소개되어 있다.

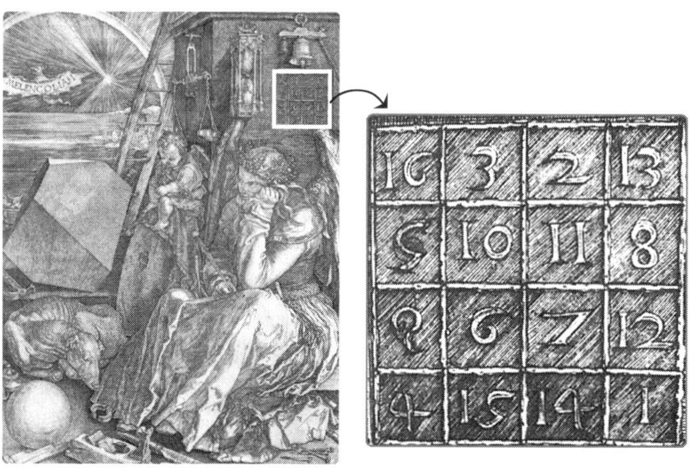

독일의 화가 알브레히트 뒤러의 판화 작품 '멜랑콜리아'

서양으로 넘어가 보자.

독일의 화가 알브레히트 뒤러(Albrecht Dürer, 1471~1528)의 판화 작품 '멜랑콜리아'에는 마방진이 새겨져 있다. 작품 속에 4차 마방진이 보이는가? 스마트 폰이라면 두 손가락을 그림에 대고 늘려 볼 수 있을 텐데…

〈마방진 만들기〉

홀수차(3차, 5차, 7차, …)마방진을 만드는 쉬운 방법이 있다. 이는 1600년대 프랑스의 바쉐(Bachet)라는 사람이 처음 생각해 내서 바쉐의 방법이라고 한다.

우선 3차 마방진을 가지고 설명해보자.

먼저 3×3정사각형 빈 칸에 그림처럼 칸을 더 그려 넣고 그림처럼 규칙적으로 숫자를 써 넣는다.

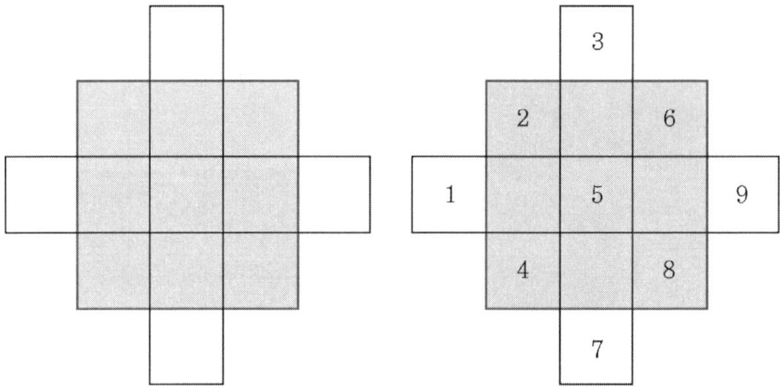

여기서 3을 맞은편 빈 칸에 옮겨 놓는다. 같은 방법으로 마방진 외부에 있는 숫자를 맞은편 빈 칸에 옮기면 마방진이 완성된다. 3차 마방진을 만드는 방법은 (대칭이동하거나 회전이동 한 것을 같은 것으로 취급하여) 한 가지 방법뿐이다.

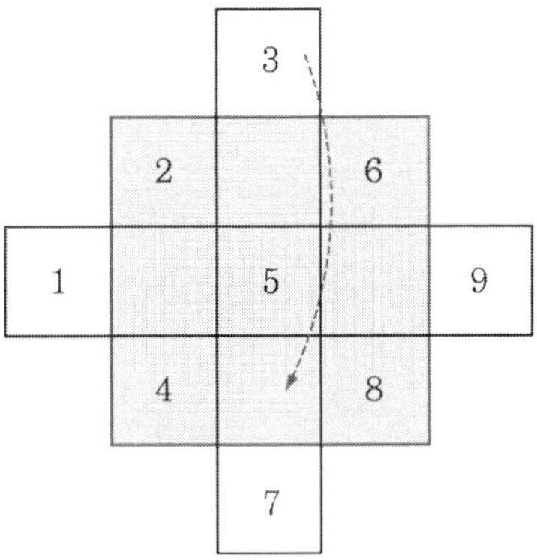

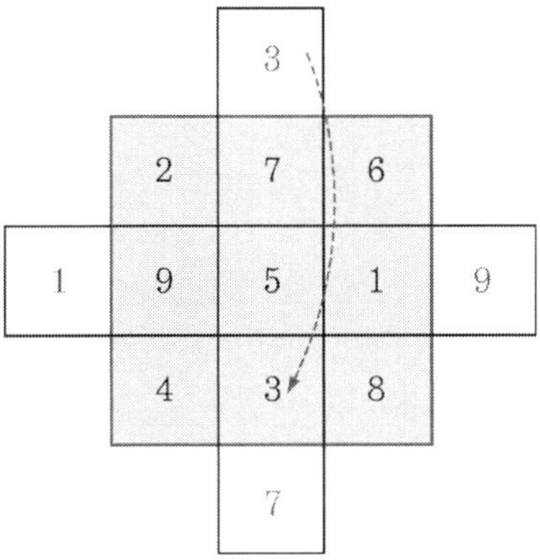

5차 마방진도 비슷하게 그림처럼 계단식으로 칸을 더 그려 넣고, 규칙적으로 숫자를 써 넣는다.

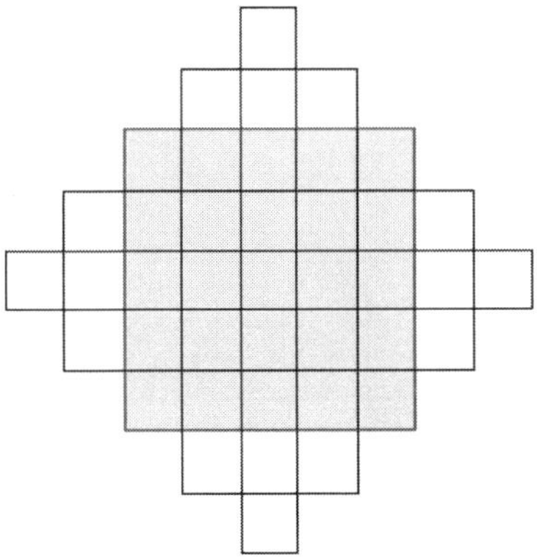

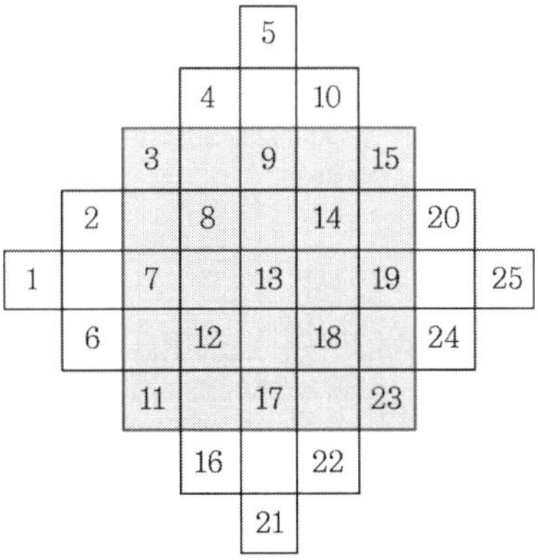

역시 마방진 외부에 있는 숫자를 맞은편 빈 칸에 옮기면 마방진이 완성된다.

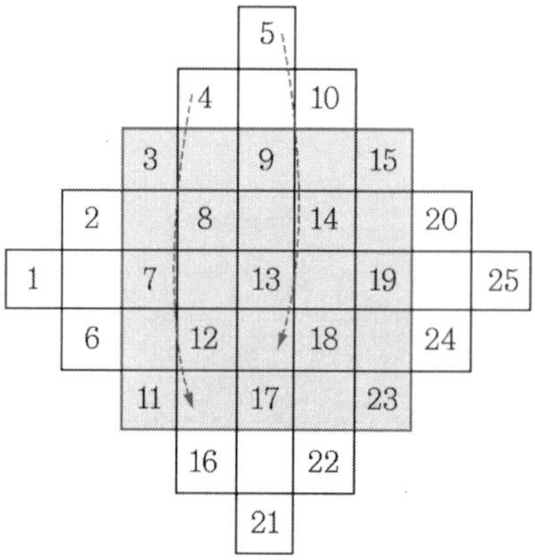

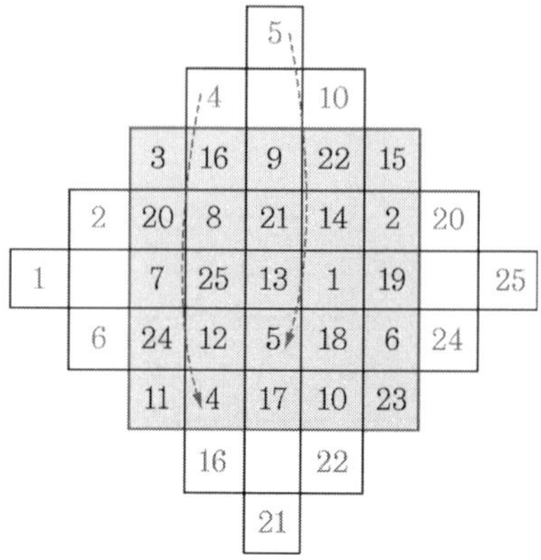

1	2	3	4
5	6	7	8
9	10	11	12
13	14	15	16

바쉐의 방법 외에 5차 마방진을 만드는 방법은 무수히 많다.

이제 4차 마방진 만드는 쉬운 방법을 한 가지 알려 주겠다.

우선 4×4정사각형 빈 칸에 그림처럼 규칙적으로 숫자를 써 넣는다.

아래 그림처럼 2와 15, 3과 14, 5와 12, 9와 8의 자리를 바꾼다.

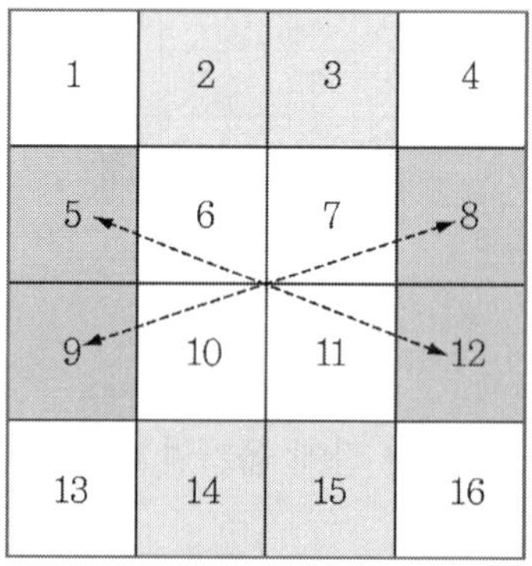

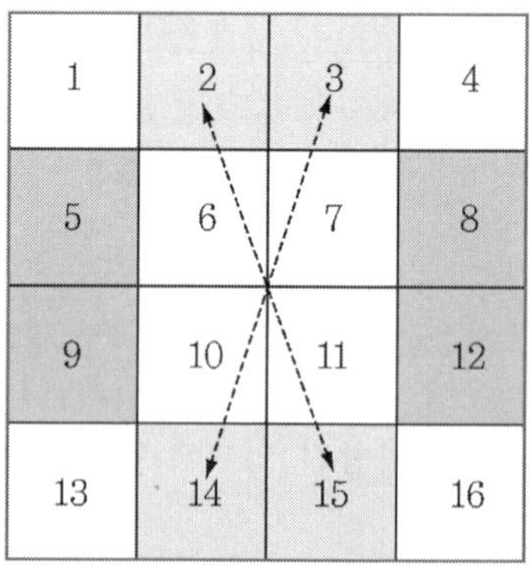

4차 마방진이 완성 되었다. 이 역시 무수히 많은 4차 마방진 중의 하나이다.

4차 마방진은 가로의 합, 세로의 합, 대각선의 합이 모두 34가 되는 것은 물론 그림과 같이 구역으로 나누었을 때에도 네 수의 합이 34가 된다는 특징이 있다.

1	15	14	4
12	6	7	9
8	10	11	5
13	3	2	16

1	15	14	4
12	6	7	9
8	10	11	5
13	3	2	16

1	15	14	4
12	6	7	9
8	10	11	5
13	3	2	16

9 로직퍼즐

마방진을 설명하다 보니 재미있는 이 퍼즐을 빠뜨릴 수 없어 간략하게 소개하기로 한다. 그 유래가 기원전으로 거슬러 올라가는 마방진 역시 숫자퍼즐의 일종인데, 로직퍼즐은 그 이름이 말하고 있듯이 논리 퍼즐이다.

Quiz

로직퍼즐 규칙

- 해당되는 행이나 열에 숫자만큼 연속한 칸을 색칠한다.
- 2개 이상의 수가 있을 경우에는 순서를 지켜 색칠해야 하며, 색칠이 연속된 칸들 사이에는 한 칸 이상이 비어 있어야 한다.

Solution

다음 퍼즐을 풀면서 규칙을 익혀보자.

색칠되지 않을 칸에는 X표시를 하면 문제해결이 용이하다.

				3	4		1	3	3	1		4	3
				1	4	6	8	2	2	8	6	3	1
			4										
	2	2	2										
			10										
		4	4										
			10										
			6										
		3	3										
1	1	1	1										
1	1	1	2										
	2	1	1										

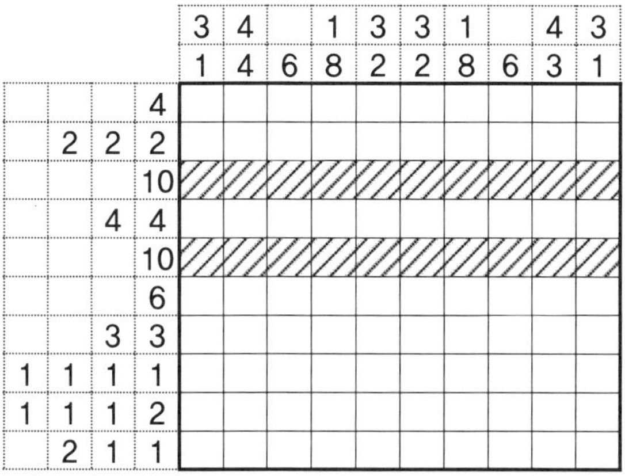

우선 가장 쉬운 행이나 열부터 해결한다.

숫자 10인 곳은 모두 색칠해야겠지?

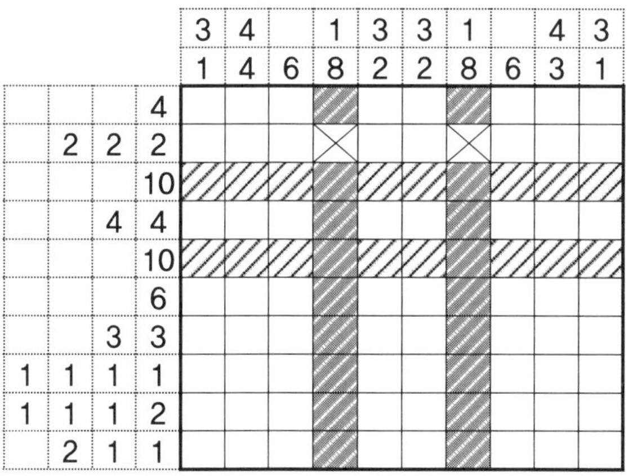

다음으로 쉬운 곳을 생각해 보자.

1
8 은 10칸 중 1칸과 8칸을 색칠하고 그 사이에 최소 한 칸은 X 표시해야 하므로 쉽게 해결된다.

다음엔 어디를 해결할까?

〈1행〉 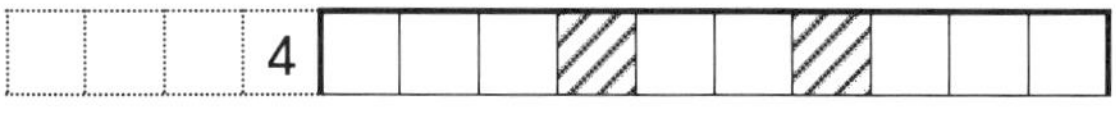

연속한 4칸을 색칠해야 하므로 쉽게 결정된다.

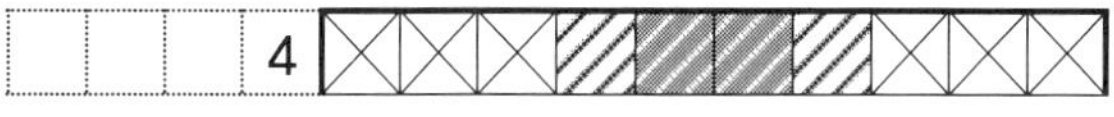

〈6행〉 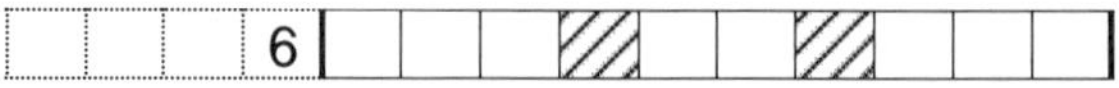

연속한 6칸을 색칠해야 하므로 중간에 2칸은 색칠한다.

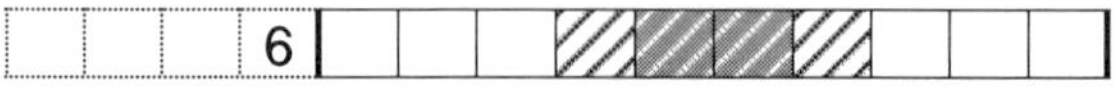

그 양옆의 2칸은 아직 결정할 수 없으므로 보류. 가장자리는 X표

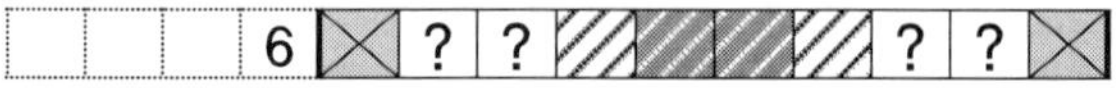

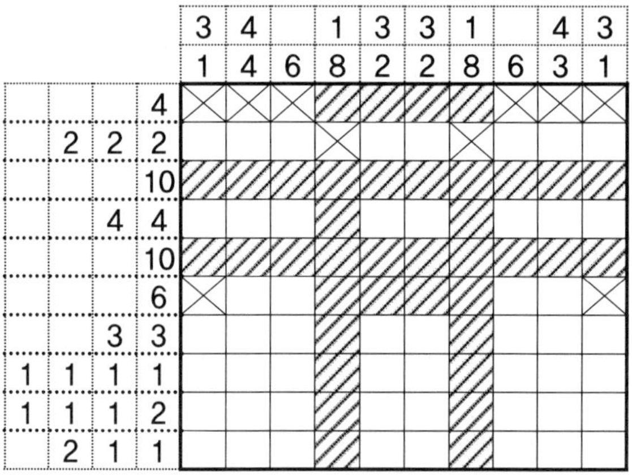

자. 여기까지 되었다. 이제 어디로 갈까?

〈8열〉

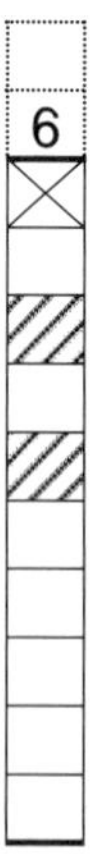

연속적으로 6칸을 색칠해야하므로 중간의 1칸은 색칠한다.

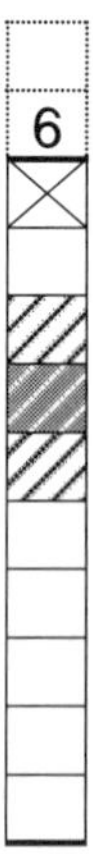

여기서 논리적 사고가 필요하다. 6이 되려면 색칠된 3칸과 연속된 3칸이 더 필요하다. 위쪽 1칸은 색칠될 수도 있고 안 될 수도 있다. 그러나 연속되는 아래쪽 2칸은 색칠해야만 하겠지?
그리고 맨 아래쪽 2칸은 색칠될 수 없으므로 X표

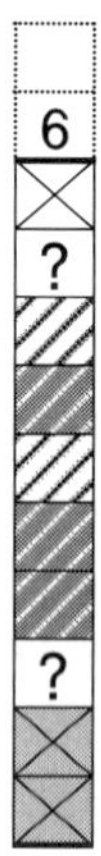

〈9열〉

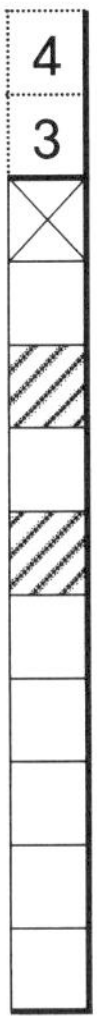

먼저, 연속하여 4칸을 색칠하기 위해 중간 칸을 색칠하면 3칸이 되므로, 이어서 위와 아래 칸 중 1칸이 색칠될 것이다. 아직은 알 수 없으므로 보류(?표시).

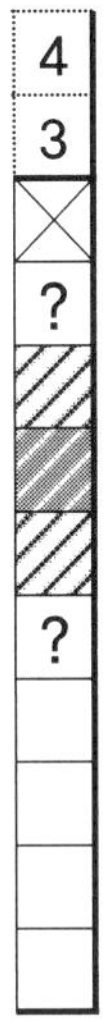

다음, ?1이 색칠된다면 ?2은 ⊠가 되고 ?2가 색칠 된다면 그 아래 칸이 ⊠이 된다. 어떤 경우라도 3칸을 색칠하기 위해 8, 9번째 칸은 색칠해야 한다.

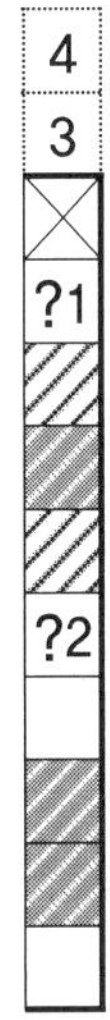

〈10열〉

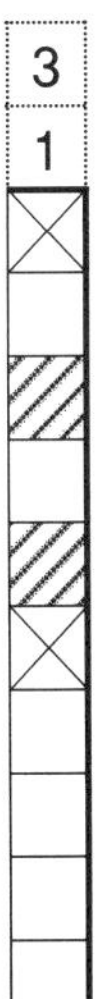

연속된 3칸을 색칠하기 위해 중간칸을 색칠한다. 따라서 2번째 칸은 ⊠이 된다.

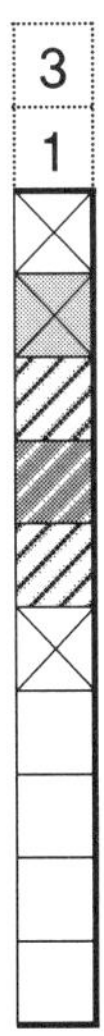

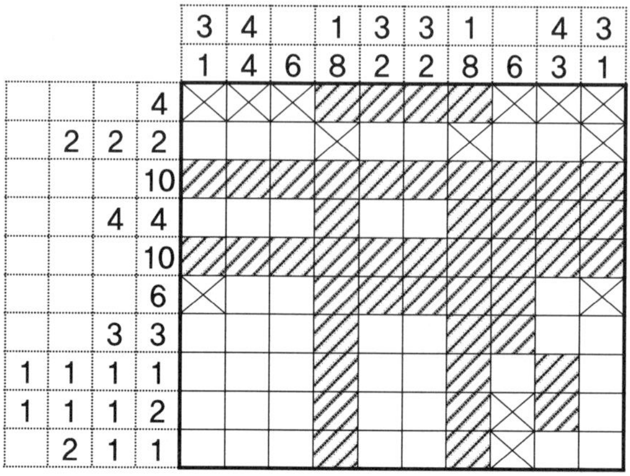

여기까지 완성했다.
다음은 어디로 갈 것인지 생각해보자.

〈2행〉 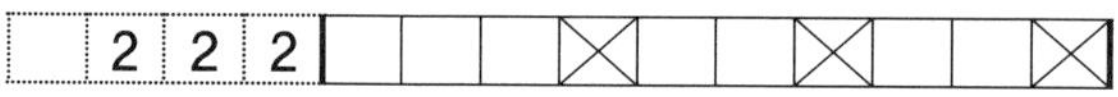

우선, 연속되는 2칸짜리 빈칸 두 곳은 색칠한다.

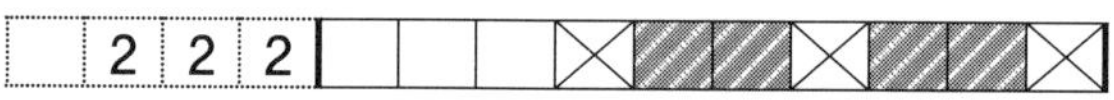

다음, 맨 앞의 3칸 중 연속하는 2칸이 색칠되어야하므로 가운데 칸은 색칠될 수밖에 없다. 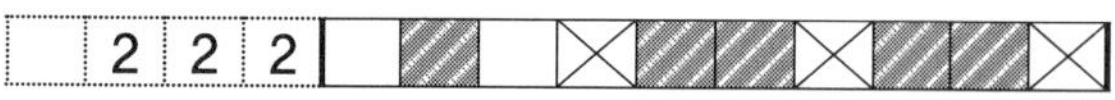

〈4행〉 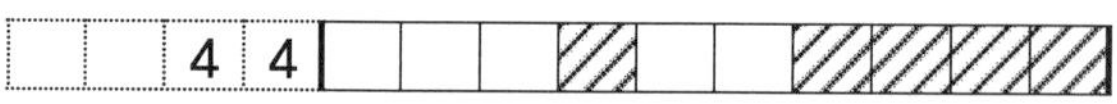

먼저 뒤쪽 4칸이 완성되었으므로 그 바로 앞 칸은 X표

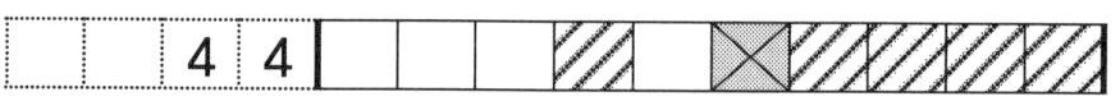

앞쪽에 연속 4칸이 색칠되려면 2,3번째 칸은 색칠. 그리고 앞 뒤 중 한 칸이 색칠될 것이므로 아직은 보류(?표시).

〈6행〉 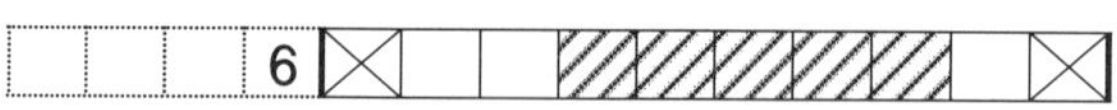

연속 6칸이 색칠되려면 바로 앞이나 뒤 칸에 색칠되어야하므로 2번째 칸은 X표 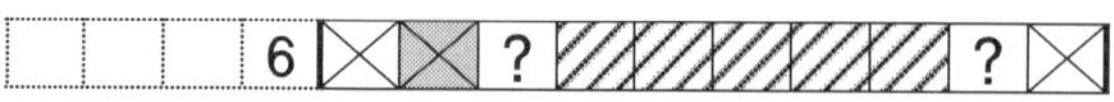

〈7행〉 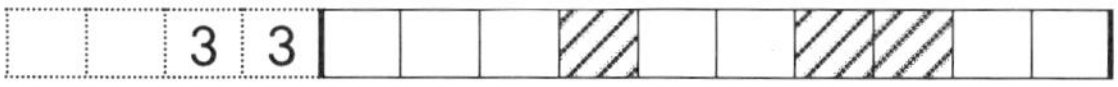

먼저 뒤쪽 연속 3칸이 색칠되려면 마지막 칸은 X표

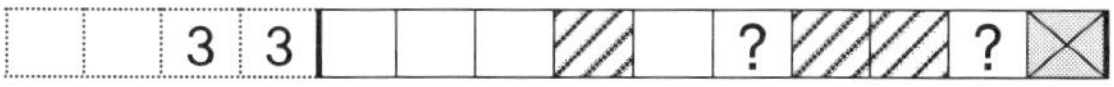

다음, ?1이 색칠된다면 A는 X표, ?2가 색칠된다면 ?1가 X표이다. 어떤 경우라도 연속 3칸이 색칠되려면 B는 색칠된다.

또 D는 X표가 된다.

〈8행〉 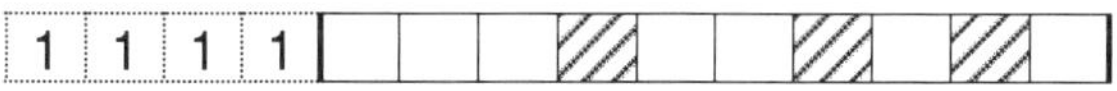

색칠된 1칸의 앞, 뒤 칸을 X표 한다.

〈9행〉 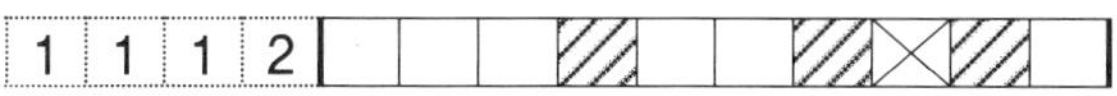

맨 뒤에 연속하여 2칸이 색칠되어야 하므로 마지막 칸은 색칠한다. 색칠된 1칸의 앞, 뒤는 X표 한다.

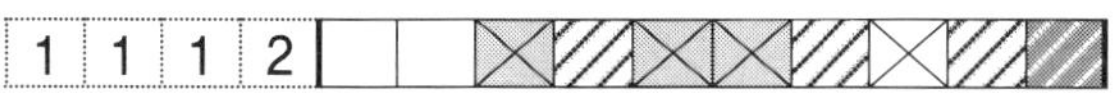

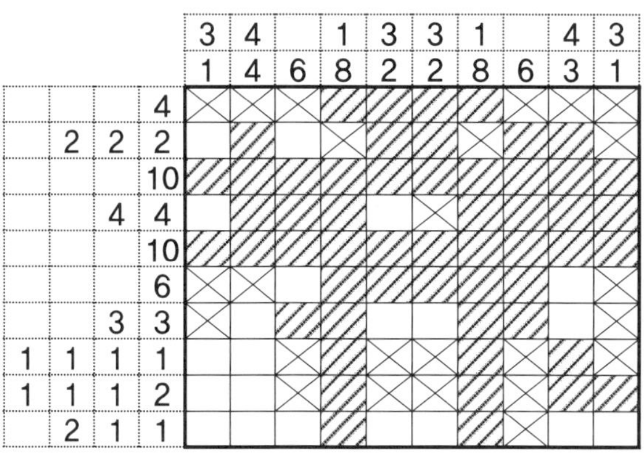

여기까지 완성. 남은 곳 중 해결이 가능한 곳으로 가 보자.

〈1열〉

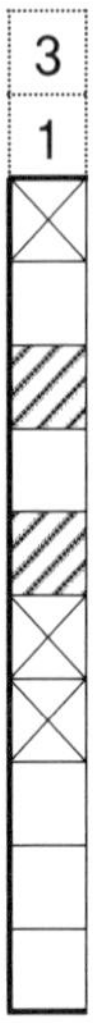

연속 3칸을 색칠해야하므로 중간 칸을 색칠하고, 위 칸은 X표한다.

〈2열〉

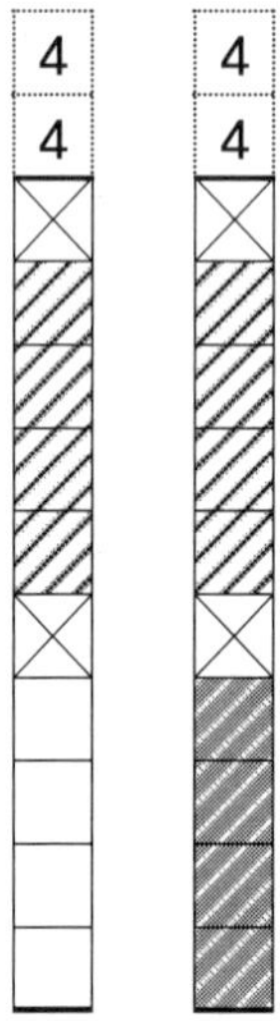

남은 4칸을 색칠한다.

〈3열〉

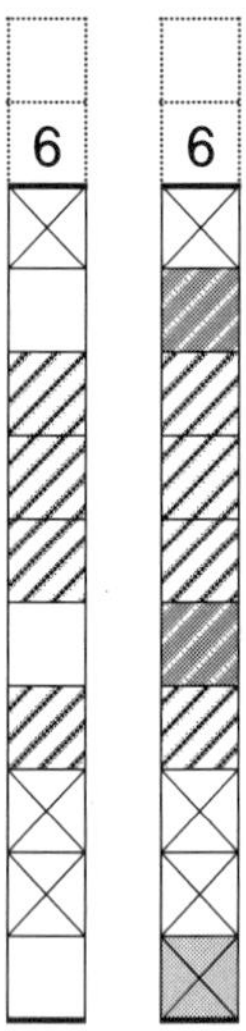

연속한 6칸 색칠하고 나머지는 X표한다.

〈5, 6열〉

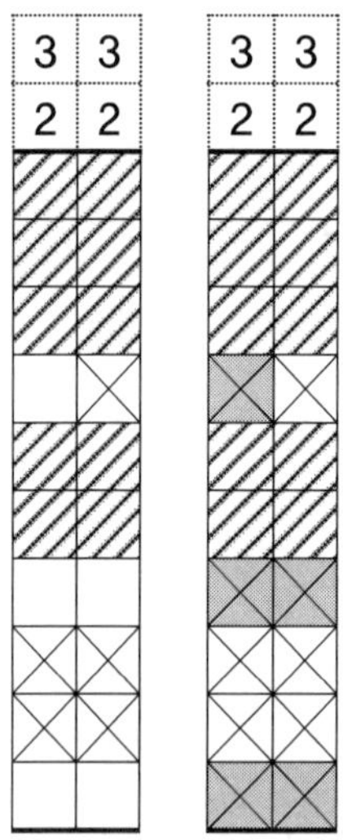

빈칸에 X표한다.

이제 남은 곳

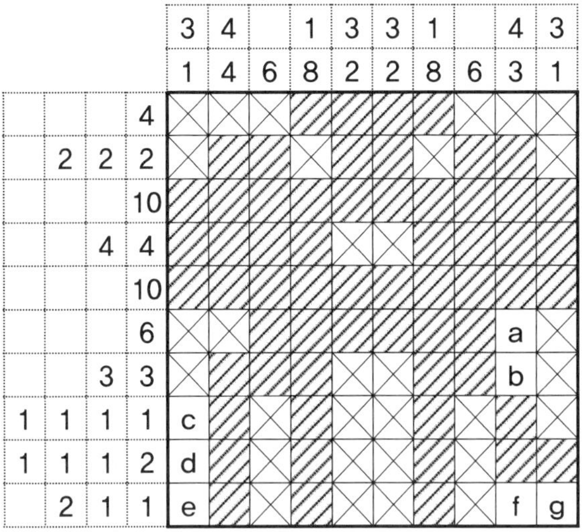

a는 6행과 9열에 맞도록 X표, b는 7행과 9열에 맞도록 색칠, c는 8행을 보면 X표, d는 9행을 보면 X표, e는 10행을 보면 색칠, f, g는 10열과 10행에 맞도록 X표

완성되었다.

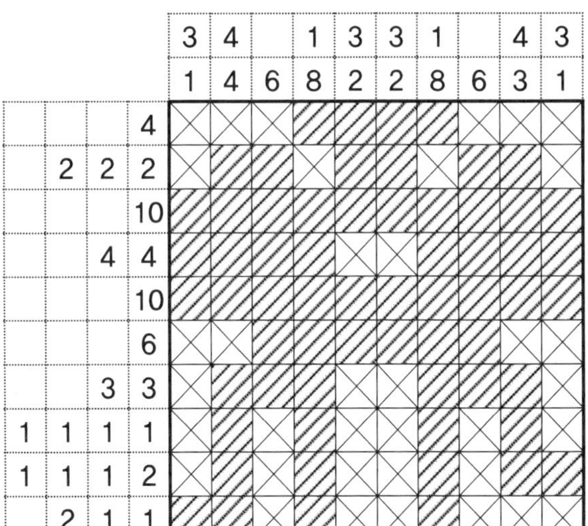

깔끔하게 색칠을 하면 재미있는 모양이 나타난다.

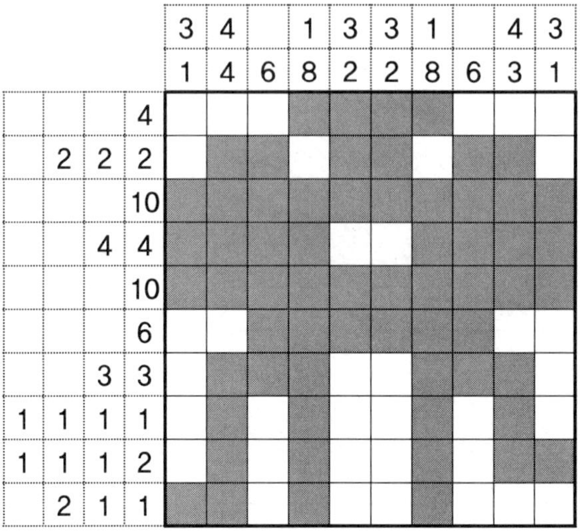

풀이 순서나 방법이 다양하고 논리적인 사고가 필요하여 로직퍼즐을 맞추는 활동이 두뇌회전은 물론 치매예방에도 도움이 된다고 한다. 요즘에는 많은 애플리케이션이 개발되어 있어서 유형과 수준이 다른 다양한 문제에 손쉽게 접근할 수 있다.

10 %의 함정

Quiz

성이는 여러 명의 친구들과 함께 지리산에 가기로 하여 다음날 먹을 싱싱한 과일을 100kg 사왔다. 친구들은 너무 무거워서 다 가지고 갈 수 없다고 불평을 하는데 성이는 걱정 말라고 한다. 지금 이 싱싱한 과일의 수분함량은 99%이고 다음날 아침에는 수분함량이

98%가 된다고 한다. 다음날 아침 이 과일의 무게는 얼마가 될까?

① 98kg ② 90kg ③ 80kg ④ 50kg

Solution

계산에 들어가기 전에 대~~충 어림잡아 생각해 보았는가? 그럼 답은 몇 kg?

지금부터 계산해 보기로 하자.

싱싱한 과일의 무게 100kg

싱싱한 과일에 포함된 수분의 무게는 $100 \times 0.99 = 99$kg

하룻밤 사이에 증발한 수분의 양을 $x$kg라고 하자.

다음날 아침 과일의 무게 $(100-x)$kg

다음날 아침 과일에 포함된 수분의 무게 $(99-x)$kg

다음날 아침에는 수분함량이 98%이므로

$$\frac{99-x}{100-x} = \frac{98}{100}$$

양 변에 $100(100-x)$를 곱하면

$$100(99-x) = 98(100-x)$$

$$9900-100x=9800-98x$$
$$2x=100$$
$$x=50$$

증발한 수분이 50kg이므로 다음날 아침 이 과일의 무게는

$$100-50=50\text{kg}$$

이다.

앗! 수분이 1% 줄었을 뿐인데 무게는 반으로 줄었다니……믿어지지 않는다고?

그러니 하루 사이에 수분함량이 1% 떨어지려면 건조기에 넣었을 때나 가능한 일이라는……

어쨌든 **정답은** ④번

직관적으로 생각한 결과와 많은 차이가 나는 것은 무슨 까닭일까?

과일 100kg 중 수분이 99kg일 때 99%이다. 즉 $\frac{99}{100}$.

과일 100kg 중 수분이 98kg일 때 98%이다. 즉 $\frac{98}{100}$.

그런데 이 문제에서는 수분이 증발하면 과일의 무게도 그만큼 줄어든다는 사실이 중요하다. 즉 $\frac{99-x}{100-x}$.

Quiz

오제이 심슨의 변호

1994년 어느 날 LA에서 미식축구의 영웅이었던 오제이 심슨의 전처가 살해 되었다. 피살현장에서 채취된 DNA가 심슨의 것과 일치한 것으로 판명되었다. 그러나 심슨은 형사 재판에서 무죄 판결을 받았다. 심슨의 변호 과정에서 확률적으로 흥미를 끄는 대목이 있어서 살펴보기로 하자.
두 사람의 DNA가 우연히 일치할 확률이 1만분의 1인 점을 들어 심슨이 범인일 확률이 99.99%라는 검사의 주장에 대해, 심슨의 변호인단은 LA 인근의 인구가 300만 명이므로 이 중 300만× $\frac{1}{1만}$ 인 약 300명의 DNA가 일치할 수 있으므로 심슨이 범인일 확률은 $\frac{1}{300}$ 이라고 주장하였다. 변호인단의 주장에 대해 오류를 지적할 수 있겠는가?

Solution

LA 인근의 인구 300만 명을 전체의 집합으로 정하고, 그 중 DNA가 일치하는 사람의 수를 확률로 계산한 것은 모순이 있다. 변호인의 주장이 맞는 말이라면 LA 인근의 인구 대신 미국 인구를 전체의 집합으로 잡아도 되겠네, 그럼 심슨이 범인일 가능성은 훨씬 줄어들겠지.

살해 가능성이 있는 사람을 전체의 집합으로 하고 그 중 DNA가 일치하는 사람의 수를 확률로 계산해야 한다.

요즈음 날마다 쏟아지는 대통령 탄핵에 대한 뉴스를 보면서 변호사의 역할에 대하여 새삼스럽게 생각해 보게 된다. 누구든 변호를 받을 권리가 있고 변호사는 의뢰인의 편을 드는 사람이라고 하지만 진정한 변호사의 역할은 무엇일까?

Quiz

주식 투자

준이는 주식 투자를 하고 있는데 이틀 전 종가로 H종목을 매수하였다. 그런데 H종목이 어제는 10% 하락하더니 오늘은 10% 상승하였다. 현재 준이의 투자 결과는 다음 중 어디에 해당되는가?

① 약간의 수익이 생겼다.

② 본전이다.

③ 약간의 손실이 생겼다.

Solution

계산을 해 보면 정답을 알게 되겠지만 보통은 10% 하락 후에 다시 10% 상승하였으므로 본전이라고 생각하기 쉽다.

차분히 계산을 해 보자.

투자금액을 a원이라고 하면 10%가 하락한 어제의 잔고는 $a-0.1a=0.9a$원이다.

오늘 10% 상승 하였으므로 $0.9a+0.9a\times0.1=0.9a+0.09a=0.99a$원이 되었다.

따라서 $0.01a$원 만큼 손실이 생겼다.

정답은 ③번

결과적으로 10% 하락 후 다시 10% 상승하였지만 원금이 회복되지 않은 것이다.

만일 어떤 주식을 샀는데 주가가 20% 하락했다면 지금부터 몇% 올라야 원금이 회복될지 생각해 보자.

주가가 b원일 때 내가 샀고 지금 20% 하락하였다면 현재 주가는 0.8b원이다. 원금이 회복되기 위해서는 x%만큼 올라야 한다면 식을 다음과 같이 세울 수 있다.

$$0.8b \times \left(1 + \frac{x}{100}\right) = b$$

$$1 + \frac{x}{100} = \frac{b}{0.8b}$$

$$1 + \frac{x}{100} = 1.25$$

$$\frac{x}{100} = 0.25$$

$$x = 25$$

따라서 원금이 회복되려면 25%가 상승하여야만 한다.

Test

어떤 주식을 산 후 주가가 50% 하락했다면 지금부터 몇% 올라야 원금이 회복될까?

Solution

주가가 c원일 때 샀다고 하면 지금 50% 하락하였으므로 지금 주가는 0.5c원이다. 원금이 회복되기 위해서 x%만큼 올라야 한다면 식을 다음과 같이 세울 수 있다.

$$0.5c \times \left(1 + \frac{x}{100}\right) = c$$

$$x = 100$$

따라서 지금부터 100%가 올라야 원금이 회복된다.

투자를 하여 20%의 손실이 생겼을 때 원금이 회복되려면 25%가 상승해야 하고, 50%의 손실이 생겼다면 원금 회복을 위해서는 100%가 상승해야 한다는 사실이 놀랍지 않은가? 이처럼 손실을 보게 되면 회복이 쉽지 않다는 사실을 알아야 한다.

Quiz

호텔 예약

재인과 주영은 연휴를 맞아 함께 여행을 떠나기로 하였다. 호텔 예약을 위하여 여기저기 예약사이트를 찾아보니 저마다 할인율을 내세우며 광고를 하고 있다. 다음 두 곳 중 어느 곳을 선택하면 숙박비를 더 절감할 수 있을까?

① A** : 30% 할인　　② E** : 20% 할인＋추가 12% 할인

Solution

정상가가 c원이라면

A**는 30% 할인이므로 이곳에 예약을 한다면 지불해야할 숙박비는 0.7c원이다.

E**는 20% 할인+추가 12% 할인이므로 우선 20% 할인한 가격은

$0.8c$원이고, 여기서 다시 12% 할인하면 $0.8c \times 0.88 = 0.704c$원이다.

정답은 ①번

더 간단하게 계산할 수 있다고 하니 그 방법을 들어보자.

E**는 20% 할인+추가 12% 할인이므로

총 할인율은 $20\% + 80\% \times 0.12 = 29.6\%$이다.

A**는 30% 할인이므로 A**의 할인율이 더 크다.

얼핏 생각하면 E**이 $20 + 12 = 32$로 30보다 크므로 할인율이 클 것이라고 짐작이 되지만 실제로 계산을 해보니 추측은 옳지 않았다.

추가할인이란 정가에 추가로 할인한다는 뜻이 아니고, 할인된 가격에 할인한다는 뜻이므로 현혹되지 않도록!

Quiz

2+1 할인 행사

새학기가 되어 송화는 노트를 사려고 인터넷 쇼핑몰을 검색 중이다. 그런데 똑같은 노트를 A쇼핑몰은 두 권의 값으로 세 개를 주는 2+1 행사 중이고, B쇼핑몰은 35% 할인 행사 중이다. 송화가 더 싸게 살 수 있는 곳은 어느 곳인가?

① 2+1 행사를 하는 A쇼핑몰

② 35% 할인 행사를 하는 B쇼핑몰

Solution

2+1 행사의 경우 할인율이 얼마인지 구해야겠지?

얼핏 생각하면 50% 할인이 아닌가하는 추측이 들지도 모른다.

차근차근 계산해 보자.

노트 한 권의 정가가 a원이라고 하면 두 개 값은 $2a$원이고 세 개 값은 $3a$원이다.

그러니까 정가 $3a$원을 몇% 할인하면 $2a$가 되는가 하는 문제이다. 할인율을 x%라고 하면

$$3a\left(1-\frac{x}{100}\right)=2a.$$

$$3\left(\frac{100-x}{100}\right)=2.$$

$$100-x=\frac{200}{3}.$$

$$x=\frac{100}{3}\fallingdotseq 33.3.$$

따라서 2+1 행사는 약 33.3% 할인과 같다.

그러므로 송화가 더 싸게 살 수 있는 곳은 35% 할인 행사를 하는 B쇼핑몰이다.

정답은 ②번

다른 쉬운 방법이 있다고 하니 그 방법으로 풀어 보자.

한 권의 정가가 a원이라고 하면 2+1 행사를 하는 A쇼핑몰에서는 3권을 $2a$원에 살 수 있으므로 한 권의 가격은 $\frac{2a}{3}=0.66666\ldots a$원이다.

반면 35% 할인 행사를 하는 B쇼핑몰에서는 한 권을 $0.65a$에 살 수 있다. 따라서 B쇼핑몰이 더 싸다.

Quiz

%와 %P

작년 실업률이 10%였고, 올해 실업률이 12%라고 가정하자.

올해의 실업률에 대하여 제대로 설명한 것은 다음 중 어느 것인가?

① 실업률이 작년에 비해 2% 상승했다.

② 실업률이 작년에 비해 20%p 상승했다.

③ 실업률이 작년에 비해 20% 상승했다.

Solution

%는 백분율이고, %p는 %의 차이를 나타낸다.

따라서 '작년 실업률 10%, 올해 실업률 12%'는 다음과 같이 다르게 표현할 수 있다.

'올해의 실업률은 작년에 비해 20% 상승했다'

'올해의 실업률은 작년에 비해 2%p 상승했다'

'올해의 실업률은 작년 실업률의 120%가 되었다'

정답은 ③번

퍼센트와 퍼센트포인트는 방송이나 신문에서 통계를 인용하여 각종 수치의 변화를 이야기할 때 자주 등장한다. 그러나 퍼센트와 퍼센트포인트는 간단한 개념인데도 불구하고 많은 사람들이 혼동하고 있으며 신문기사 등에서도 %p를 그냥 %로 잘못 사용하는 경우를 볼 수 있다.

2015년 대입 수능시험 문제에서는 %와 %p가 잘못 쓰여 혼란이 야기되었고 결국 복수 정답을 인정하였다.

Test

작년에 두 은행의 정기예금 이율은 모두 3%였는데 A은행은 작년보다 이율을 0.2%p 올렸고 B은행은 작년 이율의 2%를 인상하였다고 발표하였다.

이자를 더 많이 받으려면 어느 은행으로 가야할까?

Solution

A은행의 이율은 $3+0.2=3.2\%$

B은행의 이율은 $3+3\times\frac{2}{100}=3.06\%$

따라서 A은행의 이율이 더 높다.

11 사이클로이드

Quiz

최단강하곡선

독수리가 땅 위의 병아리를 낚아채기 위해 강하하는 궤적은 어느 것일까?

① 직선 ② 사이클로이드 ③ 원호

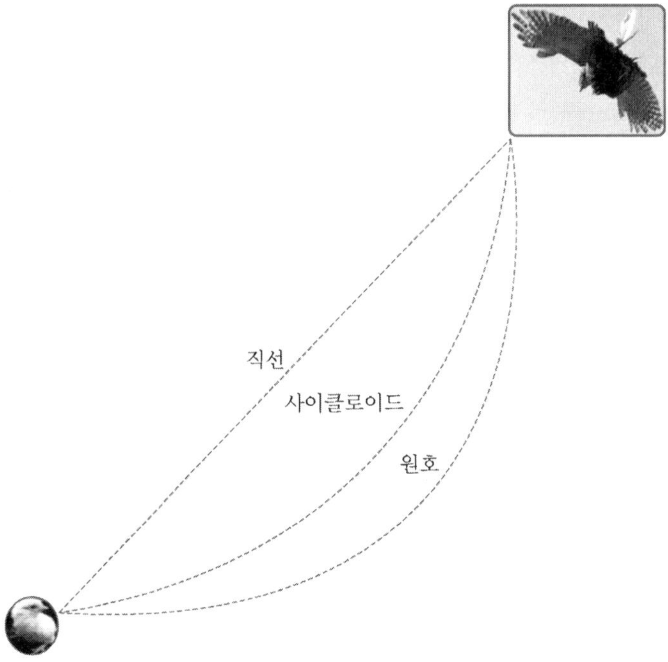

Solution

독수리가 지상에 있는 병아리를 잡기 위해서는 최대한 빨리 내려와야 할텐데.

하늘의 독수리 지점으로 부터 병아리 지점까지 거리로만 보면 직선이 가장 짧고 원주가 가장 길다는 것은 그림만 보아도 알 수 있다. 그런데 중간의 사이클로이드란 무엇인가? 고등학교를 이과로 보낸 학생이라면 수학시간에 배웠을 것이라 짐작되지만 교육과정이 자주 바뀌다보니 확신을 할 수는 없다. 강의 시간 중 물어보면 서로 쳐다보며 깔깔대면서 "문과였어요~" 애교 섞인 대답을 하는 학생들, 이과였지만 기억나지 않는다는 표현이다.

사이클로이드는 자전거 바퀴가 굴러갈 때 바퀴 위의 한 점이 그리는 자취를 말한다. 그런데 이 곡선이 특이한 성질을 가지고 있단다.

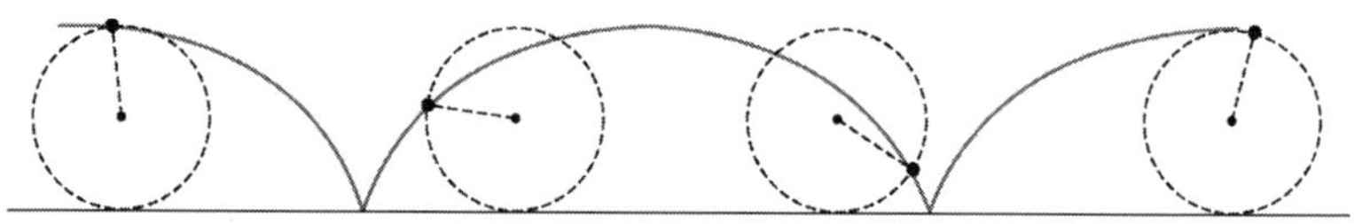

얼핏 생각하면 '더 짧은 거리로 내려오는 쪽이 시간이 덜 걸리는 것이 당연한 이치이고 상식이 아닌가?' 라는 판단이 설 것이다. 물론 내려오는 것이 아니고 평지라면 그 생각이 맞겠지. 그런데 내려오는 데에는 중력이라는 변수가 작용을 한다.

그림의 미끄럼틀은 왼쪽부터 직선, 포물선, 사이클로이드, 원호이다. 실제로 실험을 해보면 사이클로이드, 원호, 포물선, 직선의 순서로 도착하는 것을 볼 수 있다. 직선으로 내려오는 것이 가장 빠를 것 같지만 가장 느리다. 포물선은 사이클로이드보다 거리가 짧지만 중력에 의한 초

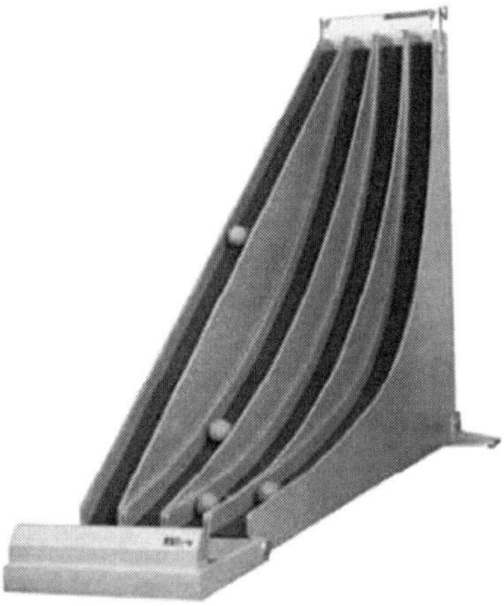

수학사랑이 제작한 교구

기 속도가 작고, 원호는 초기 속도는 크지만 내려올수록 가속도가 줄어든다. 사이클로이드는 지구상에서 중력과 거리가 가장 잘 조화를 이루는 곡선으로 가장 빠른 길이라고 알려져 있다. 이쯤하면 호기심이 생기지 않은가? 그렇다면 달나라에서는 다른 결과가 나타나지 않을까하는.

사이클로이드는 갈릴레오, 파스칼, 데카르트, 페르마, 요한 베르누이, 라이프니츠 등 많은 학자들에 의해 연구되었다. 사이클로이드라는 이름을 처음 붙인 갈릴레오도 처음에는 두 점 사이를 강하할 때 가장 빨리 내려오는 것은 직선을 따라 내려오는 것이라고 주장했으나, 후에 원주 위의 두 점을 잇는 호를 따라 강하할 때 시간이 덜 걸린다는 사실을 발견하였다고 한다. 그 후 베르누이 형제에 의해서 사이클로이드 곡선을 따라 내려오는 것이 가장 빠른 길임이 밝혀졌다. 그래서 사이클로이드를 최단강하곡선이라고도 한다. 스릴을 더하기 위해 미끄럼틀을 사이클로이드곡선으로 만들기도 한다.

정답은 ②번

Quiz

등시곡선

사이클로이드 곡선으로 된 미끄럼틀의 중간에 똑같은 축구공 세 개를 그림과 같이 위치를 달리하여 올려놓고 동시에 손을 놓아 떨어뜨린다면 어느 것이 가장 먼저 도착하게 될까?

① 1번 공　　② 2번 공
③ 3번 공　　④ 동시에 도착

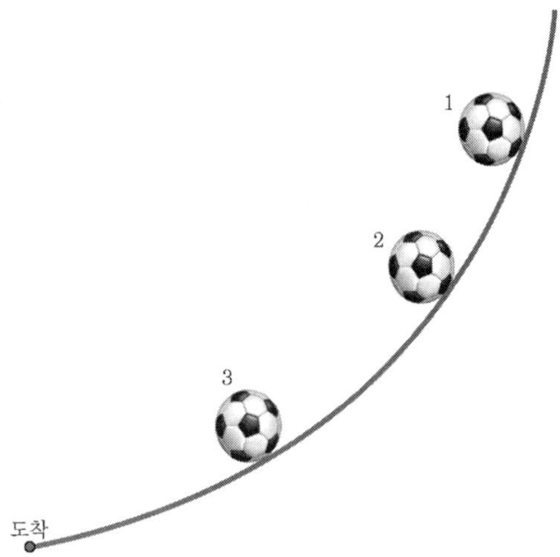

Solution

이 문제 역시 가장 아래에 있는 3번 공이 가장 먼저 도착할 것이라고 예상되겠지만 사이클로이드는 곡선 위의 어느 점에서 출발해도 동시에 바닥에 떨어지는 성질을 가지고 있다. 때문에 등시(等時)곡선이라고도 불린다. 이러한 성질을 이용하여 네덜란드의 물리학자 호이겐스는 진자시계를 만들었다. 사이클로이드 진자는 진폭에 상관없이 일정한 주기를 갖는다.

정답은 ④번

12 둘레의 길이를 늘리면

Quiz

지구의 둘레를 1m 늘리면

지구의 둘레는 약 40,000km이다. 지구를 딱 한 바퀴 감는 끈이 있다고 하자. 그러니까 끈의 길이가 40,000km라는 이야기다. 이 끈의 길이를 1m만 늘려서 양끝을 붙여 지구를 감는다고 하면 지구의 표면과 끈 사이에 약간의 틈이 생길 것이다. 이 틈을 일정하게 유지한다고 하면 이 틈은 얼마나 클까? (연필을 들고 적극적으로 계산하기에 앞서 어림을 해 보고 계산 후 본인의 감각에 대하여 판단을 해 보시길…)

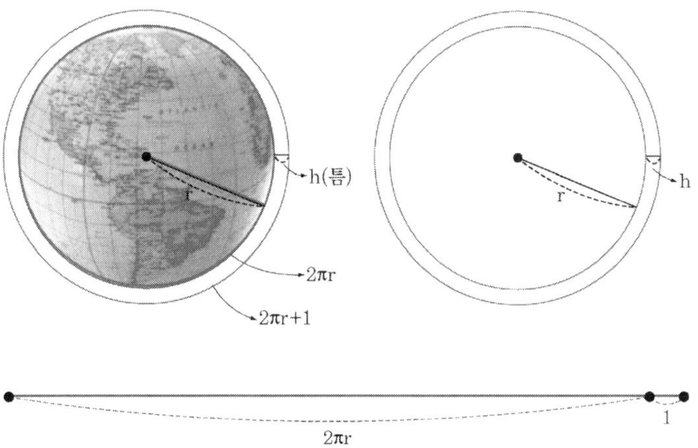

① 약 1.6mm ② 약 1.6cm ③ 약 16cm ④ 약 60cm

Solution

계산 해 보기 전에 직관적으로 선택한 답은?

지금부터 차근차근 계산해 보기로 하자.

지구의 반지름을 rm라고 하면 원래 끈의 길이는 $2\pi r$m

늘어난 끈의 길이는 $(2\pi r+1)$m

틈의 높이를 hm라고 하면 늘어난 끈의 길이는 $2\pi(r+h)$m

즉,

$$2\pi(r+h)=2\pi r+1$$

$$2\pi r+2\pi h=2\pi r+1$$

$$2\pi h=1$$

따라서 $h=\frac{1}{2\pi}$, 즉 약 0.16m=약 16cm이다.

생각했던 것보다 틈이 크다고 생각되지 않은가? 단 1m 늘렸을 뿐인데 말이다.

어쨌든 정답은 ③번

Test

어떤 행성의 둘레를 1m 늘리면

둘레의 길이가 지구의 $\frac{1}{2}$인 어떤 행성이 있다고 하자. 위의 퀴즈와 똑같은 상황으로 행성을 감는 끈의 길이를 1m 늘려서 양끝을 붙여 이 행성을 감았을 때 행성의 표면과 끈 사이에 생긴 틈은?

① 약 4cm ② 약 8cm ③ 약 16cm ④ 약 32cm

Test

무등산 수박의 둘레를 1m 늘리면

둘레의 길이가 3m인 무등산 수박이 있다고 하자. 위의 퀴즈와 똑같은 상황으로 수박을 감는 끈의 길이를 1m 늘려서 양끝을 붙여 이 수박을 감았을 때 수박의 표면과 끈 사이에 생긴 틈은?

Solution

눈치가 빠른 사람이라면 퀴즈의 Solution에서 반지름의 길이 r이 틈의 높이 h에 아무런 영향을 미치지 않는다는 사실을 깨달았을 것이다. 따라서 모두 다 틈은 약 16cm이다.

정답은 ③번

13 정다면체

Quiz

주사위 모양

우리가 흔히 사용하는 주사위는 정육면체 모양이고, 던졌을 때 모든 면이 나올 확률이 같다. 이처럼 던졌을 때 모든 면이 나올 확률이 같은 정다면체로 가능하지 않은 것은 다음 중 어느 것일까?

① 정팔면체

② 정십이면체

③ 정십오면체

④ 정이십면체

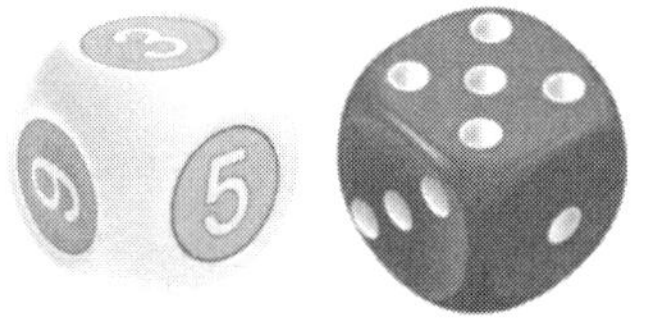

Solution

정육면체는 여섯 개의 면이 크기가 같은 정사각형으로 되어 있다. 다시 말하면 모든 면이 합동인 정사각형이다. 또 모든 꼭짓점에 모이는 면의 개수가 같다. 그러니까 어느 곳에서 보아도 같은 모양이지. 이처럼 모든 면이 합동인 정다각형이고, 각 꼭짓점에 모이는 면의 개수가 동일한 볼록 다면체를 정다면체라고 한다.

그럼 정다면체는 모두 몇 가지가 있을까?

정다면체가 5개뿐이라는 사실은 이미 그리스시대에 알려졌다. 플라톤은 5개의 정다면체를 세상을 구성하는 다섯 요소와 연결시키기도 했다. 정사면체는 불, 정육면체는 흙, 정팔면체는 공기, 정이십면체는 물, 그리고 정십이면체는 우주였다.

정다면체는 정말 5개뿐인가? 혹시 정100면체, 정1000면체 이런 거 있을 수도 있지 않겠어? 라는 생각이 든다고?

우선 입체도형을 만들려면 한 꼭짓점에 적어도 세 개의 면이 모여야 한다. 그리고 한 꼭짓점에 모인 세 다각형의 각을 합한 값이 360도보다 작아야 한다. 만약 360도가 되면 그건 평면이 되어버려서 오므려서 다면체를 만드는 것이 불가능하다. 물론 360도 보다 더 크면 다면체로 만들 수 없으니까.

그럼 먼저 정삼각형을 가지고 만들 수 있는 정다면체를 생각해 보자.

정삼각형은 한 꼭짓점에 3개, 4개, 5개가 모일 수 있다. 왜냐하면 정삼각형의 한 내각이 60도이므로 6개가 모이면 360도가 되어 평면이 되어 버리기 때문이다. 물론 7개 이상 모이는 것은 360도를 넘어서 다면체가 될 수 없겠지.

한 꼭짓점에 3개의 정삼각형이 모이면 정사면체가 된다.

한 꼭짓점에 4개의 정삼각형이 모이면 정팔면체가 된다.

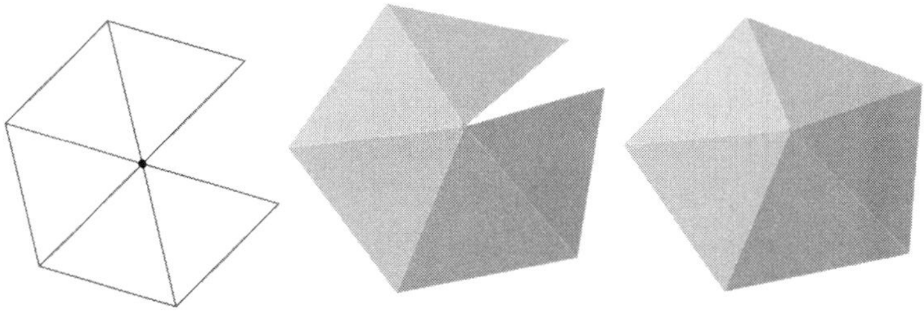

한 꼭짓점에 5개의 정삼각형이 모이면 정이십면체가 된다.

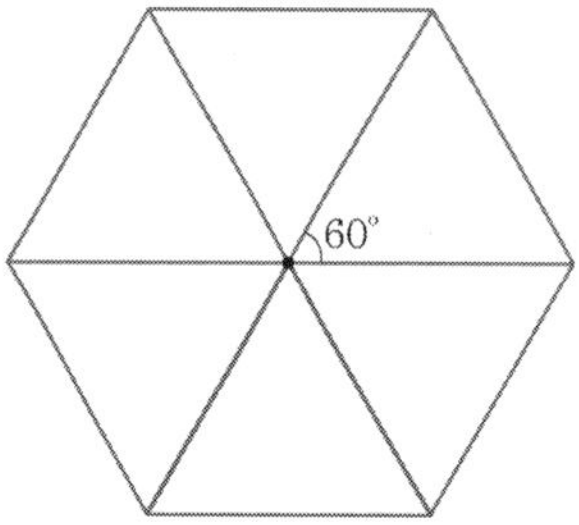

한 꼭짓점에 6개의 정삼각형이 모이면 평면이 되어 다면체를 만들 수 없다.

정사각형은 한 내각이 90도이므로 한 꼭짓점에 세 개까지만 모일 수 있다(4개가 모이면 360도가 되어 평면이 되므로).

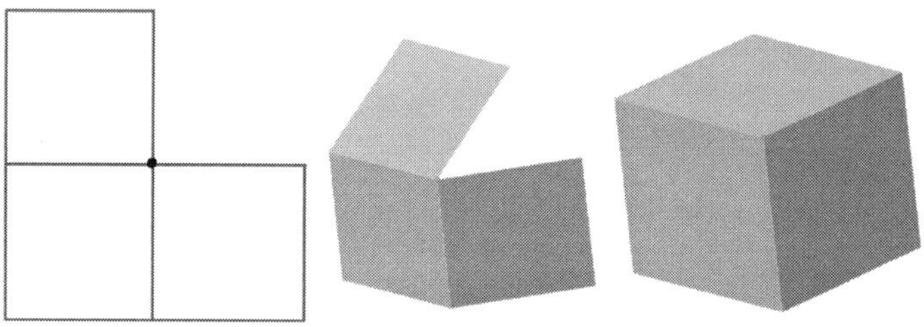

한 꼭짓점에 3개의 정사각형이 모이면 정육면체가 된다.

한 꼭짓점에 4개의 정사각형이 모이면 평면이 되어 다면체를 만들 수 없다.

정오각형의 경우 세 개까지만 가능하다(4개가 모이면 360도가 넘게 되므로).

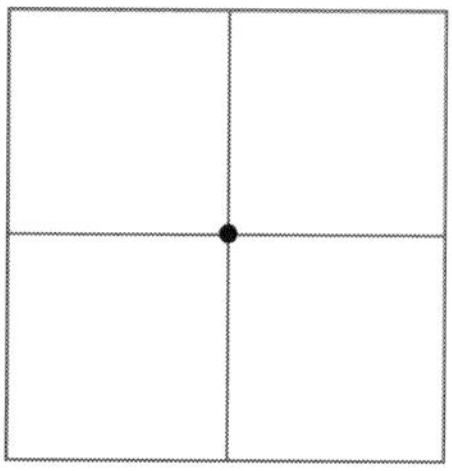

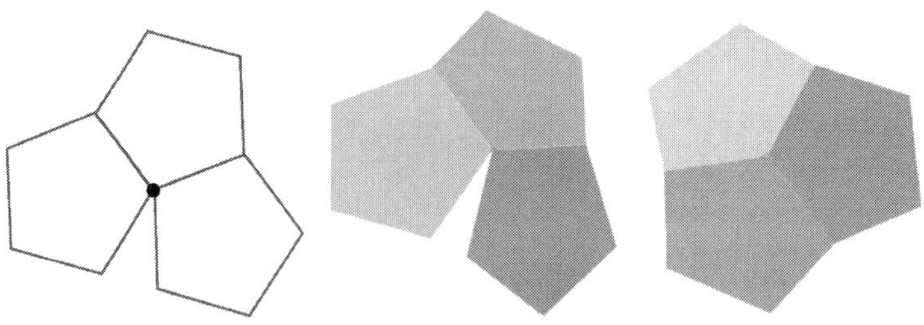

한 꼭짓점에 3개의 정오각형이 모이면 정십이면체가 된다.

그런데 정육각형의 경우는 한 내각의 크기가 120도이므로 세 개가 모

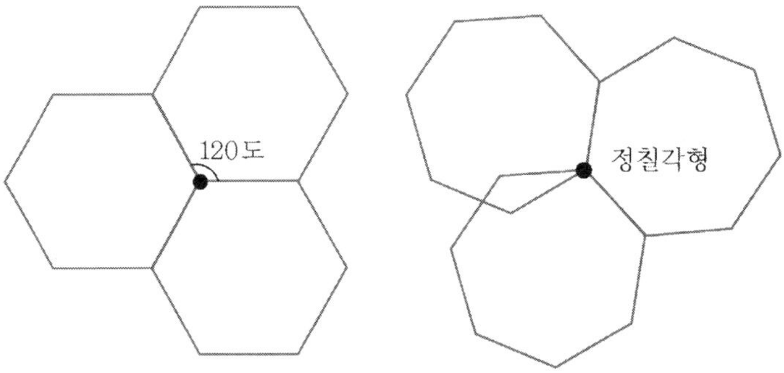

이면 이미 평면이 되어 버린다.

정칠각형 이상은 한 내각의 크기가 120도보다 크기 때문에 세 개가 모이면 360도보다 커져서 입체도형의 형성이 불가능하다.

지금까지 정다면체를 이룰 수 있는 면의 모양은 정삼각형, 정사각형, 정오각형뿐이라는 사실을 알게 되었다. 또 정다면체는 모두 5가지뿐이라는 사실도.

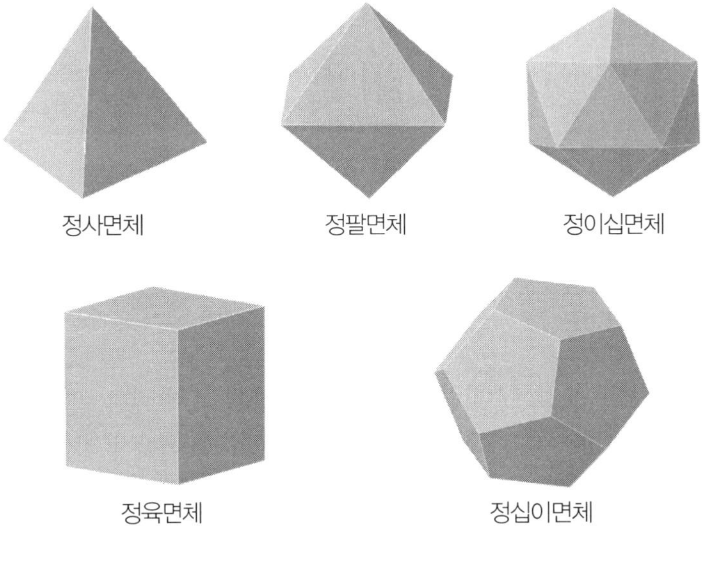

정사면체 정팔면체 정이십면체

정육면체 정십이면체

이렇게 정다면체는 정사면체, 정육면체, 정팔면체, 정십이면체, 정이십면체 5개뿐이다.

정답은 ③번

Quiz

정다면체 만들기

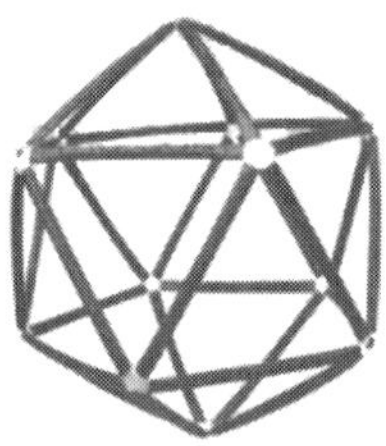

정이십면체

송익이는 4D프레임을 가지고 정이십면체를 만들려고 한다. 4D프레임은 연결봉(모서리)과 연결발(꼭짓점)로 구성 되어 있다. 송익이가 필요한 연결발은 어떤 모양인가? 그리고 몇 개가 필요한가?

연결봉

연결발

①

②

③

Solution

정이십면체는 정삼각형이 한 꼭짓점에 5개씩 모여 있다. 따라서 필요한 연결발의 모양은 가지가 다섯개로 뻗어있는 것이어야 한다.

그런데 몇 개가 필요한가? 일일이 셀 수 있다면 그것도 한 가지 방법일 것이다. 그러나 좀 더 일반적인 방법을 안다면 다른 문제를 해결하는

데도 도움이 될 것이므로 긴 안목으로 더 좋은 풀이 방법을 찾아보기로 하자.

정이십면체는 정삼각형 20개로 이루어져 있다. 정삼각형이 (평면도형으로서) 하나씩 떨어져 있을 때 꼭짓점은 3개씩이다. 그러니까 20개의 삼각형의 꼭짓점의 총 개수는 $20 \times 3 = 60$개.

그런데 입체도형인 정이십면체의 꼭짓점은 각 꼭짓점에 5개의 삼각형의 꼭짓점이 한데 붙었다.

따라서 $60 \div 5 = 12$개

정답은 연결발 ★모양 12개가 필요하다.

Test

5가지 정다면체의 꼭짓점 개수와 모서리 개수를 구해보자. 표 안에 맞는 수를 넣어 표를 완성하라.

정다면체	면의 개수	한 면의 모양	꼭짓점 개수	모서리 개수	한 꼭짓점에 모인 면(모서리)의 개수
정사면체	4	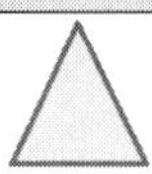			3
정팔면체	8				4
정이십면체	20	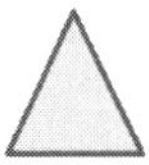	12		5
정육면체	6				3
정십이면체	12	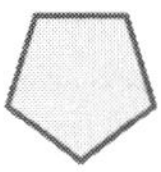			3

Solution

정이십면체의 모서리 개수를 구해 보자

정이십면체는 정삼각형 20개로 이루어져 있고 정삼각형의 변(모서리)의 개수 역시 꼭짓점과 마찬가지로 3개씩이므로 20개 삼각형의 변의 총 개수는 $20 \times 3 = 60$개이다.

그런데 입체도형이 되면서 두 개의 변이 붙어서 하나의 모서리가 되었으므로 모서리의 개수는 $60 \div 2 = 30$개.

같은 방법으로 정십이면체의 꼭짓점 개수는 정오각형의 꼭짓점 개수 (5)×면의 수(12) = 60. 60÷한 꼭짓점에 모인 면(꼭짓점)의 개수 (3) = 20개.

정십이면체의 모서리 개수는 정오각형의 모서리 개수(5)×면의 수 (12) = 60. 60÷2(두 개의 변이 붙어서 하나의 모서리가 되므로)= 30개.

정다면체	면의 개수	한 면의 모양	꼭짓점 개수	모서리 개수	한 꼭짓점에 모인 면 (모서리, 꼭짓점)의 개수
정사면체	4		4	6	3
정팔면체	8		6	12	4
정이십면체	20		12	30	5
정육면체	6		8	12	3
정십이면체	12	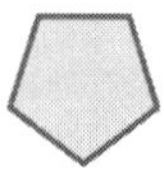	20	30	3

14 축구공

Quiz

축구공 만들기

그림의 축구공은 정오각형과 정육각형으로 되어 있는 것을 볼 수 있다. 이 축구공 한 개에는 정오각형이 12개 들어 있다. 정육각형은 몇 개일까?

① 15개　　② 20개　　③ 22개

Solution

축구공의 모양은 꾸준히 변화를 거듭하고 있다.

오래된 축구공
(독일 함부르크
민속박물관)

델스타 이전

델스타
1970 멕시코
1974 서독

탱고
1978 아르헨티나

피버노바
2002 한일

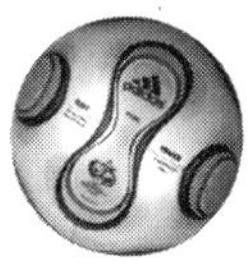

팀가이스트
2006 독일

자블라니
2010 남아공

브라주카
2014 브라질

〈월드컵 공인구〉

정오각형과 정육각형으로 된 축구공은 1970년 멕시코 월드컵에서 등장하였다.

본론으로 들어가서 문제를 풀어보자.

축구공을 살펴보면 정오각형 둘레에 정육각형이 5개 붙어 있다. 그러니 정육각형 개수는 정오각형 개수의 5배라고 생각하는 분이 계시다면 눈을 좀 더 크게 떠 보시길. 정육각형을 중심에 두고 보면 정육각형 둘레에 정오각형이 세 개씩 붙어 있다.

그래서 정오각형 개수 : 정육각형 개수 $= 3:5$라고 설명한다면 이해가 가는가?

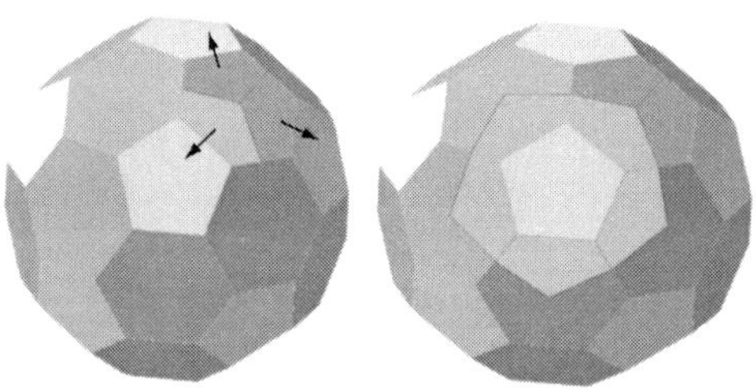

아니 수긍하기에는 뭔가 좀 확실치 않다고?

가장 쉽게 설명할 수 있는 사람이 가장 실력 있는 사람이라고 내가 학생들에게 늘 강조하는 말인데. 좀 더 명확하게 설명을 해 보자. 이해를 돕기 위해서 그림이 필요하다. 정오각형 1개에 정확히 정육각형이 몇 개인지 알아보도록 하자. 정오각형 1개에 정육각형 5개가 붙어있지만 그 정육각형들은 각각 다른 두 개의 정오각형에도 붙어 있으므로 실제로 정오각형에 붙어있는 정육각형 1개는 사실은 $\frac{1}{3}$개인 것이다.

그러므로 모든 정오각형 1개당 정육각형이 $\frac{1}{3} \times 5 = \frac{5}{3}$개씩이다. 정오각형이 12개 이므로 정육각형은 $12 \times \frac{5}{3} = 20$개다.

정답은 ②번

다른 방법으로 접근해 보면

이 축구공모양은 앞에서 배운 정다면체 중의 하나인 정이십면체의 꼭짓점을 깎아서 만들 수 있다. 쉽게 자를 수 있는 나무나 고무 같은 그런 소재의 정이십면체가 있다고 하자. 정이십면체의 한 꼭짓점을 중심으로 모인 다섯 개 모서리의 $\frac{1}{3}$되는 지점에 점을 찍고 그 점을 통과하도록 깎는다.

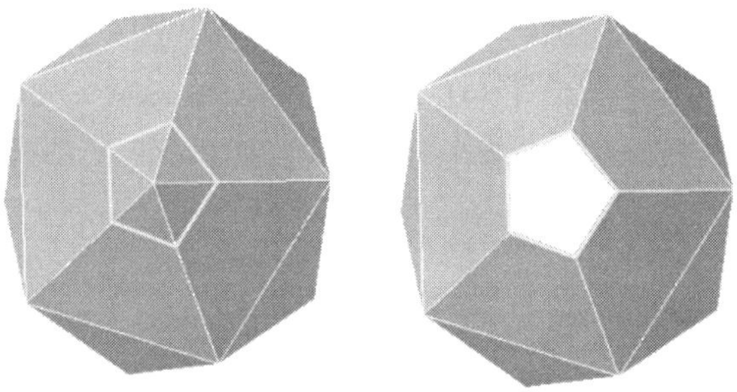

그러면 그림처럼 꼭짓점이 있던 자리에는 정오각형이 생기게 된다.

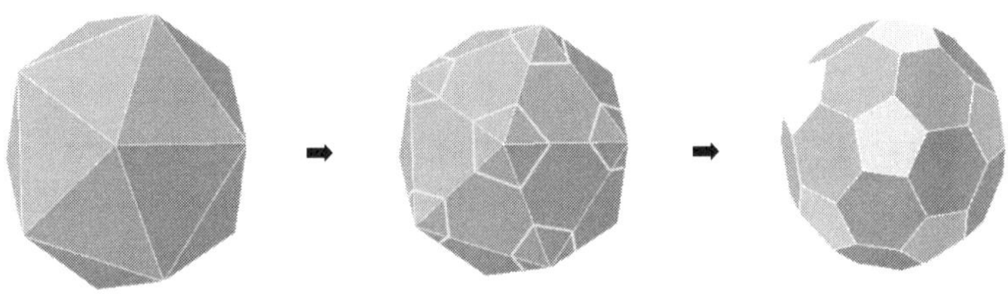

모든 꼭짓점을 같은 방법으로 깎아 주면 원래 정삼각형이었던 면은 정육각형이 되겠지? 그럼 정이십면체의 꼭짓점은 정오각형이 되고 정삼각형이었던 면은 정육각형이 되므로 정육각형의 개수는 정이십면체의 면의 개수와 같은 20개이다.

이처럼 정다면체의 꼭짓점을 깎아서 만든 다면체를 깎은정다면체라고 한다. 그러니까 깎은정다면체는 두 종류의 정다각형으로 구성된다.

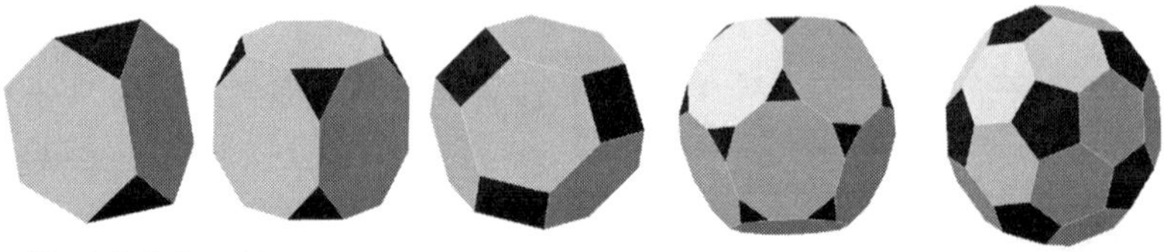

깎은정사면체 깎은정육면체 깎은정팔면체 깎은정십이면체 깎은정이십면체

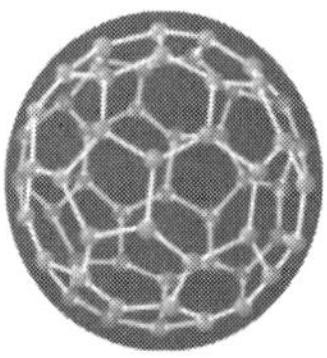

깎은정이십면체는 자연에서도 찾아볼 수 있다. 신경세포에 존재하는 클래스틴이라는 단백질의 모양은 깎은정이십면체이다. 또 탄소 원자 60개로 합성된 C_{60}도 깎은정이십면체 모양이다.

15 정폭도형

Quiz

맨홀 뚜껑

맨홀은 땅 속에 묻은 수도관이나 하수관, 배선 따위를 검사하거나 수리 또는 청소하기 위하여 사람이 드나들 수 있게 만든 구멍이다. 다음 중 맨홀과 맨홀 뚜껑의 모양으로 적합하지 않은 것은 어느 것일까?

① ② ③ ④

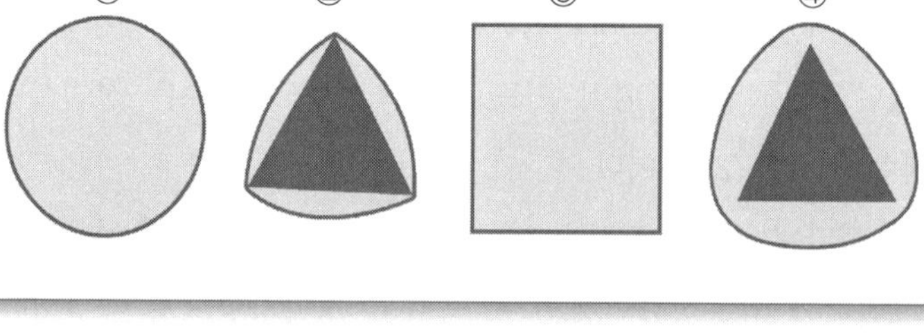

Solution

원모양의 맨홀이라면 맨홀을 덮는 맨홀 뚜껑은 맨홀보다 지름이 조금만(아주 조금만) 더 크면 뚜껑이 맨홀에 빠질 염려가 없다.

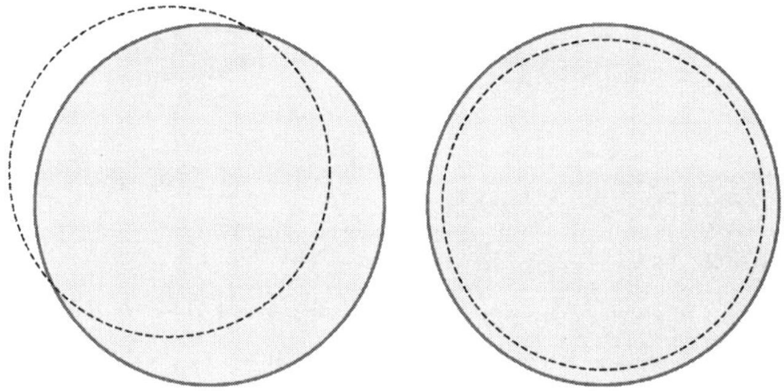

한편 정사각형이나 직사각형 모양은 대각선의 길이가 변의 길이보다 크기 때문에 맨홀의 대각선으로 뚜껑이 빠질 염려가 있다. 정사각형 모양으로 맨홀을 만들었을 때 뚜껑이 빠지지 않도록 하기 위해서는 맨홀 뚜껑의 한 변의 길이가 맨홀의 대각선의 길이보다 더 커야만 하기 때문에 효율적이지 않다.

실제로 맨홀뚜껑은 대부분 원모양이다.

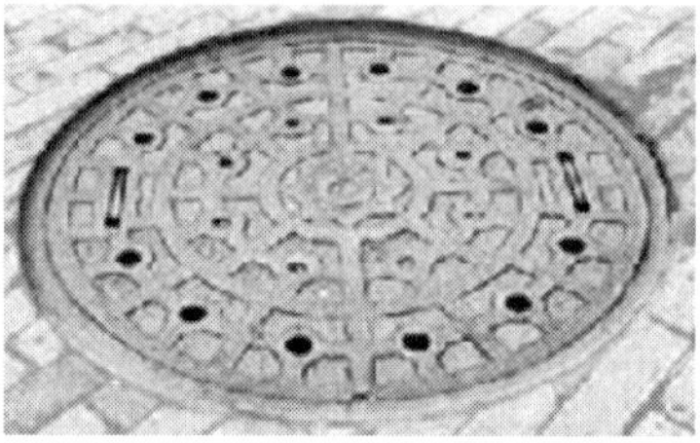

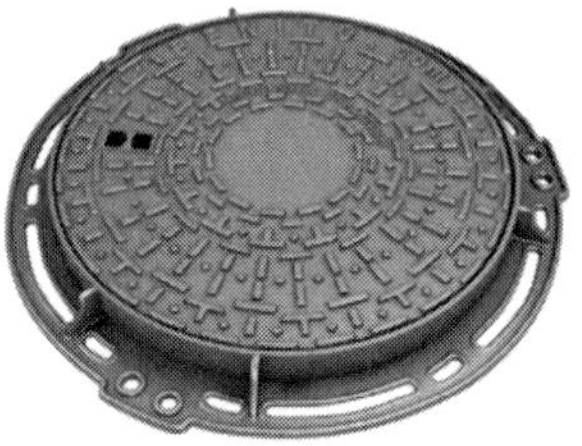

그러면 원 외에 폭이 일정한 도형은 없을까?

오른쪽 사진의 특이한(?) 모양의 맨홀뚜껑을 살펴보자.

원과 같이 폭이 일정한 도형을 정폭도형이라고 한다. 원이 아닌 정폭도형 중 대표적인 것은 뢸로다각형(Reuleaux polygon)이다. 꼭짓점의 개수가 홀수인 정다각형, 그러니까 정삼각형, 정오각형, 정칠각형, …을 이용하여 뢸로다각형을 만들 수 있다.

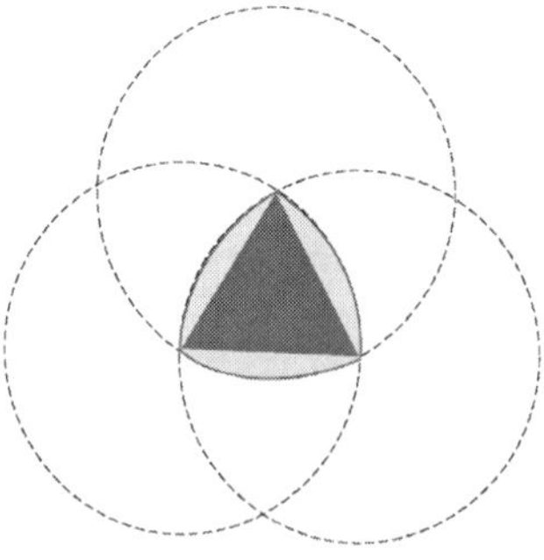

뢸로삼각형

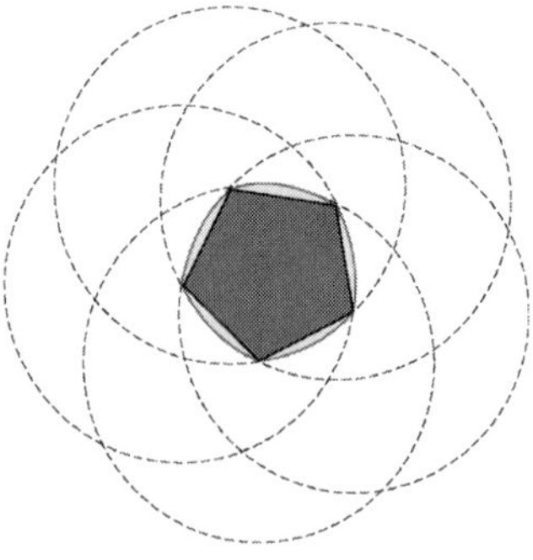

뢸로오각형

뢸로다각형 이외에도 정폭도형이 존재하는데 오른쪽 그림을 따라 작도하면 된다.

정삼각형(정오각형, 정칠각형, …….)을 그린다.

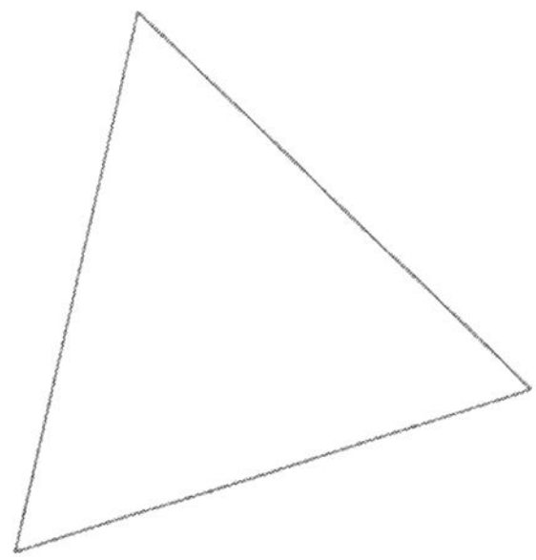

선분의 연장선을 긋는다.

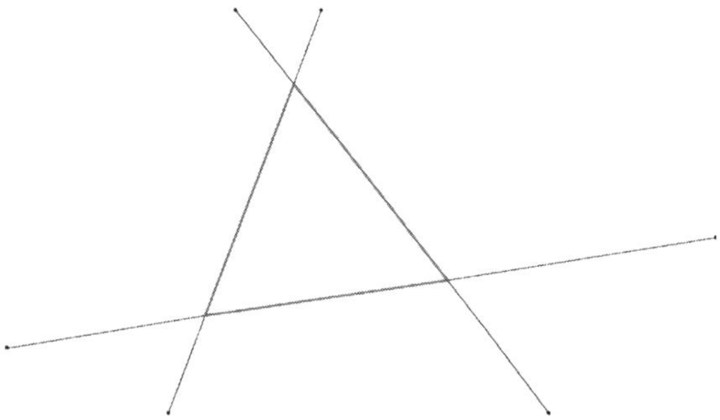

꼭짓점A를 중심으로 반지름이 삼각형의 한 변의 길이보다 더 큰 원을 그린다.

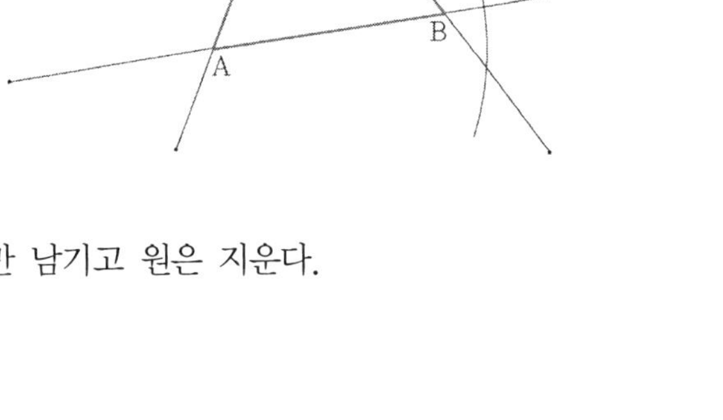

호DE만 남기고 원은 지운다.

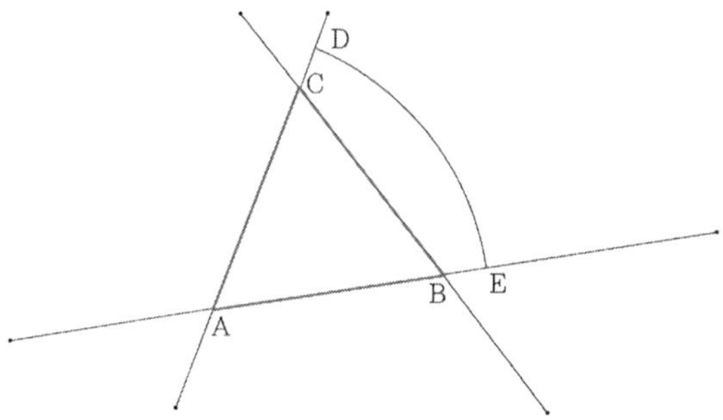

점C를 중심으로 CD를 반지름으로 하는 원을 그린다.

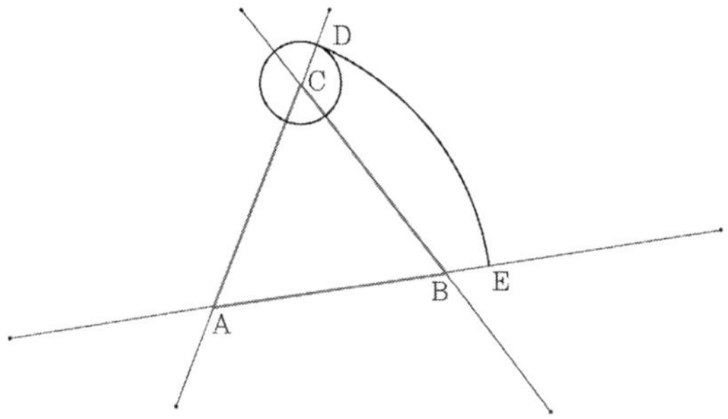

호DF만 남기고 원은 지운다.

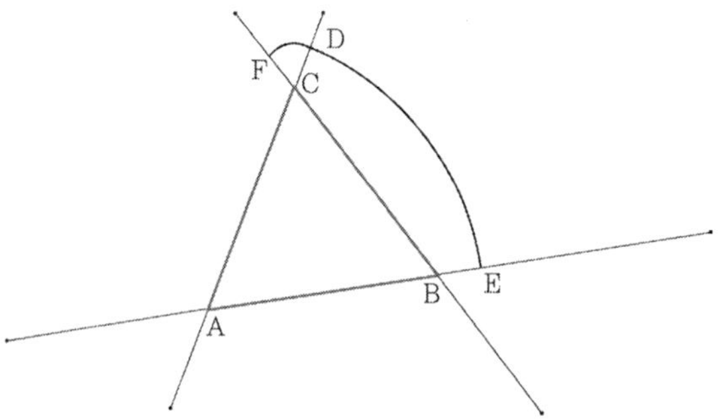

점B를 중심으로 BF를 반지름으로 하는 원을 그린다.

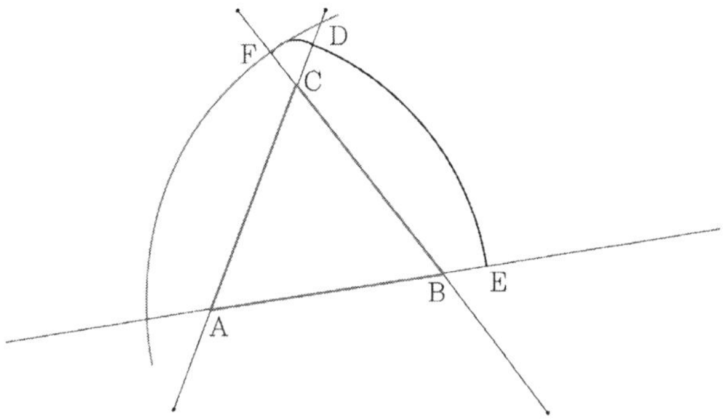

이 과정을 꼭짓점B와 꼭짓점C에서 그대로 따라하면 아래 그림과 같은 정폭도형이 완성된다.

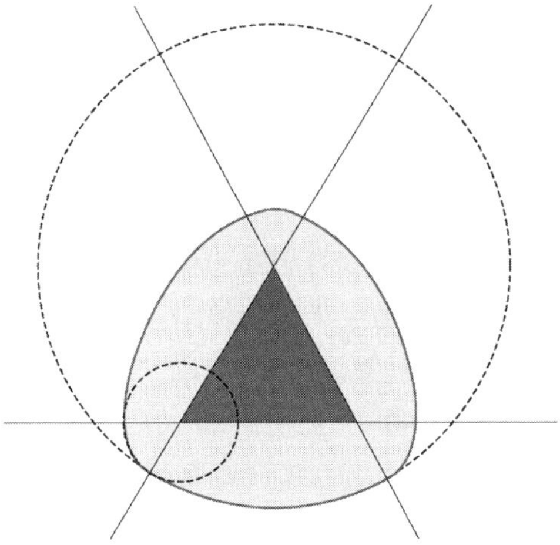

정폭도형은 원과 마찬가지로 폭이 일정하기 때문에 맨홀의 모양으로 적합하다. 자판기는 동전의 폭(크기)으로 동전을 구분한다. 영국의 동전에는 원모양이 아닌 것도 있지만 폭이 일정한 정폭도형으로 되어 있으므로 자판기 사용이 가능하다.

뢸로칠각형의 동전

정답은 정폭도형이 아닌 ③번

16 원뿔곡선

Quiz

신장결석 파쇄기

신장결석 파쇄기는 수술을 하지 않고 반사각의 성질을 이용하여 몸 안의 결석을 제거할 수 있는 기계장치이다. 특별히 제작된(이 도형 모양으로) 욕조에 따뜻한 물을 채워 환자를 적절한 위치(엑스선 형광 투시경을 이용하여 환자의 신장결석이 이 도형의 초점 위에 일치되도록)에 고정시키고 다른 초점에서 충격파를 쏘면 욕조의 모든 면에서 반사된 충격파는 결석이 있는 초점으로 모이게 되는 원리이다. 이러한 성질은 인체의 다른 부분은 손상시키지 않고 결석에만 충격파를 집중시켜 잘게 부수어서 몸 밖으로 배출시킬 수 있게 한다. 신장결석 파쇄기는 다음 중 어느 도형의 성질을 이용한 것일까?

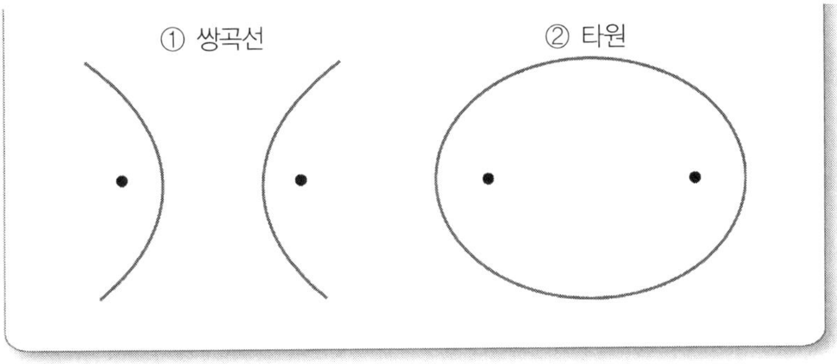

Solution

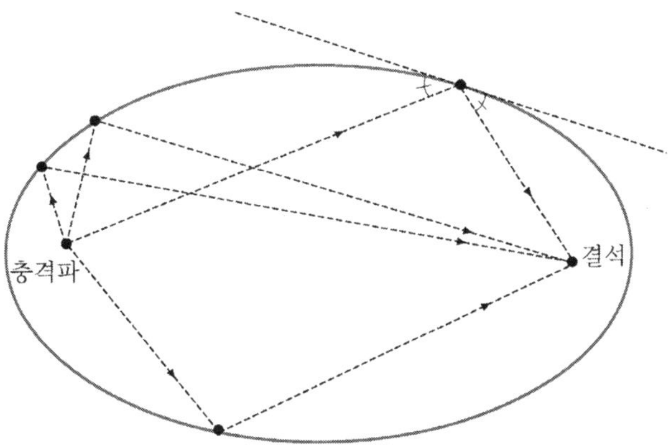

타원의 한 초점에서 나온 빛은 모두 타원에 반사되어(입사각과 반사각이 같게 되어) 또 다른 초점으로 향하게 된다. 이러한 성질을 이용하여 신장결석 파쇄기는 타원을 회전시켜 만든 타원면을 이용한다.

정답은 ②번

성 바오로 대성당

영국 런던에 있는 성 바오로 대성당은 '속삭이는 화랑'이라는 별명으로 유명하다. 복도 한곳에서 작은 소리로 속삭일 때, 가까운 곳에서는 못 듣는데도 더 멀리 있는 특정한 장소에서는 또렷하게 들린다. 이런 신기한 현상의 비밀 역시 타원면 모양으로 된 천장이다. 타원면의 초점이 되는 장소에서 내는 작은 소리는 타원면에서 반사되어 모두 또 하나의 초점에 모이게 되는 것이다.

Quiz

위성안테나

위성안테나는 축과 나란하게 들어온 전파나 빛이 반사돼 모두 초점을 향하는 이 도형의 성질을 이용하여 만든 것이다. 인공위성에서 보내온 전파가 반사되어 한 곳에 모아지기 때문에 강한 신호로 바뀌게 되는 것이다. 위성안테나는 다음 중 어떤 도형을 회전시켜 만든 것일까?

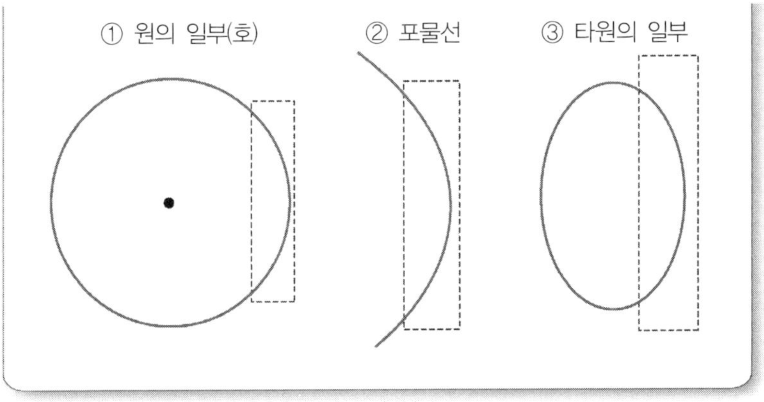

Solution

평행하게 들어오는 빛이나 전파가 포물선을 만나면 입사각과 반사각이 같게 꺾이면서 초점으로 모이게 된다. 위성안테나는 포물선의 이러한 성질을 이용한다. 포물선을 회전시킨 포물면은 전파를 효율적으로 한 곳으로 모을 수 있기 때문이다.

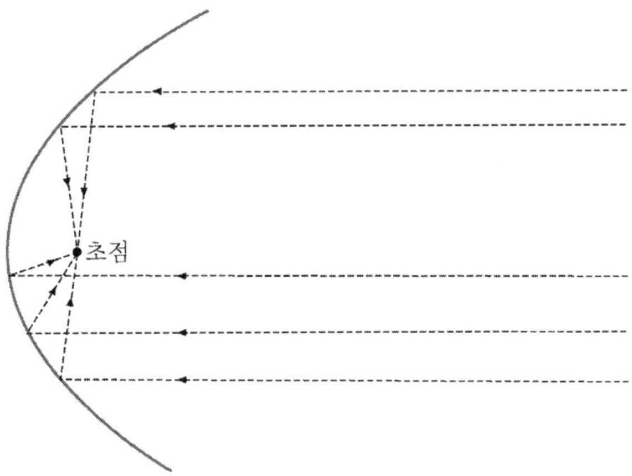

위성안테나는 접시 모양으로 되어 있어서 접시안테나라고도 하고, 포물선을 일컫는 파라볼라(parabola)를 붙여 파라볼라 안테나(parabolic antenna)라고도 한다.

정답은 ②번

반대로 포물선의 초점에서 빛을 내보내면 포물선에 반사돼 포물선의 축에 평행하게 멀리 잘 뻗어나갈 수 있기 때문에 포물면은 손전등이나 자동차의 전조등에서 이용되고 있다.

운전을 하는 사람이라면 자동차의 상향등과 하향등의 밝기가 다르다는 것을 알고 있을 것이다. 평상시에는 하향등을 켜지만 어두운 밤에 시골길을 운전할 때는 멀리까지 밝게 볼 수 있도록 상향등을 켜야 한다. 그러나 마주 오는 차가 있을 때 상향등을 켜면 마주 보는 운전자의 눈이 부시기 때문에 하향등으로 바꿔주어야 한다.

그러니까 상향등이 멀리까지 밝게 비추도록 하기 위해서 포물면의 초점에 전구를 위치시키는 것이다.

반면에 하향등은 전구를 초점과 다른 곳에 위치시켜 빛이 여러 방향으로 반사된다.

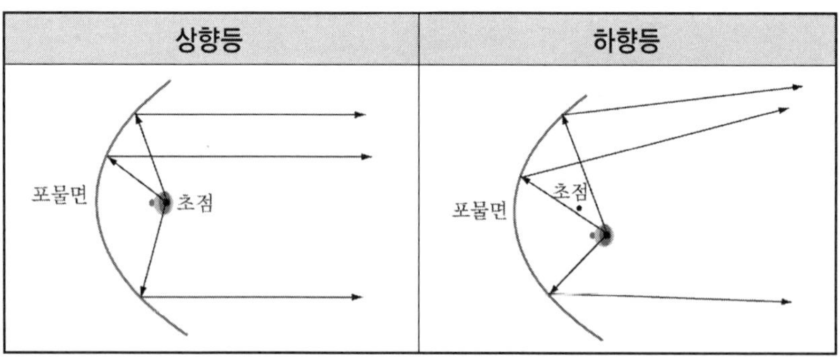

상향등	하향등
전구를 초점에 위치시켜서 모든 빛이 평행으로 나아가 멀리까지 밝게 비춘다.	전구를 초점과 다른 곳에 위치시켜 빛이 여러 방향으로 반사되어 사방으로 퍼진다.

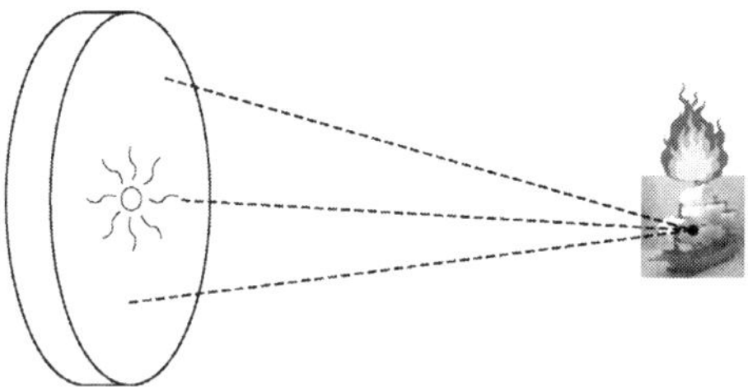

고대 그리스의 수학자 아르키메데스(Archimedes, BC 287?~BC 212)가 포에니 전쟁에서 거울로 햇빛을 모아 나무로 된 로마의 전함에 불을 질렀다는 이야기가 전해지고 있다. 아르키메데스가 사용했다는 오목거울이 바로 포물면인 것이다. 태워야 할 물체를 초점에 위치하도록 해야 하므로 커다란 포물면이 필요했겠네.

Quiz

원뿔의 단면

다음 그림은 원뿔을 하나의 평면으로 자른 것이다. 둘 중 하나는 쌍곡선이고 하나는 포물선이다. 어느 것이 포물선일까?

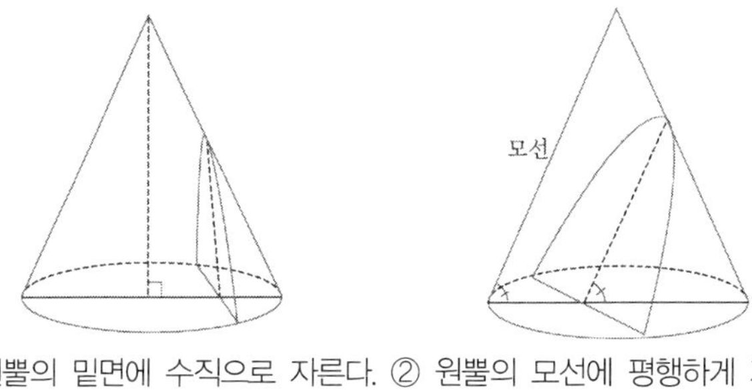

① 원뿔의 밑면에 수직으로 자른다. ② 원뿔의 모선에 평행하게 자른다.

Solution

수학을 전공한 사람이 아니라면 그림으로 봐서 구별하기가 쉽지 않을 것이라고 생각된다.

원뿔곡선(conic section)은 영어 이름에서도 알 수 있듯이 원뿔을 잘랐을 때 생기는 단면이다. 원뿔곡선에는 타원, 포물선, 쌍곡선이 있다. 영어로는 ellipse, parabola, hyperbola라고 하는데 이는 각각 '부족하다', '일치하다', '남다'라는 뜻의 그리스어에서 비롯되었다.

원뿔의 밑면과 모선이 이루는 각보다 작으면 타원, 같으면 포물선, 크면 쌍곡선이라는 뜻이다.

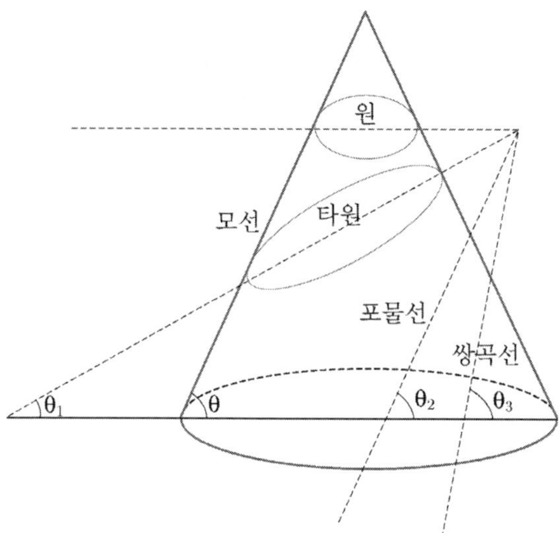

$$\theta_1 < \theta = \theta_2 < \theta_3$$

타원	ellipse	부족하다
포물선	parabola	일치하다
쌍곡선	hyperbola	남다

원뿔 두 개를 그림처럼 위치시키고 하나의 평면으로 잘라 단면을 살펴보면 타원, 포물선, 쌍곡선을 구별할 수 있다. 원뿔의 밑면에 평행인 평면으로 자르면 단면은 원이 되고, 평면을 조금 기울여서 자르면 단면은 타원이 된다. 평면을 점점 세워보면 원뿔의 모선과 평행이 되는데 이때의 단면이 포물선이다. 그리고 여기서 평면을 더 세우면 쌍곡선이 된다. 즉, 포물선은 타원과 쌍곡선의 경계에 있는 도형이다.

원, 타원　　　　포물선　　　　쌍곡선

정답은 ②번

17 테셀레이션

Quiz

벌집 모양

벌집은 정육각형 모양으로 되어 있다. 꿀벌이 정육각형 모양으로 집을 짓는 데는 어떤 이유가 있을까?

① 만들기 쉽다. ② 경제적이다.
③ 외부 침입으로부터 안전하다. ④ 튼튼하다.

Solution

만일 벌집이 정육각형이 아니고 다른 모양으로 되어 있다면 어떨까?

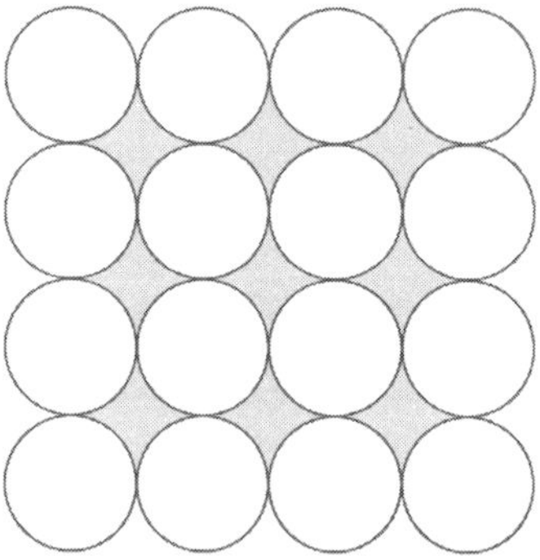

원 모양으로 되어있다면 빈틈이 생겨서 경제적이지는 않을 것이다. 그럼 빈틈없이 붙일 수 있는 도형은 어느 것일까?

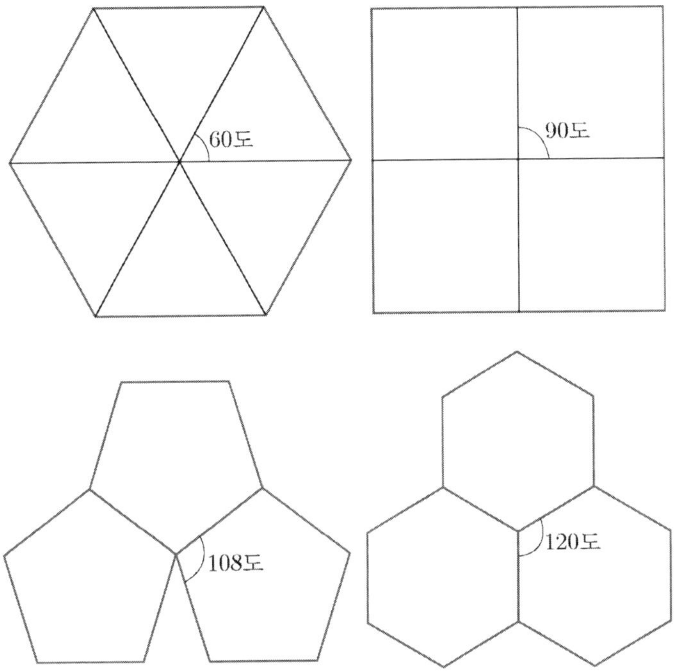

그림을 보면 정삼각형, 정사각형, 정육각형은 빈틈없이 붙일 수 있지만 정오각형은 빈틈없이 붙이는 것이 불가능하다. 그 이유는 무엇인가? 정다각형의 한 내각의 크기에 초점을 맞추어 보자. 정삼각형의 내각은 60도이므로 한 꼭짓점을 중심으로 6개가 모이면 360도가 된다. 정사각형의 내각은 90도이므로 한 꼭짓점을 중심으로 4개가 모이면 360도가 된다. 정육각형의 내각은 120도이므로 한 꼭짓점을 중심으로 3개가 모이면 360도가 된다. 한편 정오각형의 내각은 108도인데, 108은 360의 약수가 아니므로 한 꼭짓점을 중심으로 정오각형을 빈틈없이 붙이는 것은 불가능하다. 정칠각형 이상은 모두 한 내각이 120보다 커서 한 꼭짓점을 중심으로 두 개를 붙이면 빈틈이 생기고 세 개를 붙이면 겹치게 된다.

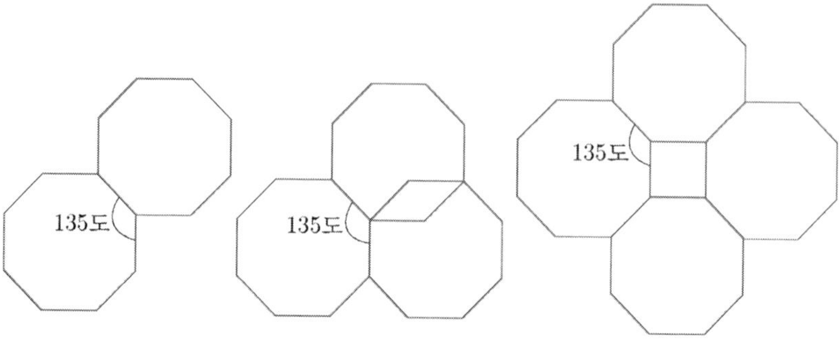

한 내각이 135도인 정팔각형, 빈틈없고 겹치지 않게 붙이는 것은 불가능하다.

지금까지 빈틈없고 겹치지 않게 평면을 덮을 수 있는 정다각형은 정삼각형, 정사각형, 정육각형 세 가지 뿐임을 알았다.

그런데 꿀벌이 이 세 가지 정다각형 중에서 정육각형을 선택한 이유는 무엇일까? 지금부터 둘레의 길이가 같을 때 정삼각형, 정사각형, 정육각형 중 넓이가 가장 큰 것은 어느 것인지 알아보자.

다음 그림은 둘레의 길이가 같은 정삼각형, 정사각형, 정육각형을 작도한 것이다.

어느 것이 가장 넓은가? 눈대중으로 보아도 정육각형의 넓이가 가장 큰 것을 짐작할 수 있을 것이다.

구체적인 예를 들어서 둘레의 길이를 30이라고 하면 한 변의 길이는 정삼각형이 가장 길지만, 넓이는 정육각형이 가장 큰 것을 볼 수 있다

(계산해서 구할 수도 있겠지만 GSP[1])로 작도하여 측정한 값이므로 정확하다).

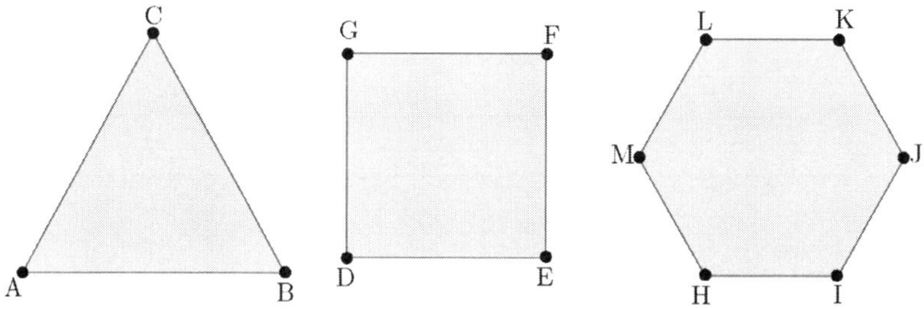

$\overline{AB}=10.00cm$	$\overline{DE}=7.50cm$	$\overline{HI}=5.00cm$
$\triangle ABC=43.30cm^2$	$\square DEFG=56.25cm^2$	⬡HIJKLM$=64.95cm^2$

실제로 둘레의 길이가 같을 때 넓이가 가장 큰 평면도형은 원이다.

영리한 꿀벌은 가장 효율적이고 경제적인 선택을 한 것이다. 두 가지 조건(한 가지 모양으로 평면을 겹치지 않고 빈틈없이 채울 수 있다 & 동일한 둘레를 가진 평면도형 중 최대 넓이를 가진다)을 만족하는 정육각형 모양으로 집을 설계하여 최대한 많은 꿀을 저장할 수 있게 되었다.

정답은 ②번

Quiz

타일

송현이는 목욕탕의 타일을 직접 디자인하려고 한다. 다음 중 타일

1) GSP(The Geometer's Sketchpad)는 수학교육 및 연구용 소프트웨어이다.

모양으로 적당하지 않은 것이 있는가? 즉 똑같은 모양의 타일을 가지고 겹치지 않고 빈틈없이 평면을 덮을 수 없는 것이 있는가?

① 있다. ② 없다.

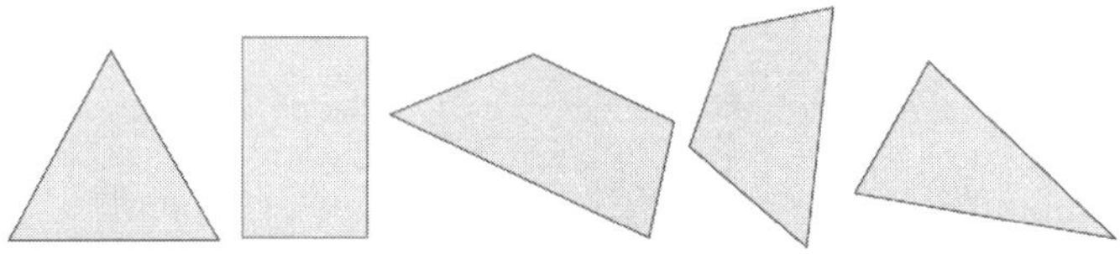

Solution

목욕탕의 타일이나 보도블록은 평면을 겹치지 않게 빈틈없이 채워야 한다. 이러한 작업을 타일링(tiling) 또는 테셀레이션(tessellation)이라고 한다. 테셀레이션(tessellation)은 라틴어 tessella에서 유래되었는데 고대 로마의 모자이크에 사용되었던 작은 정사각형 모양의 돌 또는 타일을 의미한다. 순 우리말로는 '쪽매맞춤'이라고 한다. 테셀레이션은 모양을 일정한 거리만큼 움직이는 평행이동, 거울에 반사된 것처럼 모양을 뒤집는 반사(선대칭이동), 한 점을 중심으로 모양을 돌리는 회전이동, 평행이동과 반사를 결합한 미끄러짐 반사(평행이동+선대칭이동)의 네 가지 변형을 통해 만들 수 있다. 한 개의 도형을 가지고 겹치지 않고 빈틈없이 평면을 채우려면 어떤 조건이 필요할까?

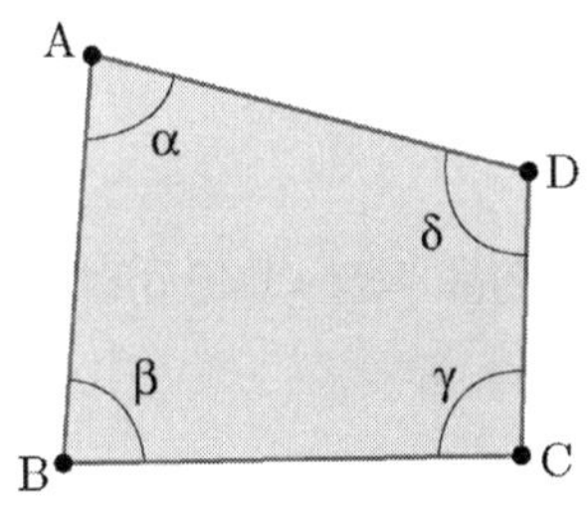

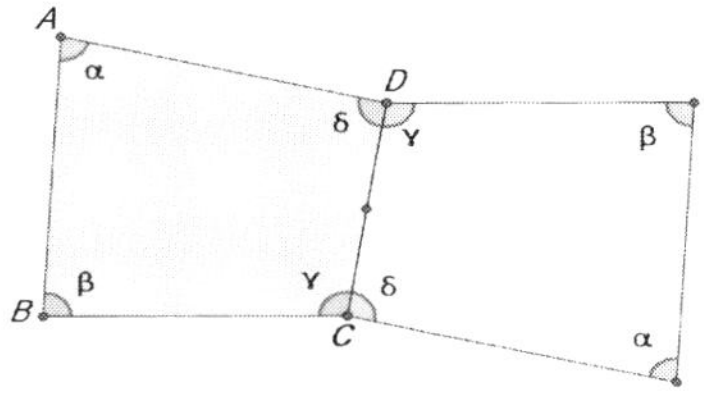

변CD의 중점을 중심으로 하여 사각형을 180도 회전시켜서 붙였다.

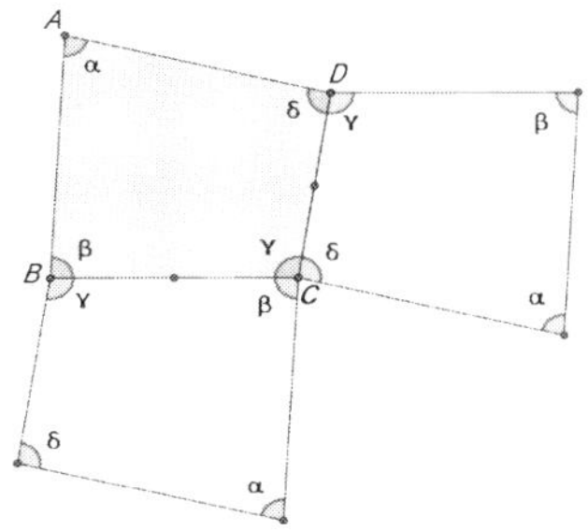

변BC의 중점을 중심으로 하여 사각형을 180도 회전시켜서 붙였다.

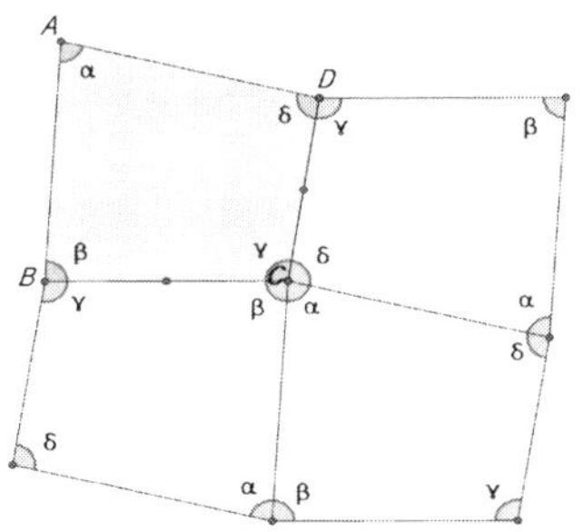

사각형을 평행이동하여 꼭짓점A를 꼭짓점C에 붙였다.

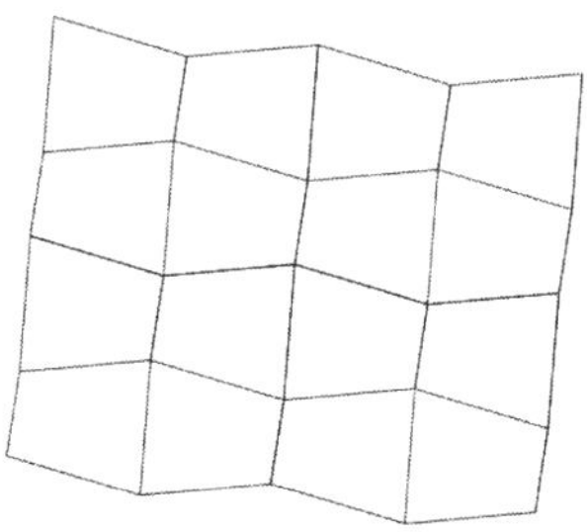

회전이동과 평행이동으로 테셀레이션은 계속된다.

(임의의) 사각형모양으로 된 똑같은 타일이 여러 개 있다고 하고 우리는 지금부터 타일링을 하기로 하자.

사각형의 내각의 합은 360도이므로 네 개의 각이 한 꼭짓점에 모이면 360도가 된다. 따라서 임의의 사각형은 겹치지 않고 빈틈없이 평면을 덮을 수 있다. 즉 테셀레이션이 가능하다.

임의의 삼각형은 내각의 합이 180도이므로 세 개의 각이 한 꼭짓점에 모이면 180도가 된다.

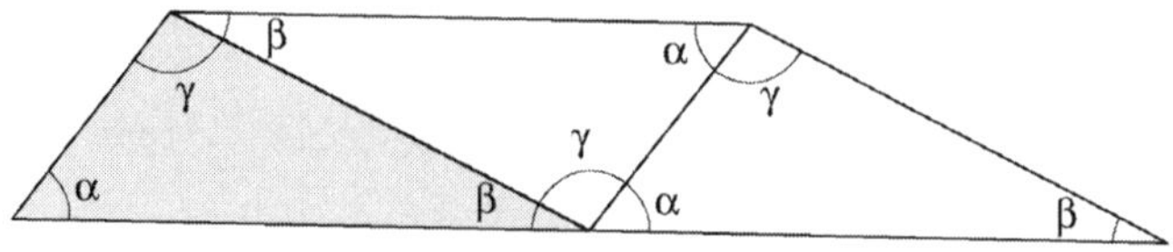

180은 360의 약수이므로 이를 선대칭이동, 회전이동, 평행이동을 적절히 하여 테셀레이션을 할 수 있다.

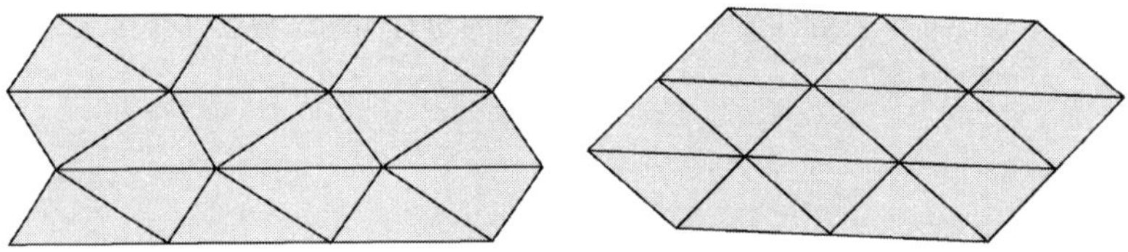

따라서 임의의 삼각형이나 임의의 사각형 모두 테셀레이션이 가능하다.

정답은 ②번

테셀레이션이 가능한 정다각형은 정삼각형, 정사각형, 정육각형뿐이라는 사실은 벌집모양에서 공부하였다.

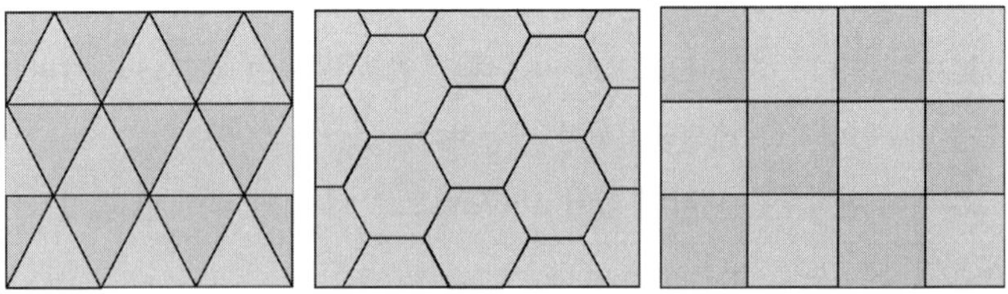

두 가지 이상의 모양으로 아름다운 테셀레이션을 할 수도 있다.

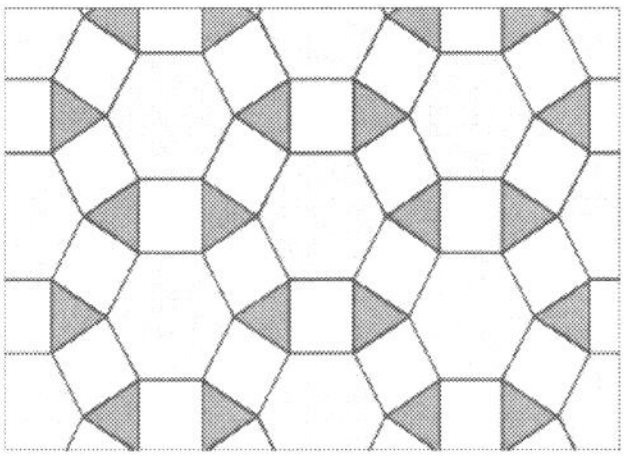

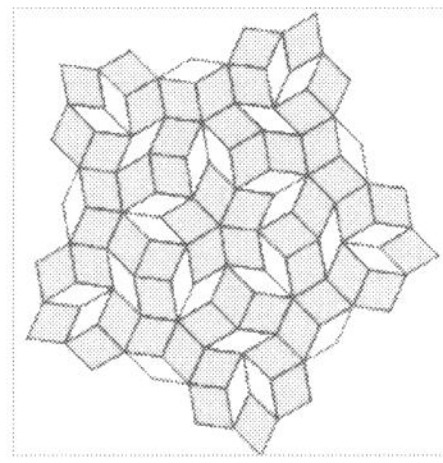

테셀레이션은 목욕탕의 타일, 보도블록, 포장지 문양, 넥타이 문양, 건축물, 퀼트 등 우리 생활 주변에서 흔히 볼 수 있다.

테셀레이션에는 도형의 각의 크기, 대칭과 변환, 합동 등 무한한 수학적인 개념과 의미가 들어 있어서 미국에서는 1960년대부터 교육과정의 일부분으로 다루어지고 있다. 여러 가지 방법으로 만드는 테셀레이션 활동은 학생들에게 대칭과 변환과 같은 수학적 개념을 만나게 하고 예술적 창조와 기하학적 탐구를 가능하게 한다.

네덜란드의 미술가 에스허르(Escher, M. C. 1898~1972)는 테셀레이션의 예술적 아름다움을 부각시킨 작품[2]으로 유명하다.

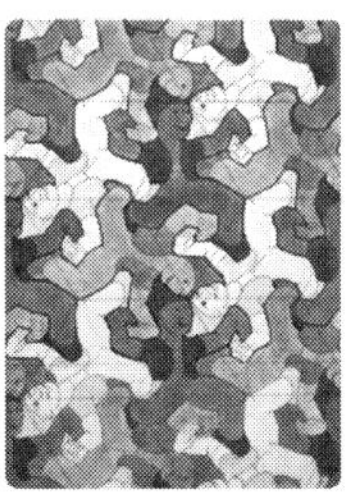

Clowns(1938년 작)

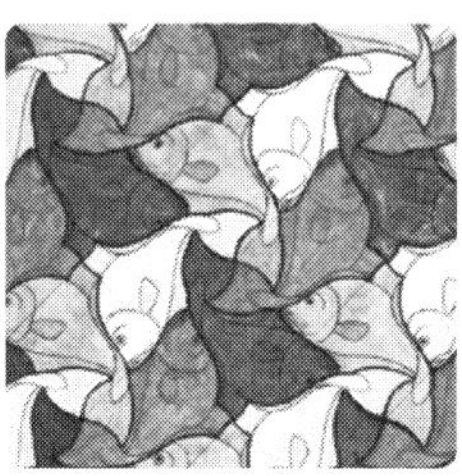

Fish(1938년 작)

Lizard(1942년 작)

2) 에스허르의 작품은 http://www.mcescher.com/gallery/에서 감상할 수 있다.

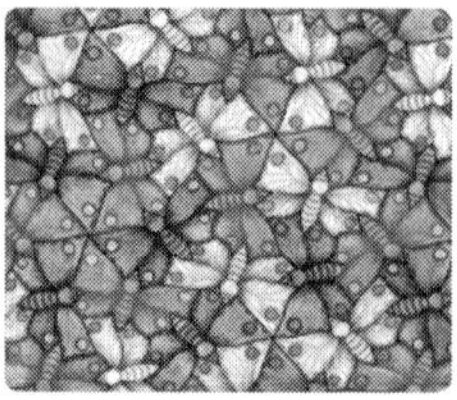

Butterfly(1948년 작)

Beetle(1953년 작)

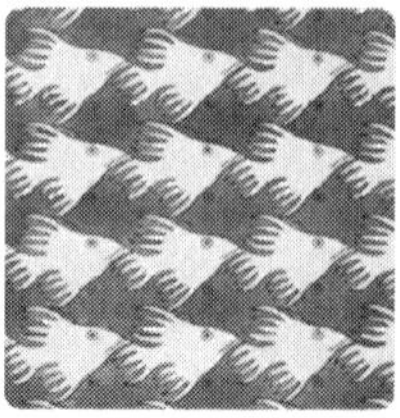

Fish(1954년 작)

에스허르의 작품들

에스허르의 작품 속에서 평행이동, 회전이동, 선대칭이동 등을 찾아보라고 한다면?

미안, 그냥 작품 감상에 집중하시는 것으로.

18 닮음

도형 문제를 풀 때 가장 자주 쓰이는 성질 중에 하나가 닮음이다. 고대 그리스의 수학자 탈레스(Thales, BC 624?~BC 546?)가 이집트 쿠프왕의 피라미드의 높이를 잴 때도 닮음을 이용하였다고 잘 알려져 있다. 탈레스는 가지고 있던 지팡이의 그림자와 피라미드의 그림자가 만드는 두 개의 닮은 직각삼각형을 이용하여 높이를 알아내었다고 한다.

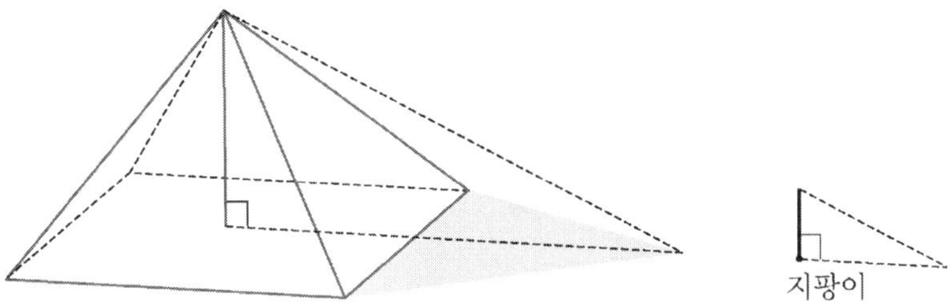

Quiz

위스키 마시기 1

콜라 병의 모양은 중간부분이 오목하여 잡기 편하고 아름다운 디자인으로 유명하다. 디자이너가 여자 친구의 주름치마에서 영감을 얻었다는 이야기도 있고 코코넛 열매의 모양을 본떴다는 이야기도 있는데, 어쨌든 보기보다 실제로는 양이 적게 들어간다는 사실에 주목하기로 하자. 쥬스잔이나 술잔 또는 화장품을 담는 그릇이 겉모양과 내부가 달라, 보기보다 실제로 들어가는 양이 적은 경우를 종종 볼 수 있다.

자, 그럼 이제 문제로 들어간다. 아래 그림과 같은 원뿔 모양의 술잔에 위스키가 가득 들어 있다고 하자. 한 잔을 시킨 후 원이는 준이와 사이좋게 나누어 먹겠다고 하면서 높이의 반인 $\frac{1}{2}h$까지 마시고 나머지를 준이에게 주었다. 이때 원이와 준이가 마신 양의 비는?

① 1 : 1　　② 2 : 1　　③ 3 : 1　　④ 7 : 1

Solution

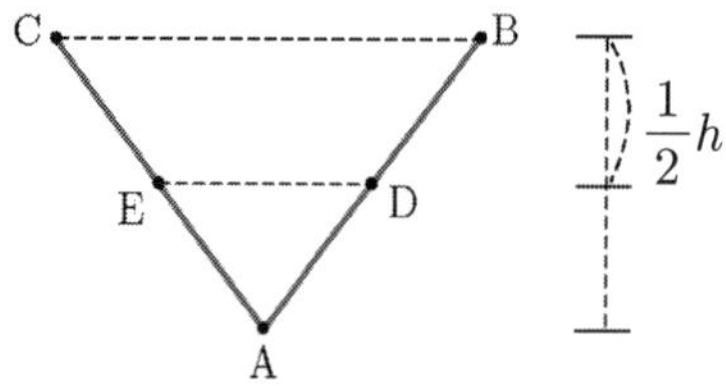

단면의 그림에서 보듯이 삼각형 ABC와 삼각형ADE는 닮음이고 닮음비는 2:1이다. 부피의 비는 각각 세제곱해야하므로 $2^3 : 1^3 = 8 : 1$이다. 그러니까 준이가 마신 양을 1이라고 하면 원이가 마신 양은 $8 - 1 = 7$.

정답은 ④번

이렇게 생각보다 훨씬 적게 남아 당황하게 되는 경우가 종종 있다. 내가 잘 하는 (몇 가지 안 되는 일 중에 하나인) 뜨개질을 할 때 그런 경험이 있다. 조금만 뜨면 완성이 되는 상황에서 남은 털실을 보고 이 정도

털실이면 마무리할 수 있겠다고 생각했다가 금세 털실의 끝이 드러나는 경우가 있다. 이럴 때는 아주 조금만 더 필요한데도 한 뭉치를 더 사야만 하기 때문에 낭패이다.

이와 비슷한 경험을 한 적이 없는가? 화장실에서 화장지가 충분히 남았거니 생각하고 있다가 당황한 경험이라든지, 이삿짐을 싸면서 테이프를 사용하던 중 마지막 부분에서는 금방 테이프가 떨어져 버린다든지……

Quiz

위스키 마시기 2

억울한 생각이 든 준이가 이번에는 아래 그림과 같은 잔을 가지고 와서 와서 먼저 높이의 반인 $\frac{1}{2}h$까지 마시고 나머지를 원이에게 주었다. 이번에 원이와 준이가 마신 양의 비는?(여기서 수학의 이상성을 적용하여 이 잔은 정확히 원뿔 모양이라고 가정하자.)

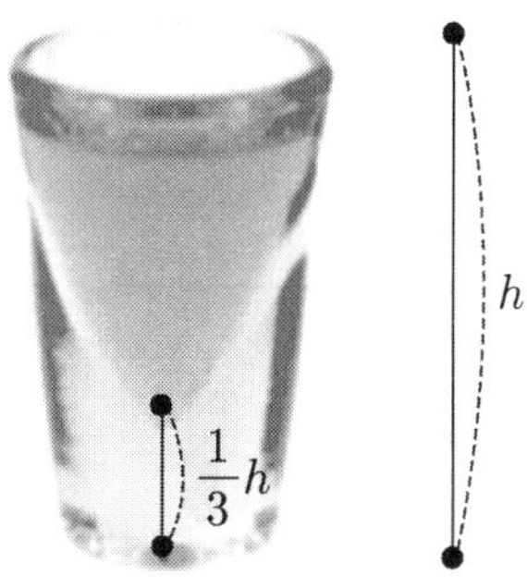

① 1 : 15　② 1 : 26　③ 1 : 31　④ 1 : 63

Solution

그림을 아래와 같이 단순화 해 보자.

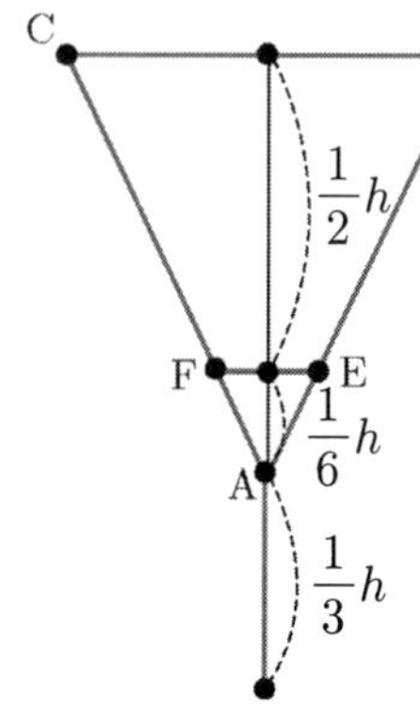

잔의 높이를 h라고 할 때 전체 위스키의 높이는 $\frac{2}{3}h$이다.

원이가 마신 위스키의 높이는 $h-\frac{1}{2}h-\frac{1}{3}h=\frac{1}{6}h$이다.

삼각형ABC와 삼각형AEF는 닮음이고 닮음비는 $\frac{2}{3}h:\frac{1}{6}h=4:1$이므로 부피의 비는 $4^3:1^3=64:1$이다.

원이가 마신 양을 1이라고 하면 준이가 마신 양은 $64-1=63$.

정답은 ④번

Quiz

두루마리 화장지

두루마리 화장지 한 개를 사가지고 원이는 준이와 똑같이 나눈다며 원이가 먼저 폭의 $\frac{1}{2}$ 되는 지점(그림의 M점)까지 풀어서 가져가고 나머지는 준이에게 주었다. 공평하게 나눈 것일까? 그렇지 않다면 어떤 비율로 값을 지불하는 것이 공평한 것일까?

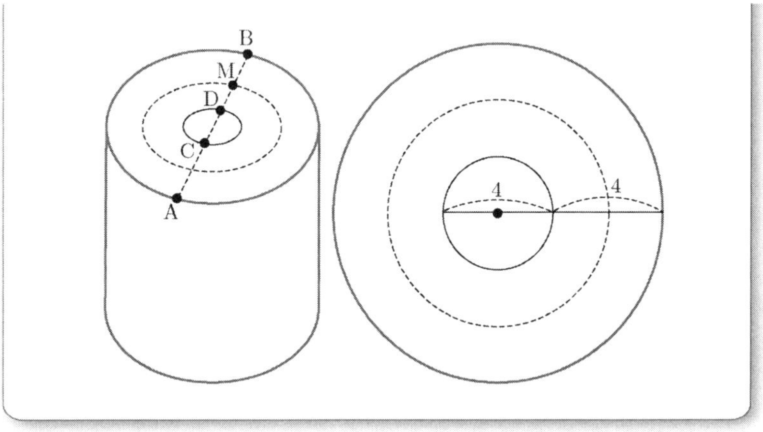

Solution

우선 화장지의 길이는 윗면의 화장지로 둘러싸인 부분의 넓이와 비례한다.

윗면의 화장지로 둘러싸인 전체 부분의 넓이를 구하려면 반지름이 6cm인 원의 넓이에서 반지름이 2cm인 원의 넓이를 빼면 된다.

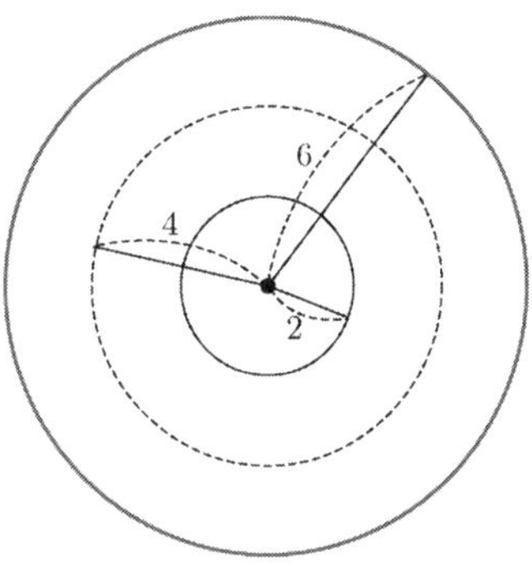

따라서 전체 화장지 부분은 $6^2\pi - 2^2\pi = 36\pi - 4\pi = 32\pi \text{cm}^2$

원이가 가진 화장지 부분의 넓이는 반지름이 6cm인 원의 넓이에서 반지름이 4cm인 원의 넓이를 빼면 된다.

따라서 원이의 화장지 부분은 $6^2\pi - 4^2\pi = 36\pi - 16\pi = 20\pi \text{cm}^2$

준이가 가진 화장지 부분의 넓이는 반지름이 4cm인 원의 넓이에서 반지름이 2cm인 원의 넓이를 빼면 된다.(물론 전체에서 원이의 것만큼 빼면 되지만)

따라서 준이의 화장지 부분은 $4^2\pi - 2^2\pi = 16\pi - 4\pi = 12\pi \text{cm}^2$

원이와 준이가 지불해야 할 비용의 비$= 20:12 = 5:3$이다.

정답은 5:3

19 체크숫자

Quiz

화재 현장에서 주민등록증 한 개가 발견되어 깨끗이 닦아보았지만 주민등록번호 중 하나의 숫자는 지워져서 알 수가 없다. 지워진 숫자를 알아낼 수 있을까? 다음 중 어느 것일까?

690421-1452□72

① 1　② 3　③ 5　④ 7

Solution

잘 알듯이 주민등록번호의 앞 여섯 자리는 생년월일이고, 뒤 첫 자리는 성별 구분이다.

<table>
<tr><td>6</td><td>9</td><td>0</td><td>4</td><td>2</td><td>1</td><td>-</td><td>1</td><td>4</td><td>5</td><td>2</td><td></td><td>7</td><td>2</td></tr>
<tr><td colspan="2" rowspan="2">생년</td><td colspan="2" rowspan="2">월</td><td colspan="2" rowspan="2">일</td><td rowspan="2"></td><td rowspan="2">성별</td><td colspan="2">지역번호</td><td colspan="2"></td><td rowspan="2">접수
순번</td><td rowspan="2">체크
숫자</td></tr>
<tr><td colspan="4">지역코드</td></tr>
</table>

↓

9: 19세기 태어난 남자

0: 19세기 태어난 여자

1: 20세기 태어난 남자
2: 20세기 태어난 여자
3: 21세기 태어난 남자
4: 21세기 태어난 여자
5: 20세기 태어난 외국인 남자
6: 20세기 태어난 외국인 여자
7: 21세기 태어난 외국인 남자
8: 21세기 태어난 외국인 여자

본론으로 들어가서 체크숫자에 대해 알아보자. 체크숫자는 오류가 생기지 않도록 하는 일종의 안전장치로서 주민등록번호의 맨 마지막 숫자이다.

체크 숫자를 제외한 앞의 열두 자리에 2부터 9까지 일련의 수를 곱한다. 생년월일에 2부터 7까지를 각각 곱하고, 그 뒤의 여섯 자리에 8과 9, 그리고 다시 2에서 시작하여 5까지를 곱한 후 그 값들을 모두 더한

6	9	0	4	2	1	–	1	4	5	2	a	7	2
×	×	×	×	×	×		×	×	×	×	×	×	
2	3	4	5	6	7		8	9	2	3	4	5	

12	27	0	20	12	7		8	36	10	6	4a	35	

합 4a+173

다. 이 합에 체크숫자까지 더한 총합이 11의 배수가 되도록 체크숫자를 정한다. 이 경우 체크숫자는 0부터 10까지의 수가 된다. 그런데 체크숫자는 한 자릿수여야 하므로 체크 숫자가 10이 되는 경우는 0으로 정한다.

이 문제에서는 (4a+173)+2가 11의 배수가 되는 한자리수 a를 구하면 된다. a=3

정답은 ② 3

체크숫자는 주민등록번호 중 하나의 숫자를 잘못 입력하거나 두 숫자를 바꾸어 입력하거나 하는 등의 오류가 있을 경우 규칙이 성립하지 않으므로 오류임을 인지할 수 있게 한다. 우리의 일상생활에는 이처럼 체크숫자를 사용하는 곳이 종종 있다.

신용카드, 바코드, ISBN의 마지막 숫자 역시 체크숫자이다. 상점에서 물건값을 계산할 때 바코드를 읽는 기계가 '삐' 소리를 내는 경우가 있다. 이는 바코드가 훼손되었거나 정보 입력이 잘못되었을 때이다. 이처럼 체크숫자는 오류를 방지하는 역할을 한다.

이들의 체크숫자 정하는 방법은 각기 조금씩 다르다.

신용카드의 체크숫자를 살펴보자. 마스터 카드는 16자리, 비자카드는 13 혹은 16자리, 아메리칸 익스프레스 카드는 15자리라고 한다. 모두 마지막 자리 숫자가 체크 숫자이다.

신용카드의 체크숫자를 생성하는 방법은 다음과 같다.

① 홀수 번째 숫자의 2배를 하여 각 자리수를 더한다.

② 짝수 번째 숫자를 더한다.

③ 체크숫자까지 더한 수가 10의 배수가 된다.

Test

이 신용카드의 마지막 숫자는 무엇일까?

536823589683113∗

Solution

카드번호	5	3	6	8	2	3	5	8	9	6	8	3	1	1	3	∗	
홀수번째∗2	10		12		4		10		18		16		2		6		
자리수합	1		3		4		1		9		7		2		6		합 33
짝수번째		3		8		3		8		6		3		1			합 32

(65 + ∗)이 10의 배수이므로 체크숫자는 5이다.

주민등록번호와 신용카드의 체크숫자를 알아보았다. 오류 방지의 기능으로 볼 때 어느 것이 더 효율적일까?

신용카드는 10의 배수를 사용하고 있으며, 주민등록번호의 체크숫자 생성 방법에 비하면 단순하다고 보인다. 만일 이 신용카드의 번호를 실수로 잘못 입력하여 여섯 번째 숫자 3과 여덟 번째 숫자 8을 바꾸어서 입력했다면 어떤 일이 벌어질까?

536823589683113*

536828539683113*

5	3	6	8	2	(8)	5	(3)	9	6	8	3	1	1	3	*	
10		12		4		10		18		16		2		6		
1		3		4		1		9		7		2		6		합 33
	3		8		8		3		6		3		1			합 32

이 경우 체크숫자의 규칙에 들어맞기 때문에 오류인식을 못하고 말 것이다. 다른 안전장치가 없다면 다른 사람의 카드로 결재하게 되는 큰 사고가 날 수도 있는 것이다. 물론 유효기간을 입력해야 하는 등의 또 다른 안전장치가 있기 때문에 그런 위험은 없으리라.

소수인 11의 배수를 이용하여 체크숫자를 결정하면 오류를 최소화 할 수 있다.

쉬운 예를 하나 들어 보자. 만일 위의 주민등록번호의 경우 11의 배수 대신 5의 배수를 사용한다고 가정해 보자.

(4a+173)+2가 5의 배수가 되려면 a는 0 또는 5이다.

따라서 이 경우에는 정확한 숫자 5 대신 0으로 잘못 입력하여도 규칙에 들어맞기 때문에 오류 인식을 하지 못하게 되는 것이다.

20 달력

Quiz

태어난 요일

오늘(2016년 7월 28일 목요일)은 성이의 32번째 생일이다. 성이가 태어난 시각에 아빠는 근무 중이었다고 하시니 그 날은 일요일이 아닌 것은 알겠는데 정확히 무슨 요일이었는지 궁금하다. 다음 중 성이가 태어난 요일은?

① 월 ② 수 ③ 금 ④ 토

Solution

성이가 태어난 날은 1984년 7월 28일.

1년=365일이므로 365×32=11680일.

그러니까 오늘부터 11680일 전이다.

11680÷7은 몫 1668, 나머지 4.

따라서 1668주 전 목요일은 성이가 태어난 지 4일 후가 되겠군.

일	월	화	수	목	금	토
1984.7.28.?				1668주 전		
				⋮		
				오늘 2016.7.28		

앗, 이상하네? 일요일은 분명 아니라고 하셨는데……

인터넷을 찾아보니 1984년 7월 28일은 토요일이다.

1984년 7월

일	월	화	수	목	금	토
1	2	3	4	5	6	7
8	9	10	11	12	13	14
15	16	17	18	19	20	21
22	23	24	25	26	27	28
29	30	31				

지금부터 이유를 알아보자.

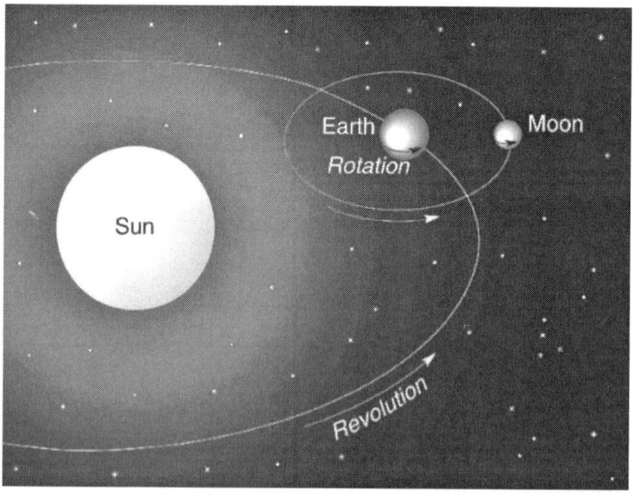

1년은 지구가 태양 주위로 공전하여 1회전 하는 시간이고, 1일은 지구가 자전하여 1회전 하는 시간이다. 지구의 공전주기 1년이 지구의 자전주기인 하루 단위로 나누어떨어지면 좋겠는데 공전주기인 1년을 자전주기인 1일로 나누면 365.24219907…이 된다. 1년을 365.24219907…일로 정할 수는 없으므로 365일로 정하게 되었다. 태양이 남에서 북으로 적도를 통과하는 점을 춘분점이라고 하는데 1년이 지날 때마다 조금씩(0.24219907…일, 즉 약 4분의 1일 만큼씩) 적도를 통과하는 시간이 늦어질 것이다. 그러니까 4년마다 약 하루만큼씩 늦어지는 일이 벌어진다. 40년이 지나면 약 10일, 400년이 지나면 약 100일이 늦어지게 되겠네. 그렇게 되면 우리나라에서는 6월이 지나야 봄이 오겠지?

농사를 하려면 특히 계절을 잘 맞추어야 하는데, 이처럼 날짜와 계절이 달라질 수 있는 문제를 해결하기 위해 4년마다 하루를 더하여 2월 29일을 두게 되었다. 그런데 정확히 1년에 $\frac{1}{4}=0.25$ 일이 아닌 0.24219907... 일만큼 늦어지는 것이므로 매 4년마다 1일을 추가하게 되면 어느 시점에 지나치게 된다. 이런 현상을 조정하기 위하여 100의 배수가 되는 해는 제외하고, 다시 400의 배수가 되는 해는 포함하게 되었다. 2월 29일이 있는 해를 윤년, 그렇지 않은 해를 평년이라고 한다. 2월 29일을 윤일이라고 한다. 이와 같이 현재 세계적으로 통용되고 있는 양력은 그레고리우스력이라고 하는데, 그 이전의 율리우스력을 개정하여 1582년부터 시행되었다.

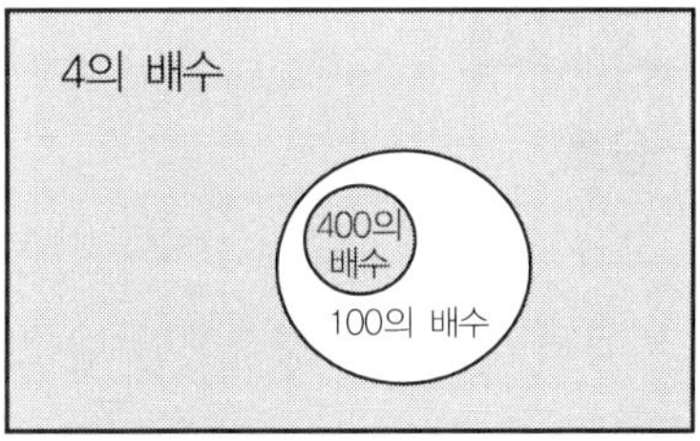

정리하면 색칠된 부분에 해당하는 해가 윤년이다.

그럼 본론으로 돌아가서 성이가 태어난 1984년 7월 28일부터 오늘(2016년 7월 28일) 사이에 윤년은 몇 번인지 생각해 보자.

4의 배수가 되는 해는 1988, 1992, 1996, 2000, 2004, 2008, 2012, 2016.

그 중에서 100의 배수는 2000.

그런데 2000은 400의 배수.

따라서 8번 모두 윤년이다.

그러므로 성이가 태어난 날은 오늘부터 11680+8=11688일 전.

11688÷7은 몫 1669, 나머지 5.

따라서 1669주 전 목요일은 성이가 태어난 지 5일 후이다.

일	월	화	수	목	금	토
						1984.7.28
				1669주 전		
				⋮		
				오늘 2016.7.28		

정답은 ④ 토요일

Add

윤초

2017년 1월 1일의 1초의 선물, 새해를 앞둔 2016년 마지막 날 실시간 검색어 1위를 장식했던 윤초이다. 윤초도 윤년과 비슷한 개념으로 프랑스 파리에 있는 국제 지구 자전회전 관리국(IERS)이 1972년 처음

도입하였다. 세계가 공통으로 사용하는 세계협정시(UTC)의 토대가 되는 원자시계와 지구자전에 따른 태양시계의 오차를 맞추기 위해 더하거나 빼는 1초를 윤초라고 한다. 세계협정시는 세슘 원자의 진동수를 기준으로 측정하기 때문에 오차(3000년에 1초)가 거의 없다. 하지만 천문시는 불규칙한 지구 자전을 기준으로 삼기 때문에 시간이 지날수록 협정시와 어긋난다. 지구의 자전이 느려져 표준시에 1초를 더하는 것을 양의 윤초(positive leap second)라고 하며, 지구의 자전이 빨라져 1초를 빼는 것을 음의 윤초(negative leap second)라고 한다. 윤초를 실행하는 제1 우선일은 1월 1일과 7월 1일, 제2 우선일은 4월 1일과 10월 1일로 결정되어 각각 그날의 0시 0분 0초(한국은 09시 0분 0초) 직전에 실시한다. 윤초는 2015년 7월 1일까지 27차례 적용되었고, 올해 2017년 1월 1일이 28번째였다.

Test

계속되는 400년 동안 윤일은 몇 번인가?

① 96 ② 97 ③ 99 ④ 100

Solution

계속되는 400년 동안 4의 배수 100번, 100의 배수 4번, 400의 배수 1번.

100−4+1=97번.

정답은 ② 97

Test

다음 중 윤년은 어느 해인가? 모두 골라보자.

① 1996년 ② 2027년 ③ 2400년 ④ 1900년

Solution

1996는 4의 배수이므로 윤년,
2027은 4의 배수가 아니므로 평년,
2400은 400의 배수이므로 윤년,
1900은 100의 배수이므로 평년.

정답은 ① ③

Add

양력과 음력

음력은 달을 기준으로 한다. 달의 모습이 변화하는 것을 보고 만든 것이다.

지구가 태양의 주위를 한 바퀴 도는 데 걸리는 시간은 1년인데, 달이 지구를 한 바퀴 도는 데는 약 29.5일 소요된다. 따라서 음력으로 한 달은 29일 또는 30일로 정하였다. 음력으로 1년은 29.5×12=354일이 되어 양력 1년=365일과 차이가 난다. 이 차이를 보완하기 위해서 음력에는 2~3년에 한 번씩 윤달을 넣게 된다. 정확하게 19년에 7번 윤달을 넣어 양력과 일치시킨다. 양력은 계절과 맞고, 음력은 계절과는 맞지 않으나 달의 모양이 날짜에 일치하고 조석 현상을 예측할 수 있기 때문에

해안가에서는 꼭 필요하다. 해안가에서 조개를 캐거나 낙지를 잡으려면 썰물 때를 맞추어야 하고, 낚시를 하려면 밀물 때를 맞추어야 한다. 물고기는 물을 따라 들어오면서 미끼를 물고 물이 빠질 때에는 미끼를 물지 않기 때문이다. 배가 입출항을 할 때에도 밀물과 썰물의 물때를 알아야 한다. 밀물과 썰물은 지구 밖에서 끊임없이 당기는 태양과 달의 만유인력 때문에 생긴다. 달은 태양보다 작지만 지구에 가까이 있기 때문에 지구에 미치는 인력의 효과는 태양보다 크다. 지구상의 각 점과 달 사이의 인력은 거리에 따라 달라진다.

Quiz

성이의 32번째 생일인 2016년 7월 28일은 음력으로 6월 25일이고, 성이가 태어난 1984년 7월 28일은 음력으로 7월 1일이었다. 그런데 올해 엄마의 생일은 양력과 음력이 엄마가 태어났을 때와 동일하다고 한다. 엄마가 올해 맞은 생일은 몇 번째일까?

① 55번째　② 57번째　③ 60번째　④ 61번째

Solution

위에서 양력과 음력을 일치시키기 위해서 19년에 7번의 윤달을 둔다고 설명하였다. 따라서 만일 양력과 음력이 일치하였다면 태어난 지 19년, 38년, 57년, 76년, 95년 후인 것이다. 태어나서 19의 배수만큼 지난 년도에는 대체로 양력과 음력이 일치한다. 그러나 항상 그렇지는 않고 하루 정도의 차이가 생기기도 한다. 하루 정도 차이가 나는 이유는 윤달이 그 날짜의 바로 앞이나 뒤에 있는 경우이다.

정답은 ② 57번째

21 합동 삼각형

Quiz

합동 삼각형

성이, 윤이, 현이, 익이는 도깨비나라에 잡혀있다. 어느 날 도깨비나라의 왕은 네 사람 중 문제를 푼 사람은 풀어준다고 한다. 도깨비나라의 왕은 다음과 같이 말하였다.

(1) 내가 가지고 있는 삼각형(삼각형ABC)을 보지 않고, 모양과 크기가 똑같은 삼각형을 그리는 사람은 풀어 주겠다.

(2) 여섯 장의 카드가 놓여 있는데, 뒷면에는 한 장에 한 가지씩 정보가 적혀 있다. 정보의 내용은 삼각형의 변의 길이와 각의 크기이다.

(3) 자와 각도기를 사용할 수 있다.

(4) 각자 세 장의 카드를 뽑아 그 정보를 볼 수 있다.
(5) 다른 사람에게 정보를 알려주면 아니 된다.
(6) 기회는 단 한 번뿐이다.

가	나	다	라	마	바

네 사람이 뽑은 카드의 정보가 다음과 같을 때 풀려날 수 있는 사람은 최소 몇 명, 최대 몇 명이 될 수 있을까? (네 사람은 모두 수학 영재들이다.)

성이	∠CAB = 65도	∠ABC = 75도	∠BCA = 40도
윤이	AB = 5cm	∠ABC = 75도	BC = 7cm
현이	AB = 5cm	BC = 7cm	∠BCA = 40도
익이	∠CAB = 65도	AB = 5cm	BC = 7cm

Solution

합동인 삼각형을 작도하는 것은 초등학교에서도 다루지만, 중학교에

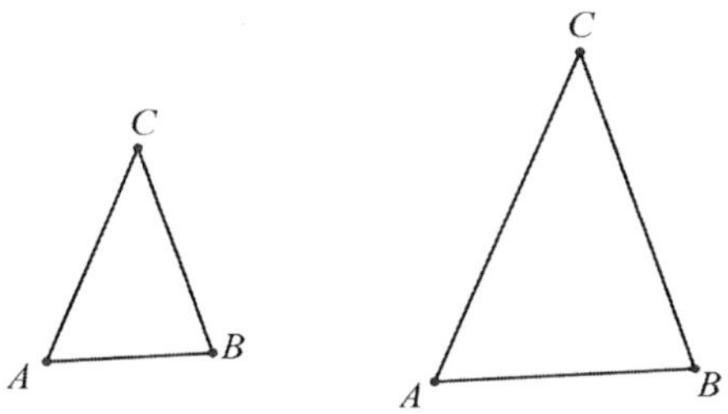

서 제대로 배우게 된다. 그렇지만 이 문제를 정확히 알고 맞힌 사람은 그리 많지 않을 것이라 짐작한다. 너무 쉽게 생각하였다면 다시 돌아가 좀 더 시간을 할애하시길!

성이는 세 각을 알고 있다. 잘 알다시피 세 각이 같은 삼각형은 무수히 많으므로 그 중에 하나를 정확히 작도하는 것은 불가능하다고 본다. 따라서 성이는 실패!

윤이는 두변과 끼인각으로 합동인 삼각형을 작도할 수 있으므로 성공!

현이와 익이는 두 변과 끼이지 않은 한 각을 알고 있다. 그럼 동일한 경우라고 생각할 수 있겠지만 찬찬히 작도를 해 보면 그렇지 않다는 것을 깨닫게 될 것이다.

먼저 현이의 경우

① BC=7cm를 작도한다.	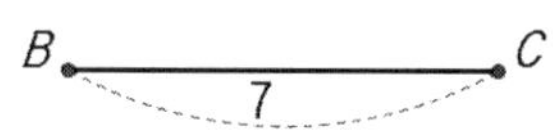
② 각BCA=40도를 작도한다.	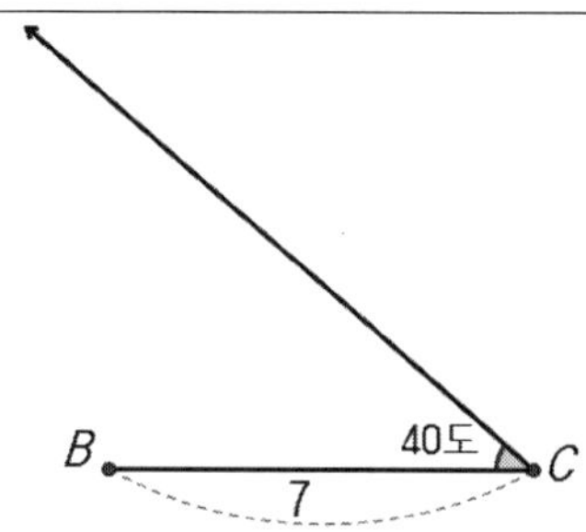

③ B점을 중심으로 반지름이 5cm인 원을 그린다. 두 개의 교점이 생긴 것을 볼 수 있다.	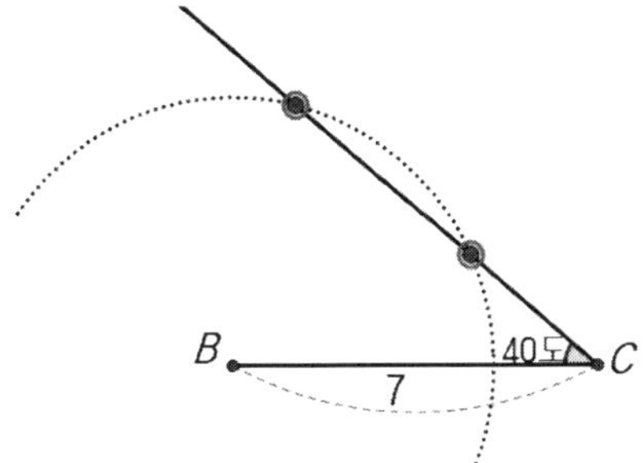
④ 따라서 현이는 주어진 정보를 가지고 그릴 수 있는 삼각형이 두 가지이다.	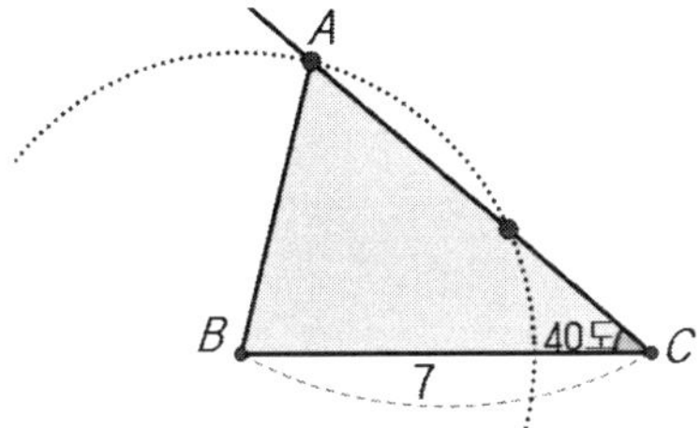 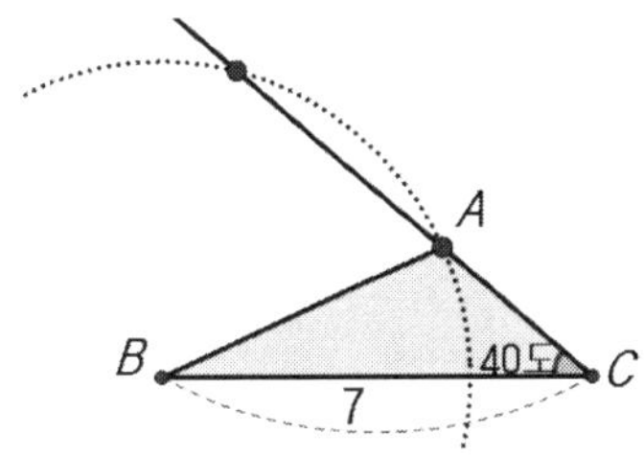

이 두 가지의 삼각형 중 하나가 도깨비나라의 왕이 가지고 있는 삼각형일 텐데 현이는 둘 중 하나를 선택해야 한다. 따라서 현이는 성공 또는 실패.

다음 익이의 경우

① AB=5cm를 작도한다.	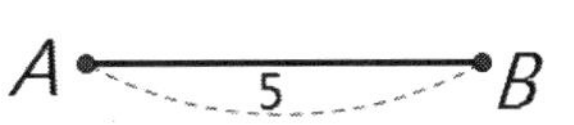

② 각CAB=65도를 작도한다.	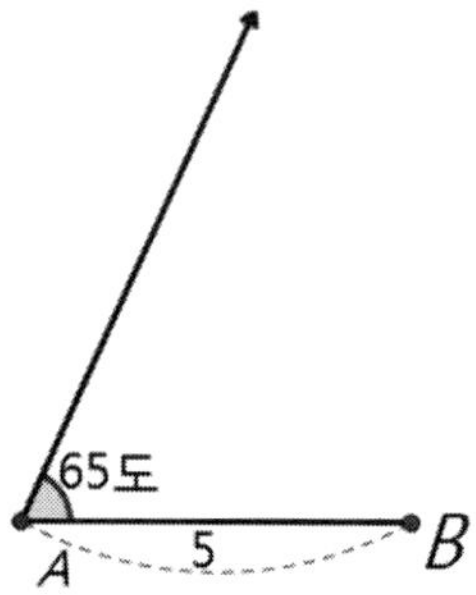
③ B점을 중심으로 반지름이 7cm 인 원을 그린다. 한 개의 교점이 생긴 것을 볼 수 있다.	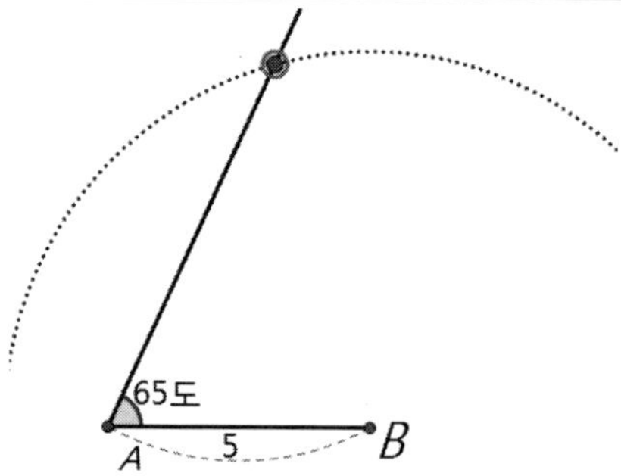
④ 따라서 익이는 주어진 정보를 가지고 유일한 삼각형을 작도할 수 있다.	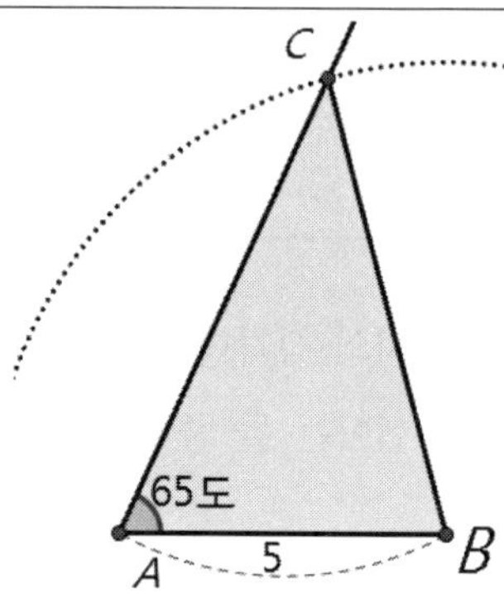

익이는 성공!

그럼 성공한 사람은 윤이와 익이이고, 현이는 성공 또는 실패이므로 최소 2명, 최대 3명이 풀려날 수 있겠다.

혹시 이 문제를 풀면서 고개를 갸우뚱하신 분 계시는지? 삼각형의 합동 조건을 오직 세 가지(SSS, SAS, ASA)로 알고 계셨던 분?

현이와 익이는 두 변과 끼이지 않은 각을 알고 있다는 공통점이 있는데 두 사람이 가진 정보의 차이는 무엇인가? 왜 현이의 정보를 가지고는 두 개의 삼각형이 가능하고 익이는 유일한 삼각형이 작도될까?

변의 길이를 S, 각의 크기를 A라고 하면, 두 변과 끼이지 않은 각은 SSA, 또는 ASS 라고 쓸 수 있다. 변의 길이가 작은 것을 s로, 큰 변을 S라고 쓰기로 하면 현이의 정보는 sSA이고, 익이는 AsS이다. 익이의 경우와 같이 주어진 각에 인접한 변의 길이가 더 작거나 같으면 유일한 삼각형이 작도된다. 그래서 삼각형의 합동조건을 SSS, SAS, ASA에 AsS(=SsA)를 추가해야한다고 주장하는 이도 있다.

여기서 염두에 두어야 할 것은

'삼각형의 합동조건은 SSS, SAS, ASA이다.'라는 말을 '삼각형의 합동조건은 SSS, SAS, ASA 뿐이다.'라고 이해해서는 안 된다는 것이다.

ASS(=SSA)는 합동조건이 될 수도 있고 그렇지 않을 수도 있기 때문에 합동조건에 포함되지 않은 것이다.

필요조건이나 충분조건을 필요충분조건으로 받아들여서 생기는 오해가 빈번하다.

삼각형의 합동 조건에 대해서 완전히 마무리를 짓기 위해서는 또 하나의 질문이 필요하다.

Quiz

ASs일 때(어떤 삼각형의 정보 중 두 변(주어진 각과 인접한 변의 길이가 더 긴)의 길이와 끼이지 않은 각을 알 때)는 항상 2개의 삼각형이 작도될까?

Solution

결론부터 말하면 그렇지 않다. 유일한 삼각형이 작도 되는 경우도 있다. 예를 들어 보자.

sSA인 경우로서 (CA의 길이=5, AB의 길이=10, 각ABC=30도)가 주어졌다고 하고 작도해 보자.

① AB=10을 작도한다.	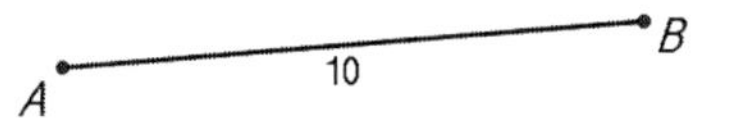
② 각ABC=30도를 작도한다.	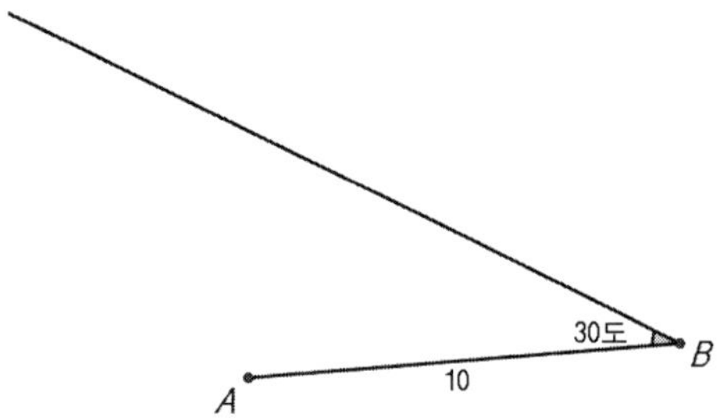
③ A점을 중심으로 반지름이 5인 원을 그린다. 한 개의 교점이 생긴 것을 볼 수 있다.	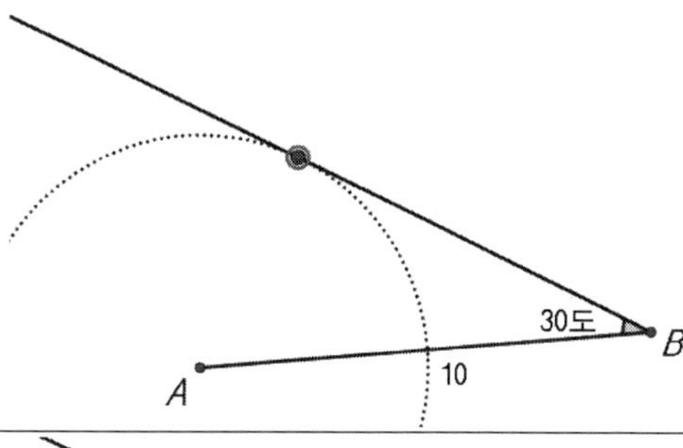
④ 유일한 삼각형이 작도 되었다.	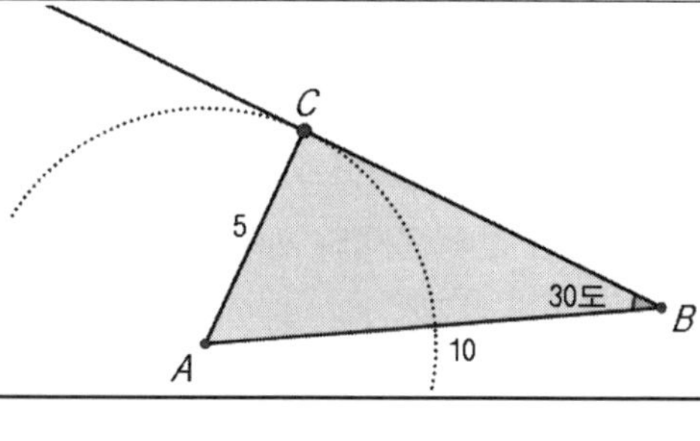

이 경우는 sSA인 경우로서 직각삼각형이 되는 경우라는 것을 깨달았을 것이다.

그러니까 CA의 길이=b, AB의 길이=c, 각ABC=β(b<c)일 때, $\frac{b}{c}=\sin\beta$이면 직각삼각형이 되어 유일한 삼각형이 된다.

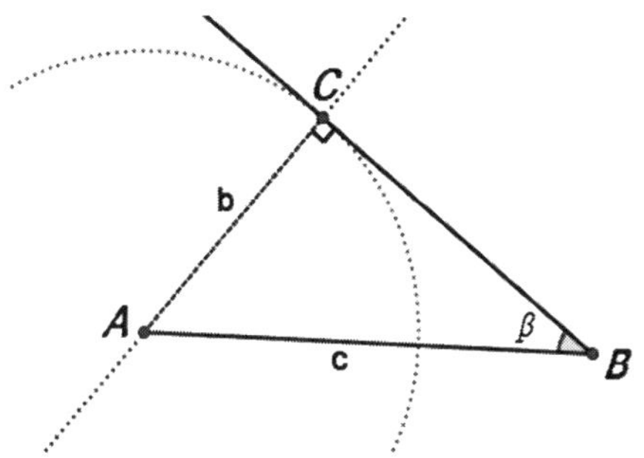

22 황금비(golden ratio)

정사각형 모양의 식탁보다는 직사각형 모양의 식탁에 앉아 있을 때 편안하고 안정적인 느낌이 들지 않은가?

인간의 눈에 가장 안정적이고 아름답게 느껴지는 직사각형은 가로와 세로의 비가 황금비를 이룰 때라고 한다.

Quiz

황금사각형

여러분은 지금 친구를 만나러 간다. 약속한 카페에 들어서자 크기가 다른 여러 개의 직사각형 테이블이 보인다. 다음 중 어느 테이

블에 앉고 싶은가?

①	②	③
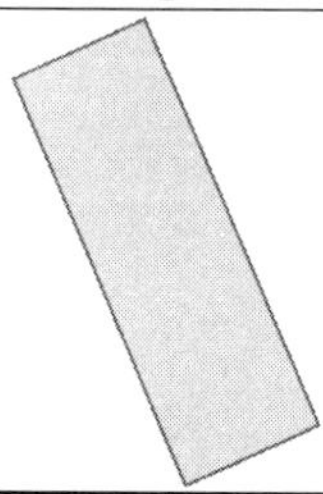		

Solution

만일 내가 문제의 답을 제시한다면 어떤 답을 내놓더라도 동의하지 않은 사람이 다수 있을 것이다. 그렇다. 앉고 싶은 곳에 앉으면 되는 것이지. 그때그때 기분에 따라 달라지기도 할 것이고. 이것은 정답이 있는 문제가 아니고 선호도를 조사하는 설문이라고 해야 적절하겠지?

다만 ②번이 가로와 세로의 비가 황금비를 이루는 황금사각형임을 밝힌다.

황금비는 그리스의 수학자 피타고라스(Pythagoras, BC 582?~BC 497?)가 발견하였고, 이후 유클리드(Euclid, BC 330?~BC 275?)가 이론적으로 구체화하였다고 전해진다.

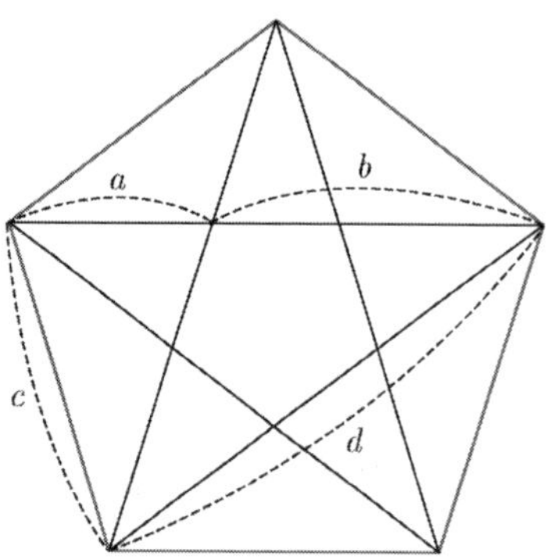

피타고라스는 만물의 근원을 수라고 생각하였는데, 그는 정오각형에 대각선을 그으면 내부에 별모양이 생

기고 이 별 내부에 또 하나의 정오각형이 생기는데 여기서 이상적인 비율 $a:b=c:d$를 발견하였다.

정오각형에서 발견한 이 비율이야말로 가장 아름다운 비율이라고 여겼던 피타고라스 학파는 정오각형별 모양을 그들의 상징으로 삼았다고 한다.

피타고라스가 정오각형별에서 발견한 황금비는 정확히 얼마인지 궁금하지? 그래서 수학 소프트웨어인 GSP로 작도하여 측정해 보았다.

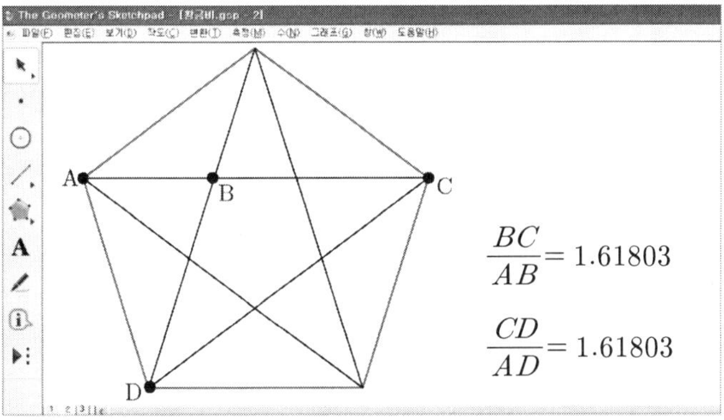

자, 이제 황금비의 대수적인 정의를 알아보자.

황금비는 황금분할에 의해 구해지는 비를 말한다. 하나의 선분을 긴 부분과 짧은 부분으로 분할하는데 있어서

$$a:b=b:a+b$$

를 만족하는 것을 황금분할이라고 한다.

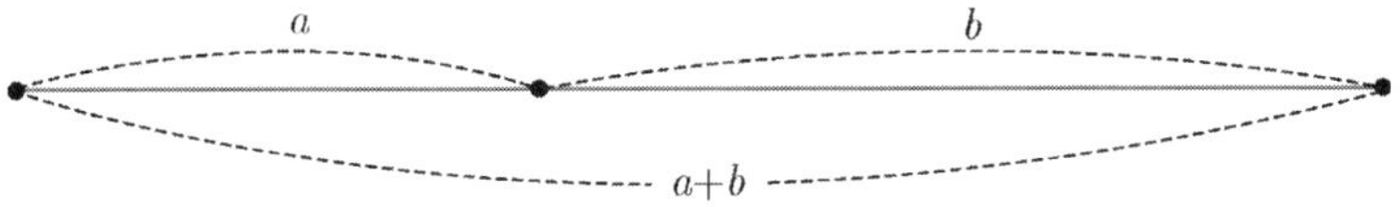

$a:b=b:a+b$ 즉 $b^2=a(a+b)$에서 $a:b$의 값을 구하는 것이 목적이므로 a와 b중 하나를 1로 놓아도 상관없다.

$a=1$이라고 하면 $b^2=1+b$.

$b^2-b-1=0$이 되어 근의 공식에 의하여 $b=\dfrac{1\pm\sqrt{5}}{2}$이다.

여기서 b는 선분의 길이이므로 양수 값만 취하면 $\dfrac{1+\sqrt{5}}{2}$이다.

따라서 황금비 $a:b=1:\dfrac{1+\sqrt{5}}{2}\fallingdotseq 1:1.61803$이다.

이는 정오각형별에서 측정한 값과 일치한다.

우리 생활 주변의 신용카드, 액자, 엽서, 담뱃갑, 휴대폰,…등도 황금사각형에 가깝게 제작된다. 또한 파르테논 신전, 오페라하우스, 밀로의 비너스상, 파리의 개선문, 스핑크스, 석굴암 등 건축물에서도 황금비를 찾아볼 수 있다.

수년 전 학회 참석차 미국에 갔을 때의 일이다. 학회에 참석한 어떤 학생이 명함을 건네면서 아직 명함이 없어서 스스로 그려가지고 왔다고 하였다. 평소 명함을 잘 챙기지 않는 나로서는 명함의 필요성을 알고 스스로 제작해가지고 학회에 참석한 학생이 참 기특하기도 하고 인상 깊었다.

명함 만들어 보고 싶지 않은가?

이왕이면 가장 아름답고 편안함을 준다고 하는 황금사각형이면 좋겠지?

그래서 지금부터 황금사각형을 작도해 보기로 하자.

〈황금사각형의 작도〉

황금사각형은 어렵지 않게 작도할 수 있다. 황금사각형을 작도하여 스스로 명함을 디자인해 보자.

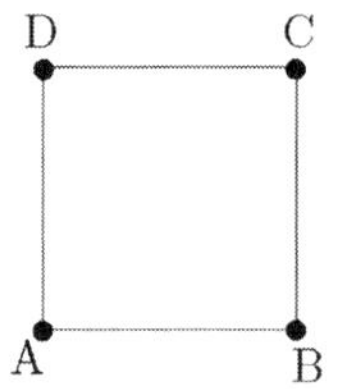	정사각형 그리기	
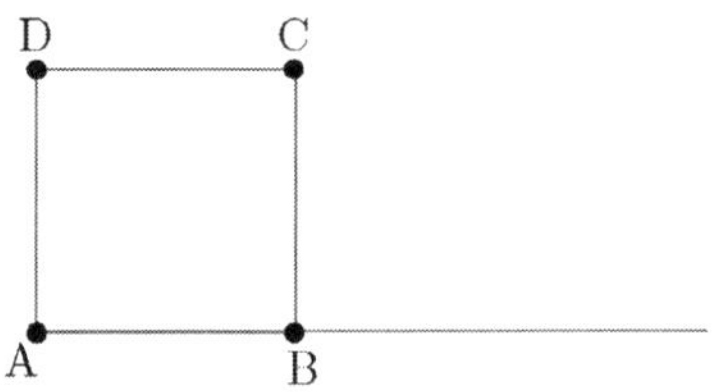	아랫변 연장선 긋기	
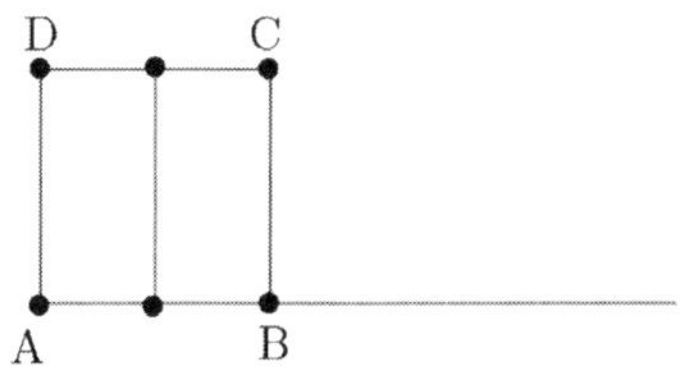	정사각형의 윗변과 아랫변의 중점 연결	
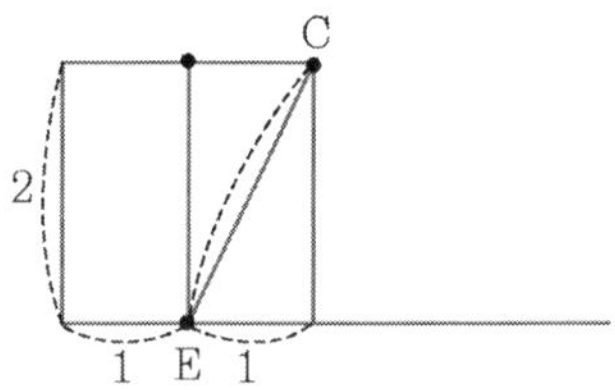	대각선 EC 긋기	정사각형의 한 변의 길이가 2라고 하면 EC의 길이는 가로 1 세로 2인 직사각형의 대각선이므로 $\sqrt{5}$
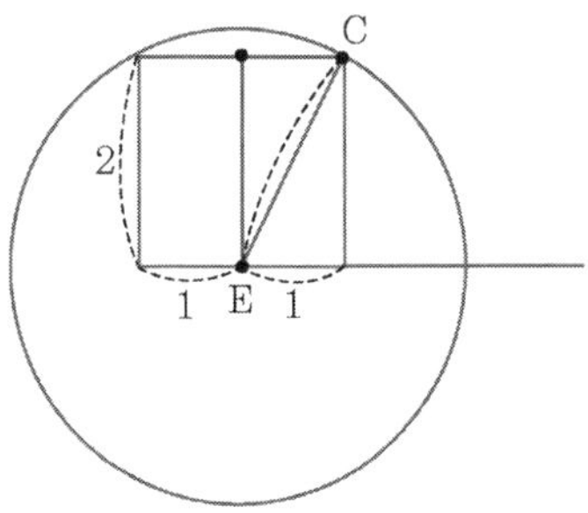	E를 중심으로 EC를 반지름으로 하는 원 그리기	

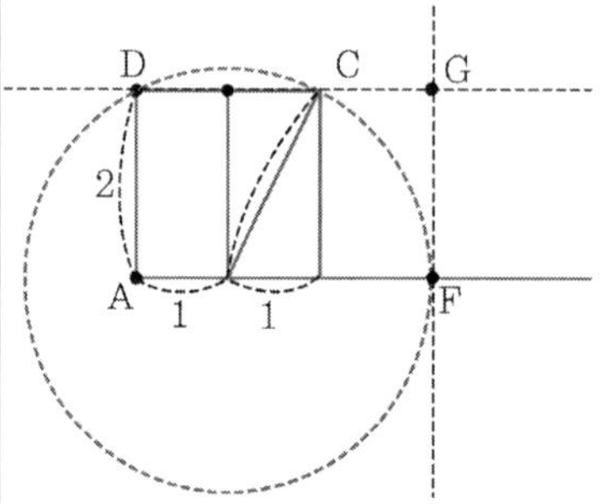	교점 F를 지나고 AF에 수선 긋기 D를 지나고 AF에 평행선 긋기	AF의 길이는 $1+\sqrt{5}$
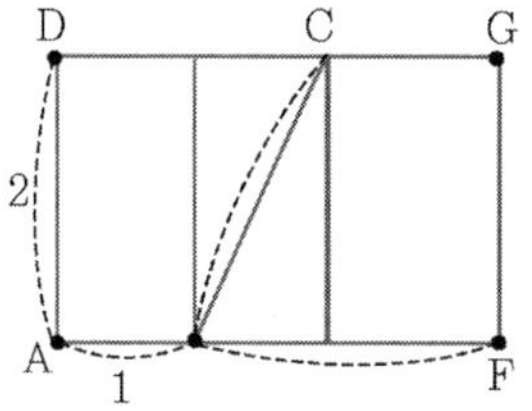	황금사각형 완성	가로 $1+\sqrt{5}$ 세로 2인 직사각형 완성 가로 : 세로 = 1.618 : 1

황금사각형에서 정사각형을 뺀 나머지 직사각형 역시 황금사각형이 됨을 알 수 있다.

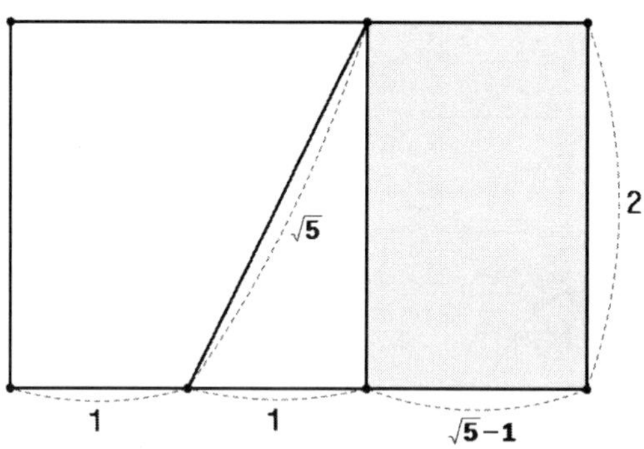

23 피보나치 수열

Quiz

규칙 찾기

규칙에 따라 □에 들어갈 수는?

1, 1, 2, 3, 5, 8, 13, 21, □, 55, □, …

Solution

규칙을 찾아보면 앞의 두 항의 합이 다음 항이 됨을 알 수 있다.

따라서 첫 번째 □ $=13+21=34$, 두 번째 □ $=34+55=89$ 이다.

Quiz

피보나치의 토끼 문제

농장의 주인은 새로 태어난 아기토끼 한 쌍을 구입해 왔다. 아기토끼는 한 달이 지나면 어른토끼가 되고 다시 그 후로 한 달이 지나면 새끼를 낳는다고 하자. 지금 한 쌍의 아기토끼는 두 달 후에는 암수 한 쌍의 새끼를 낳고, 그 후로 계속해서 한 달이 지날 때마다 암수 한 쌍의 새끼를 낳는다고 하자. 또 태어난 암수 토끼 모두다 역시 두 달 후에는 암수 한 쌍의 새끼를 낳고, 그 후로 계속해서 한 달이 지날 때 마다 암수 한 쌍의 새끼를 낳는다고 하자. 1년이 지나면 모두 몇 쌍의 토끼가 되겠는가?

① 33쌍 ② 89쌍 ③ 144쌍 ④ 233쌍

Solution

지금으로부터 약 800여 년 전 이탈리아의 상인이며 수학자인 피보나치(Leonardo Fibonacci, 1170?~1250?)의 저서 『산반서 Liber abaci』에 수록되어 있는 재미있는 문제들 중의 하나이다.

아기토끼 1쌍은 한 달이 지나면 어른토끼 1쌍이 된다. 어른토끼 1쌍은 한 달이 지날 때마다 새끼 1쌍을 낳으므로 한 달이 지나면 어른토끼 1쌍+아기토끼 1쌍이 된다.

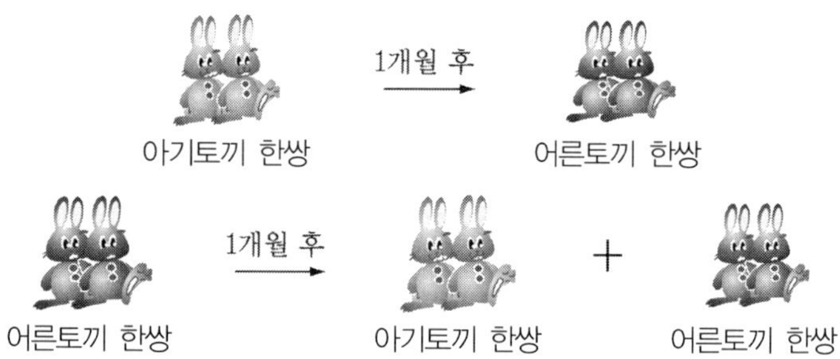

아기토끼와 어른토끼의 그림을 단순하게 바꾸어 보자. 문제해결이 훨씬 쉬어질 것이다.

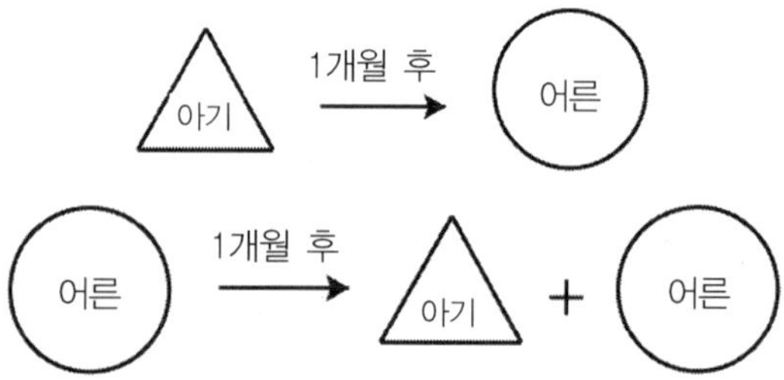

현재	아기	1쌍
1개월 후	어른	1쌍
2개월 후	아기 어른	2쌍
3개월 후	어른 아기 어른	3쌍
4개월 후	아기 어른 어른 아기 어른	5쌍
5개월 후		8쌍
6개월 후		( )
	· · ·	
12개월 후		( )

수열로 나타내보면

$$1,\ 1,\ 2,\ 3,\ 5,\ 8,\ 13,\ 21,\ 34,\ 55,\ 89,\ 144,\ 233,\ \cdots$$

이 수열을 피보나치 수열이라고 하며, 이 수열의 각 항에 나타나는 수를 피보나치 수라고 한다. 피보나치 수열의 특징은 앞의 두 항의 합이 다음 항이 된다는 것이다. 피보나치 수열의 일반항은 피보나치의 앞 글자를 따서 F_n으로 나타낸다.

즉,

$$F_n = F_{n-1} + F_{n-2}\ \ (n \geq 3)$$

문제에서 1년 후는 12개월 후이므로 13번째 항이 된다.

따라서 $F_{13} = 233$

정답은 ④번

피보나치 수열의 가장 큰 특징은 $F_n : F_{n+1}$이 n이 커지면 황금비에 수렴한다는 사실이다.

즉

$$\lim_{n\to\infty} \frac{F_{n+1}}{F_n} \fallingdotseq 1.618$$

피보나치학파들은 자연 속에 피보나치 수가 자주 등장한다는 사실을 발견하였다. 꿀벌의 가계도, 식물의 가지 수, 꽃잎의 수, 해바라기 꽃씨의 배열, 솔방울과 파인애플, 조개의 나선형에서 피보나치 수를 찾아 볼 수 있다.

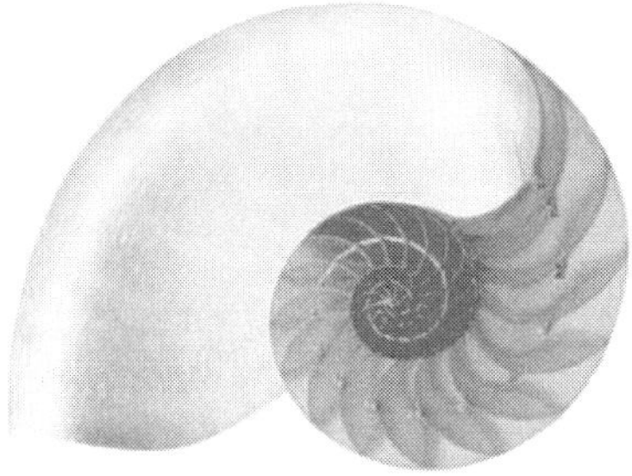 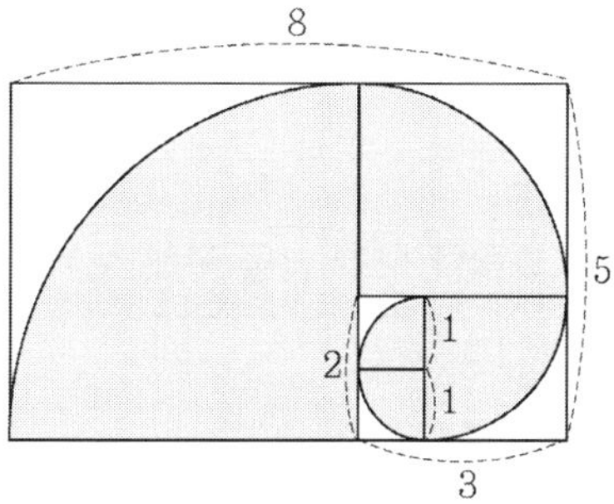

그림과 같이 변의 길이가 피보나치 수열을 이루는 정사각형을 계속해서 붙이면 앵무조개의 모양이 된다.

주가 변화에 대한 연구에서도 피보나치 수열을 찾아볼 수 있다. 1938년 엘리어트(Ralph Nelson Elliott, 1871~1948)는 1930년 이전 75년간의 미국 주가의 변화를 연구한 결과 '엘리어트 파동 이론'을 발표하였다. 그의 이론에 의하면 주가의 상승과 하락 시점이 피보나치 수열과 관련이 있다. 다만 그는 파동의 시작과 끝, 하나의 파동에 걸리는 기간에 대해서는 명확한 결과를 내지 못하였다고 한다.

24 그림으로 계산하기

가우스가 선생님을 난처하게 한 유명한 일화는 다들 알고 있을 것이다. 선생님은 좀 쉬어볼 요량으로 칠판에 $1+2+3+\cdots+100$을 계산하라고 적었는데 가우스가 금방 답을 알아내 버렸다는 이야기다.

복잡하게 보이는 식을 연필을 들고 계산하거나 수준 높은 공식을 이용하지 않고도 쉽게 계산하는 방법이 있다면 좋지 않을까?

Quiz

$$\frac{1}{2}+\frac{1}{4}+\frac{1}{8}+\frac{1}{16}+\frac{1}{32}+\frac{1}{64}+\cdots=?$$

그림을 보고 답을 구해 보자.

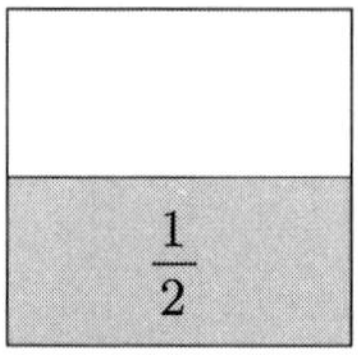

$$\frac{1}{2}$$

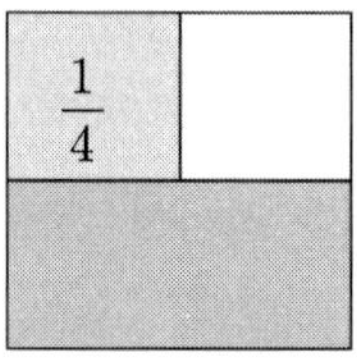

$$\frac{1}{2}+\frac{1}{4}$$

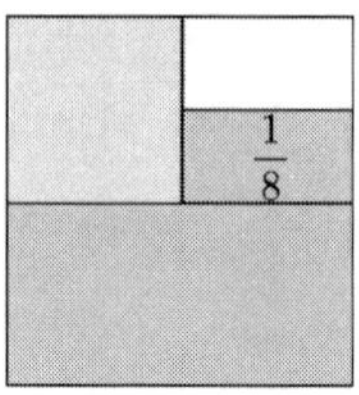

$$\frac{1}{2}+\frac{1}{4}+\frac{1}{8}$$

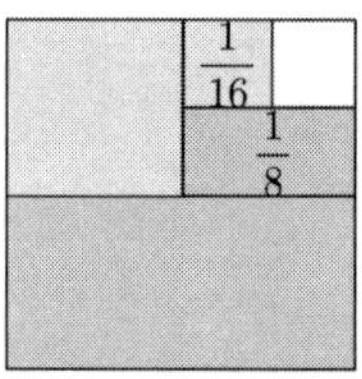

$$\frac{1}{2}+\frac{1}{4}+\frac{1}{8}+\frac{1}{16}$$

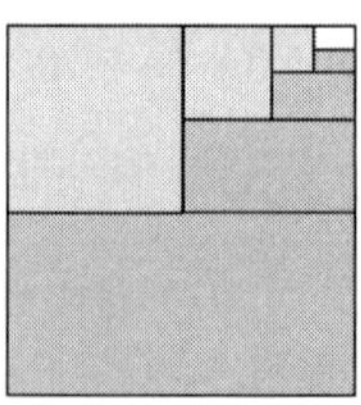

$$\frac{1}{2}+\frac{1}{4}+\frac{1}{8}+\frac{1}{16}+\frac{1}{32}+\frac{1}{64}+\cdots$$

Solution

설명을 하지 않아도 그림을 보면서 금방 답을 알아냈을 것이다. 점점 가득 채워가는 모습으로부터 전체, 즉 1이 된다는 것을.

그림이 없었다면 아마도

이건 '무한 등비급수'로군!

초항이 $\frac{1}{2}$이고 공비가 $\frac{1}{2}$이므로

$$\frac{\frac{1}{2}}{1-\frac{1}{2}}=1$$

이렇게 풀었지 않았을까?

Quiz

$$\frac{1}{3}+\frac{1}{9}+\frac{1}{27}+\cdots=?$$

그림을 보고 답을 구해보자.

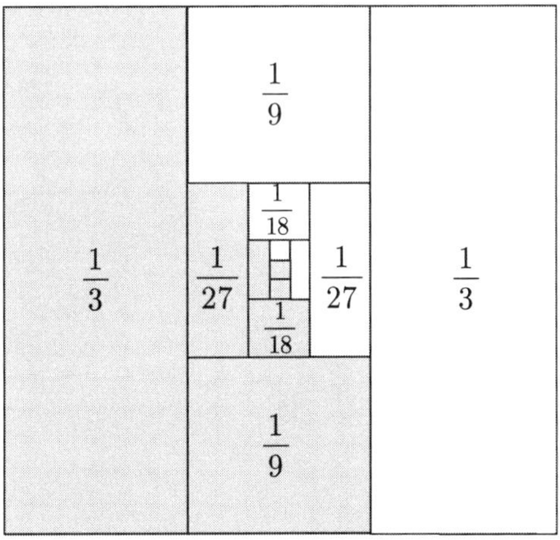

Solution

그림에서 $\frac{1}{3}+\frac{1}{9}+\frac{1}{27}+\frac{1}{81}+\cdots$ 의 덧셈을 계속해 감에 따라 점점 전체(1)의 반$(\frac{1}{2})$에 수렴하는 것을 볼 수 있다.

계산을 해야만 안심이 되는 사람도 있을 것 같으므로 검산 해보자.

초항이 $\frac{1}{3}$이고 공비가 $\frac{1}{3}$인 무한 등비급수이므로

$$\frac{\frac{1}{3}}{1-\frac{1}{3}}=\frac{\frac{1}{3}}{\frac{2}{3}}=\frac{1}{2}$$

Test

그림을 보고, 식을 세워 답을 구해보자.

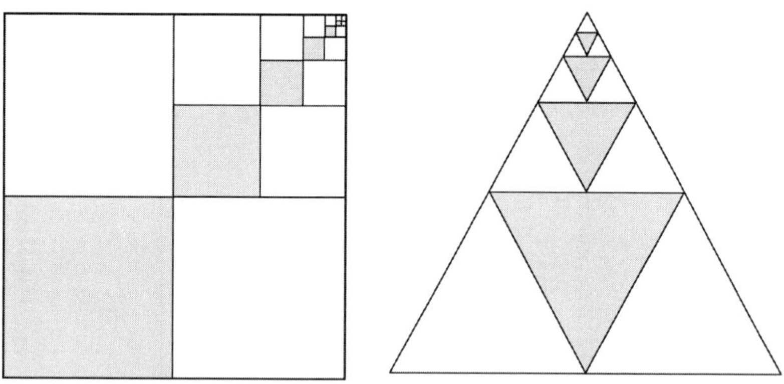

Solution

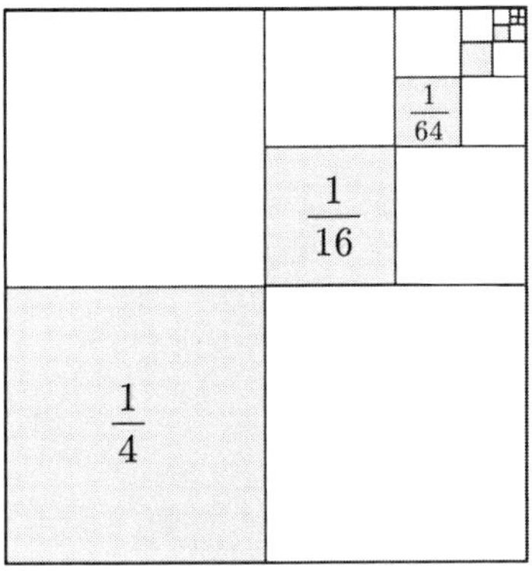

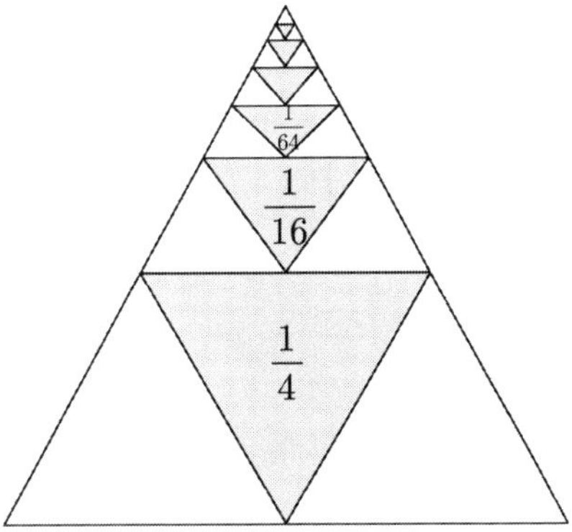

$$\frac{1}{4}+\frac{1}{16}+\frac{1}{64}+\frac{1}{256}+\cdots=\frac{1}{3}$$

Quiz

$1+3+5+7+9+\cdots+199=?$

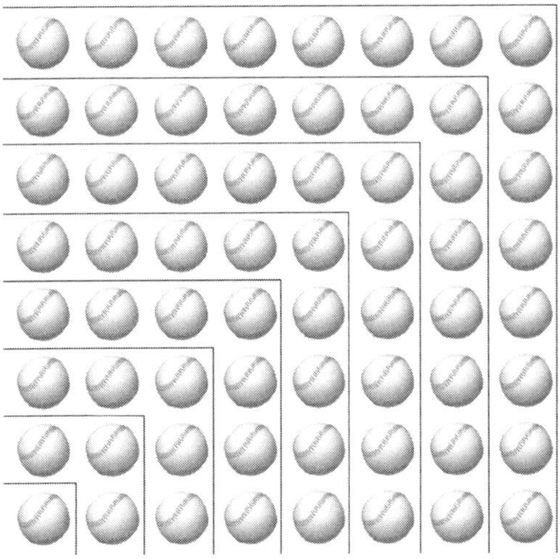

Solution

$1+3=2^2$

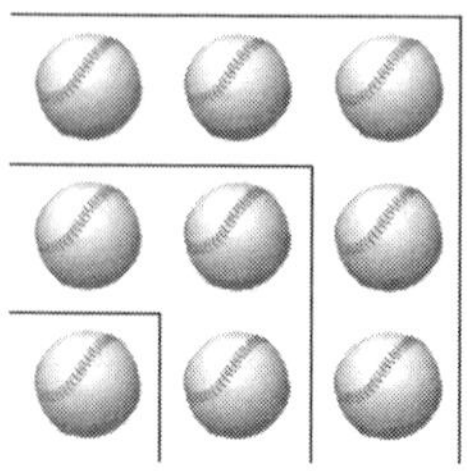

$1+3+5=3^2$

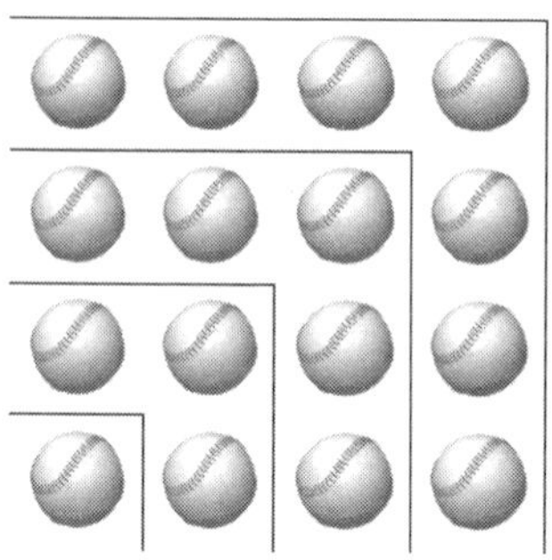

$1+3+5+7=4^2$

$\vdots$

따라서 $1+3+5+7+9+\cdots+(2n-1)=n^2$이라는 것을 알 수 있다.

$2n-1=199$가 되는 $n=100$이므로

정답은 $100^2=10000$

Quiz

$1+2+3+4+5+\cdots+99+100+99+\cdots+3+2+1=?$

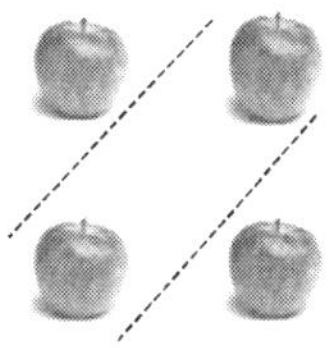

$1+2+1$

$1+2+3+2+1$

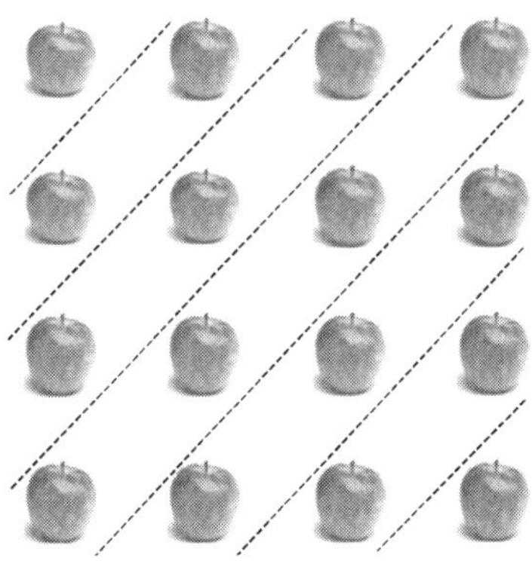

$1+2+3+4+3+2+1$

Solution

그림으로부터

$$1+2+1=2^2$$

$$1+2+3+2+1=3^2$$

$$1+2+3+4+3+2+1=4^2$$

임을 금방 알 수 있지?

따라서

$$1+2+3+\cdots+99+100+99+\cdots+3+2+1=100^2$$
$$=10000$$

25 재활용마크

Quiz

재활용마크

재활용마크는 어느 도형으로부터 착안한 것일까?

① 원기둥 모양

② 뫼비우스 띠 모양

③ 클라인 병 모양

Solution

색종이를 긴 띠 모양으로 잘라 양 끝(A와 A', B와 B')을 붙이면 원기둥 모양이 된다.

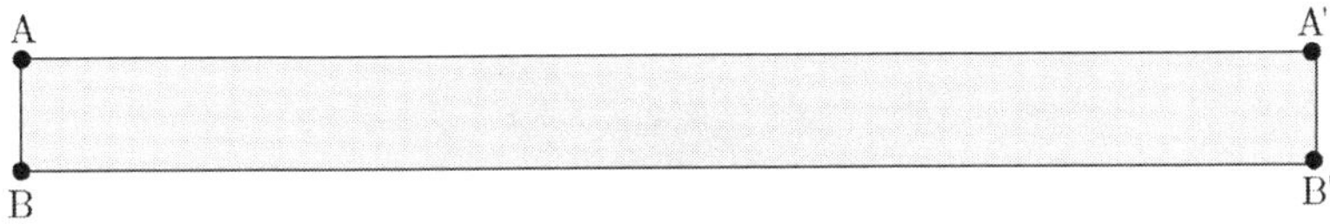

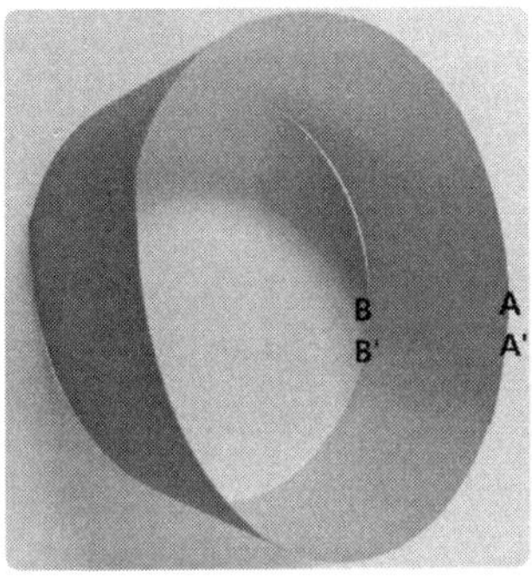

긴 띠 모양의 색종이를 180도 꼬아서 양 끝(A와 B', B와 A')을 붙이면 생기는 입체도형을 뫼비우스 띠라고 한다.

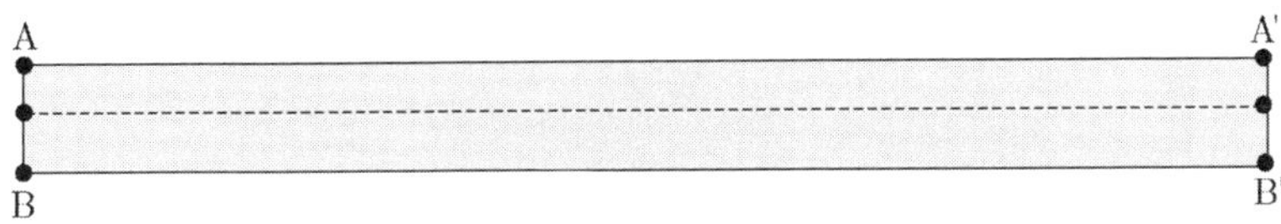

뫼비우스 띠는 1858년경 뫼비우스(August Ferdinand Möbius, 1790~1868)가 발견했다고 알려지고 있다.

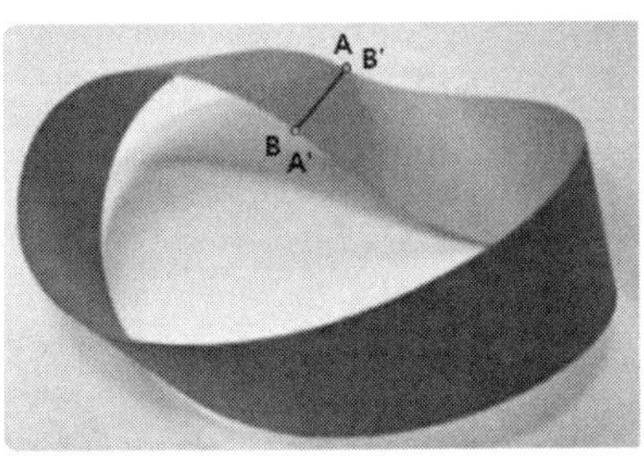

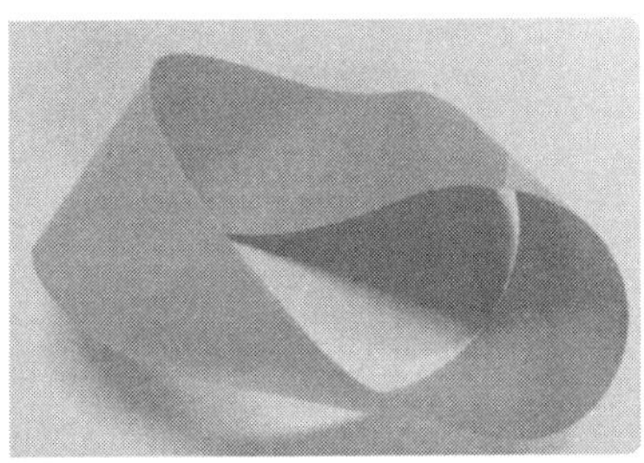

그림처럼 원기둥 바깥쪽의 중앙을 따라 선을 그으면 한 바퀴 돌아 제자리에 돌아와서 만나게 된다. 마찬가지로 안쪽의 중앙을 따라 선을 그으면 한 바퀴 돌아 제자리에 돌아와서 만나게 된다.

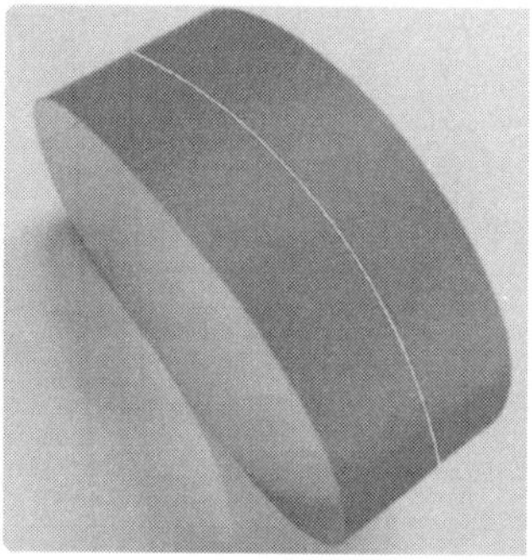

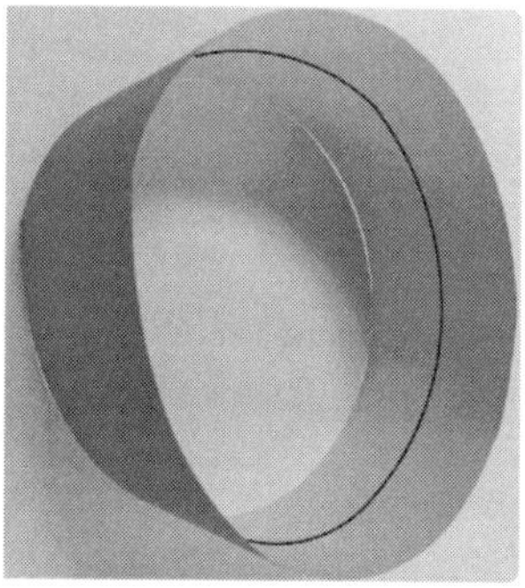

그런데 그림처럼 뫼비우스 띠의 중앙을 따라 선을 그으면서 한 바퀴 돌면 뒷면으로 오게 되고 계속해서 그으면 두 바퀴를 돌아 제자리에서 만나게 된다.

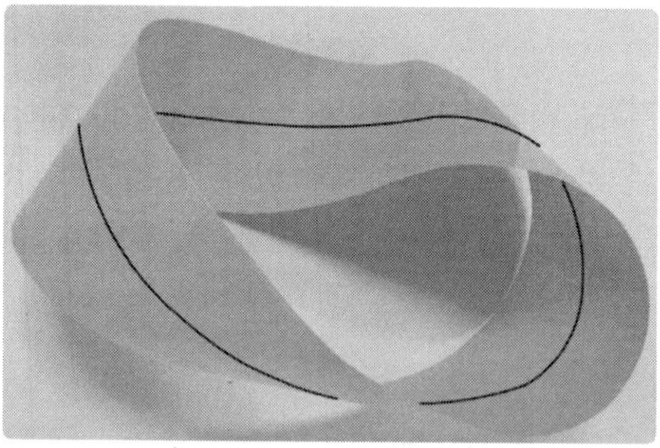

즉 앞면과 뒷면이 구분되지 않는 것이다. 이렇게 뫼비우스 띠가 앞과 뒤가 구별되지 않고 돌아서 제자리로 오는 특성에 착안하여 재활용 마

크로 사용한 것이다.

정답은 ②번

뫼비우스 띠는 앞과 뒤가 구별되지 않는다는 특성으로 산업에도 많이 활용되고 있다. 굿리치사[1)](B. F. Goodrich Co.)는 뫼비우스 띠모양의 컨베이어 벨트를 만들어 특허를 냈다. 이 벨트는 오늘날에도 재래식 방앗간이나 원동기 등에서 자주 볼 수 있는데, 벨트가 꼬여있기 때문에 양면을 모두 사용할 수 있어서 그렇지 않은 벨트보다 오래 동안 사용할 수 있다. 1928년 포레스트(Lee de Forest)는 양면에 모두 녹음이 되는 뫼비우스 필름을 발명했고, 1949년 하리(O. H. Harris)는 연마용 뫼비우스 벨트를 발명했으며, 1963년 제이콥(J. W. Jacob)은 드라이 크리닝을 하는 세탁기계에서 사용되는 셀프 크리닝 뫼비우스 필터 벨트를 발명했다. 첨단과학에서는 데이비스(Richard L. Davis)가 원자력에 이용되는 저항기용 뫼비우스 띠를 발명했다.

Quiz

뫼비우스 띠

뫼비우스 띠의 중앙선을 따라 자르면 어떤 결과가 될까?

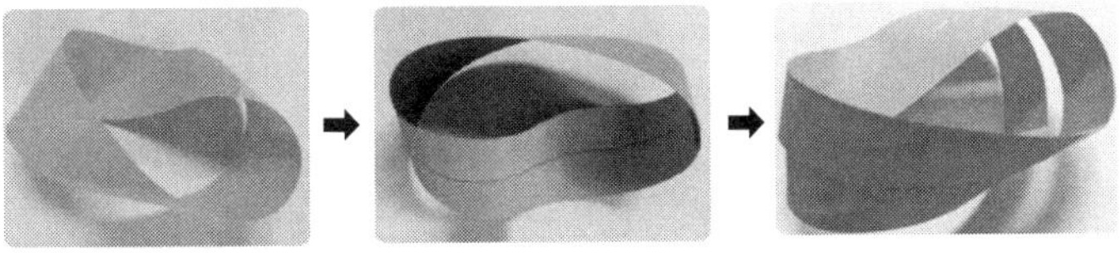

1) 굿리치(Benjamin Franklin Goodrich, 1841~1888)가 창업한 미국의 제조회사.

① 긴 뫼비우스 띠가 된다.

② 원기둥 모양과 뫼비우스 띠로 분리되어 고리로 연결되어 있다.

③ 네 번 꼬인 띠가 된다.

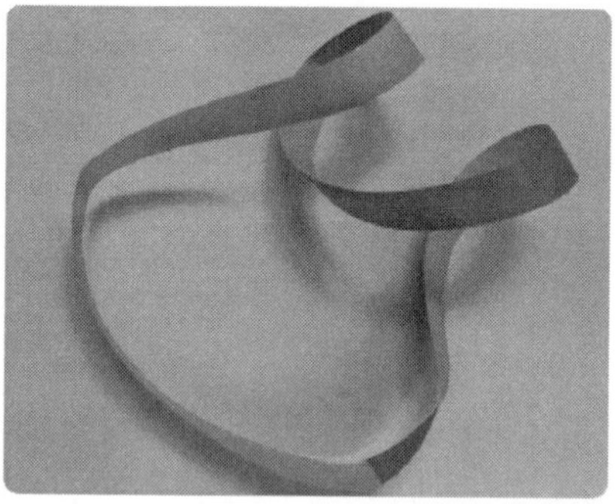

Solution

이건 실제로 해 보아야 답을 알 수 있을 것이다, 아마도.

뫼비우스 띠의 중앙선을 따라 자르면 둘로 나누어질 것 같지만 신기하게도 둘로 나누어지지 않는다. 네 번 꼬인 하나의 띠가 된다. 한 번 해 보시길. 네 번 꼬였다는 것이 어떤 뜻인지 체험 해 보시길 바란다. 고정관념을 깨는 하나의 경험이 될 것이다.

정답은 ③번

클라인 병(Klein Bottle)은 한 차원 높은 뫼비우스 띠 라고나 할까. 클라인 병은 독일의 수학자 클라인(Felix Klein, 1849~1925)이 고안하였다.

신축성이 있는 고무판이 있다고 하자. 긴 직사각형 모양으로 자른 뒤 그림처럼 붙여서(A1과 A4, B1과 B4) 긴 원기둥 모양을 만든다.

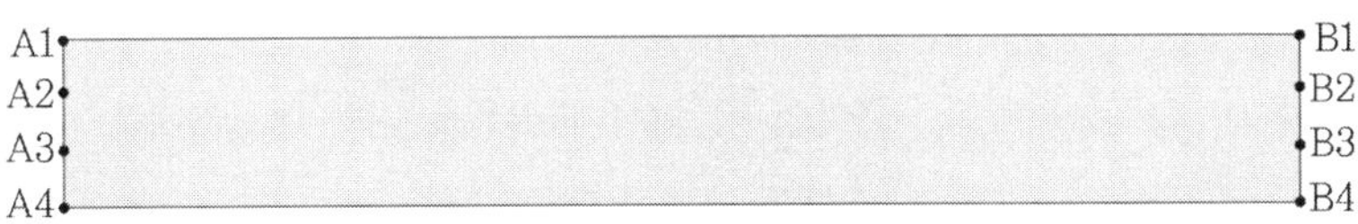

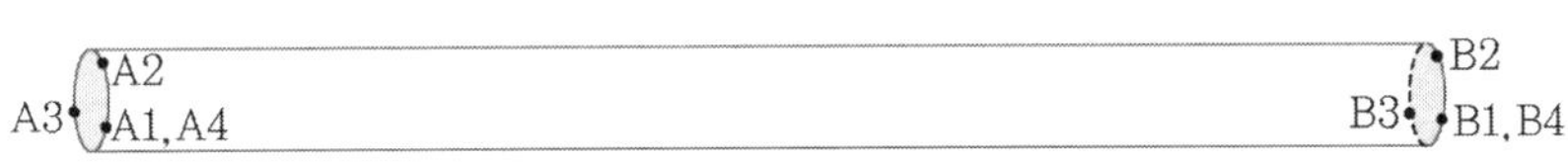

신축성이 있으므로 그림처럼 구부려서 붙이면(A1과 B1, A2과 B2, A3과 B3) 튜브 모양이 된다. 이것이 토러스이다.

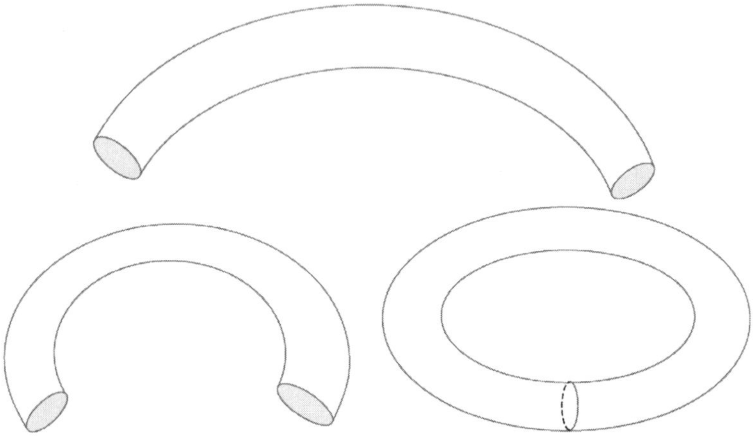

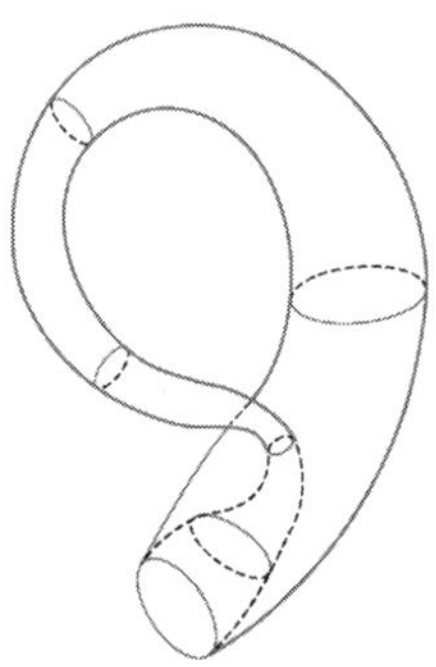

그런데 뫼비우스 띠처럼 꼬아서(A1과 B3, A2과 B2, A3과 B1) 붙이고 싶다면 어떻게 할까? 3차원공간에서는 토러스에 구멍을 뚫지 않고서는 불가능한 일이다. 구멍을 내어 뚫고 들어가면 그림처럼 꼬아서(A1과 B3, A2과 B2, A3과 B1) 붙일 수 있게 된다.

클라인 병 역시 뫼비우스 띠와 마찬가지로 내부와 외부의 구분이 없다.

조세희의 소설 『난장이가 쏘아올린 작은 공』의 〈뫼비우스의 띠〉와 〈클라인씨의 병〉에서는 이러한 뫼비우스 띠와 클라인 병의 특징을 소설 속으로 들여와 작가의 의도를 표현하고 있다.

뫼비우스 띠는 네덜란드의 미술가 에스허르(Escher, M. C. 1898~1972)의 작품에서도 볼 수 있다.

Mőbius Strip I(1961년작)

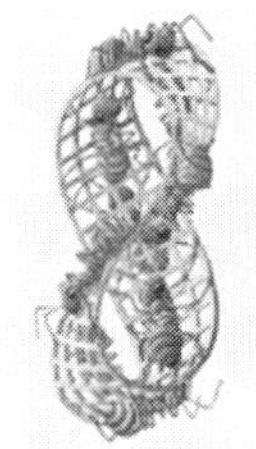

Mőbius Strip II(1963년작)

26 한붓그리기

Quiz

보물찾기

선생님께서 운동장에 선을 그려 놓고, 모든 선 위에 보물을 한 개씩 올려놓았다고 한다. 한 번 지난 선은 다시 돌아올 수도 없고 두 번 다시 지날 수도 없다고 한다. 성이가 보물을 모두 찾았다면 다음 중 어느 지점에서 출발했을까?

① A ② D ③ F

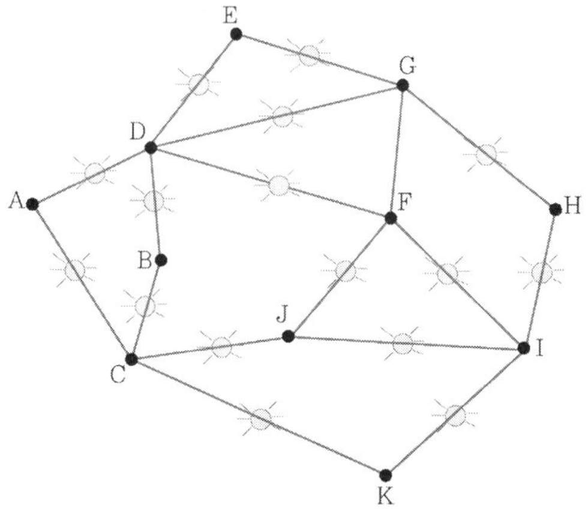

Solution

18세기 동프로이센의 수도 쾨니히스베르크(Königsberg)의 프레겔강에 있던 7개의 다리 건너기 문제로부터 시작된 한붓그리기는 위상수학(위상수학에 대한 설명은 이어서 하겠다)의 시초가 된 문제로 알려진다.

쾨니히스베르크는 1945년 2차 세계대전 이후 러시아에 편입되어 현재의 칼리닌그라드(Kaliningrad)이며, 수학자 힐베르트(David Hilbert, 1862~1943)와 철학자 칸트(Immanuel Kant, 1724~1804)의 고향으로 알려져 있다. 칸트는 평생 이 도시 밖으로 나간 적이 없다고 한다.

쾨니히스베르크는 프레겔강에 의해 그림과 같이 A, B, C, D의 4지역으로 나누어지고, 이들 지역을 잇는 7개의 다리가 놓여 있었다. 그런데 이 7개의 다리에 대해 '같은 다리를 두 번 건너는 일 없이 이들 다리를 모두 건너라'는 문제가 출제되었다.

이 문제에서 각 지역 A, B, C, D를 점으로, 다리를 선으로 나타내면 그림처럼 단순화 할 수 있게 된다. 어느 한 점을 출발하여 선을 따라 연필을 떼지 않고 어느 선도 한 번만 지나도록 그릴 수 있다면, 이 문제는 해결되는 셈이다.

이 문제의 답은 스위스의 수학자 오일러(Leonhard Euler, 1707~1783)에 의해 밝혀졌다. 오일러는 이 문제를 보자마자 같은 다리를 두 번 건너는 일

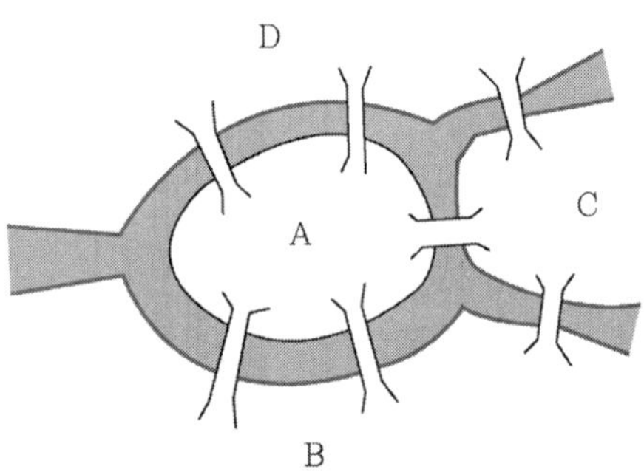

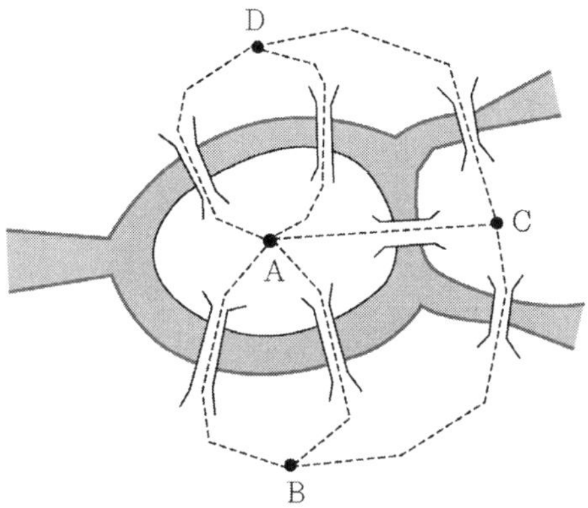

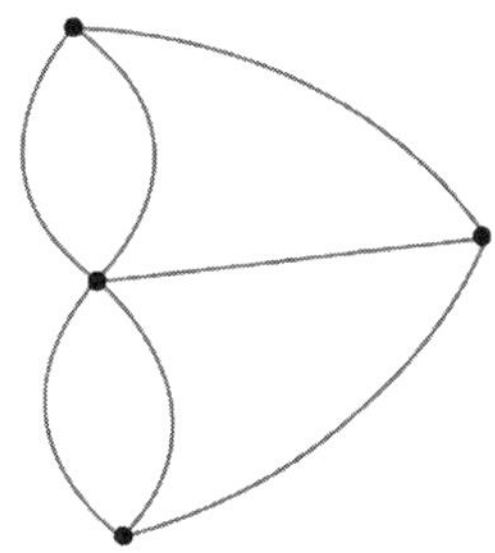

없이 이들 다리를 모두 건너는 것은 불가능하다고 단언하였다고 한다.

오일러는 점으로부터 뻗어나가는 선이 짝수 개일 때 그 점을 짝수점, 홀수 개일 때 그 점을 홀수점이라 하고, 모든 점이 짝수점이거나 홀수점이 두 개 있을 때 한붓그리기가 가능하다는 사실을 밝혔다.

그 이유를 쉽게 생각해 보자. 짝수점만 있는 경우는 어느 점이라도 그 점에서 나갔다 돌아올 수 있게 된다. 따라서 모든 점이 짝수점인 경우는 어떤 점에서 시작해도 한붓그리기가 가능하며 시작점과 끝점이 같다.

한편 점A가 홀수점이면 그림처럼 A점에서 나갔다 돌아왔다를 반복한 후 다시 나가서 돌아올 수 없게 된다.

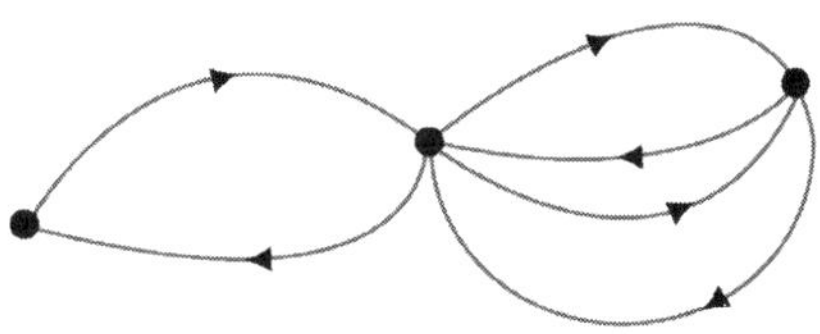

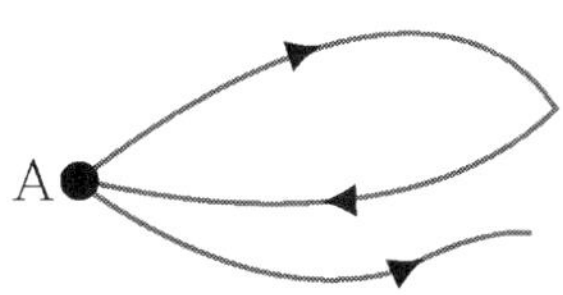

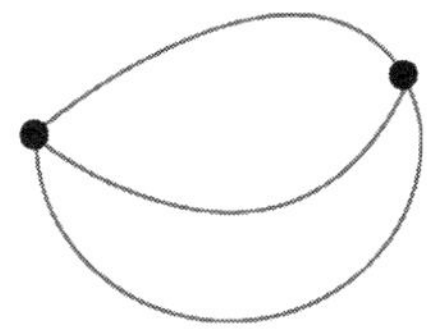

따라서 한붓그리기가 가능하기 위해서는 또 하나의 홀수점을 필요로 하게 된다.

결국 홀수점이 두 개 있는 경우는 홀수점에서 시작하여야 한붓그리기가 가능하며 나머지 홀수점에 돌아와서 끝난다. 중간에 짝수점은 몇 개가 있어도 상관없이 한붓그리기가 가능하다.

쾨니히스베르크의 7개의 다리 문제는 A,B,C,D 모두가 홀수점이므로 홀수점이 4개가 되어 한붓그리기가 불가능하다.

Quiz의 그림은 D와 J가 홀수점이다. 홀수점이 2개이므로 한붓그리기가 가능하며, D와 J 중 하나에서 시작해서 나머지 하나에서 끝난다.

따라서 **정답은** ②번

위상수학(位相數學, topology)에 대한 설명을 하기 위해 먼저 수학의 분야에 대해 설명이 필요할 것 같다. 현대 수학은 크게 대수학, 해석학, 기하학, 위상수학, 통계학, 응용수학으로 분류된다.

수학의 오랜 역사와는 달리 위상수학은 19세기 말경에 시작된 학문이다. 바로 한붓그리기 문제가 위상수학의 시초로 여겨진다.

위상수학은 내용에 따라 집합론과 논리학에 근거한 일반 위상수학, 공간상에 대수학을 이용하는 대수적 위상수학, 다양체상에 해석학과 기하학을 이용하는 미분 위상수학, 기하적 위상수학으로 나누어진다.

위상수학은 물리학의 양자장론, 우주론, 초끈이론 등에 응용되며, 컴퓨터 수학, 로봇공학 등에 이용된다. 뿐만아니라 인문학에서도 뫼비우스 띠와 같은 위상적 구조를 응용하여 많은 현상을 설명하고 있고, 예술가들이 뫼비우스 띠나 클라인 병, 매듭이론의 매듭의 형태를 소재로 삼기도 한다.

여기서 잠깐 수학 분야의 특징을 재미있게 표현한 유머를 들어보자.

〈수학자가 코끼리를 냉장고에 넣는 방법〉

- 정수론 전공자 : 나는 코끼리를 냉장고에 넣을 수 있는 놀라운 방법을 알고 있으나 여백이 부족하다.
- 해석학 전공자 : 코끼리를 미분하여 냉장고에 넣은 후 적분한다.
- 통계학 전공자 : 코끼리를 냉장고에 밀어 넣는 시행을 성공할 때까지 반복한다.
- 집합론 전공자 : 냉장고={코끼리} 라고 정의한다.
- 위상수학 전공자 : 코끼리에게 냉장고를 먹인 후 뒤집는다.

이 이야기를 듣고 웃음을 터뜨린다면 수학 전공 분야의 특징을 아는 사람일 것이다.

우선 정수론 전공자의 해법과 관련해서는 이해를 돕기 위해 페르마의 일화를 소개하겠다.

페르마(Pierre de Fermat, 1601~1665)는 1601년 프랑스 서부의 보몽 드 로마뉴에서 가죽 상인의 아들로 태어나, 30세 때 지방의회의 의원직을 얻어 공무원 생활을 하였단다. 이때부터 그는 수학에 흥미를 가져 여가에 수학을 연구하였단다. 아마추어 수학자인 페르마는 연구 결과를 당시 발표하지 않았고, 사후에 그의 아들이 자료를 모아 세상에 내놓게 되었단다.

페르마가 읽었던 디오판토스의 책 '산학(arithmetica)'의 여백에서 다음과 같은 글이 발견되었단다.

'방정식 $x^n + y^n = z^n$에서 n의 값이 2보다 클 경우 0이 아닌 자연수 해는 없다. 이 명제에 대해 정말 놀라운 증명 방법을 발견했으나 여백이 부족해 적지 않는다.'

이 문제는 '페르마의 마지막 정리'로 불리는데 300여 년 동안 수많은 수학자들이 증명하려고 노력하였으나 실패하였고, 결국 350여년이 지난 1994년에 영국의 수학자 앤드류 와일즈(Andrew John Wiles)에 의해 증명되었다.

페르마의 일화를 페러디한 정수론 전공자의 코끼리를 냉장고에 넣는 방법, 재미있지 않은가?

자, 이제 본론인 위상수학으로 돌아가자.

위상수학에서는 두 도형 사이에 위상 동형 사상(寫像)이 존재하면 두 도형을 '위상 동형'이라고 한다. 그러니까 같은 도형으로 본다는 이야기다. 사상이나 함수를 거론하지 않고 이해하기 쉽게 설명하면 도형이 고무판과 같이 유연하여 마음대로 변형이 가능하다고 할 때 도형을 자르거나 붙이지 않고 구부리거나 늘여서 같은 모양으로 만들 수 있는 두 도형은 위상 동형이다. 위상 동형인 도형은 '연결상태가 같다'라고 한다.

예를 들면 평면 도형에서 원, 삼각형, 사각형 등은 모두 위상 동형이다. 고무줄로 된 원 모양은 자르거나 붙이지 않고 삼각형이나 사각형 모양으로 만들 수 있으니까.

입체 도형의 예를 들어보자. 구는 정다면체, 축구공 모양, 뿔모양, 기둥모양 등과 위상 동형이다.

토러스

그럼 구와 위상 동형이 아닌 입체도형은 무엇이냐고?

뫼비우스 띠, 토러스, 뚜껑 없는 상자 모양 등은 구와 위상 동형이 될 수 없다. 토러스는 타이어 튜브 모양, 즉 속이 빈 도넛 모양이다.

뚜껑 없는 상자 모양은 원반(내부가 꽉

찬 원)과 위상 동형이다.

왜냐고 묻는다면 그림으로 변형 과정을 보여줘야지.

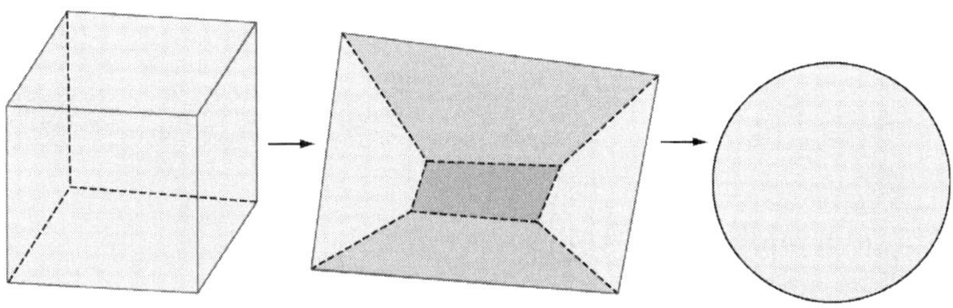

뚜껑없는 상자 모양　　상자의 위 쪽을 늘여서 펼친다.　　원반

그럼 토러스와 위상 동형인 도형을 찾아보자.

토러스의 곡면을 잘 다듬어서(메주를 만들 때 손질하듯이) 다면체로 변형시키면 이런 모양이 될 것이다. 그러니까 이 두 도형은 위상동형이다.

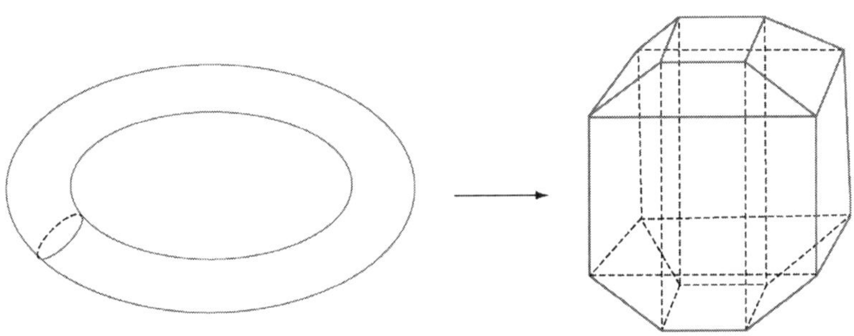

이번에는 토러스를 어떤 모양으로 변형시키는지 볼까? 마음껏 주물러서 모양을 변형시킬 수 있는 토러스 모양의 풍선이 있다고 하자.

그런데 내 그림 솜씨로 잘 될지 모르겠다.

토러스 모양

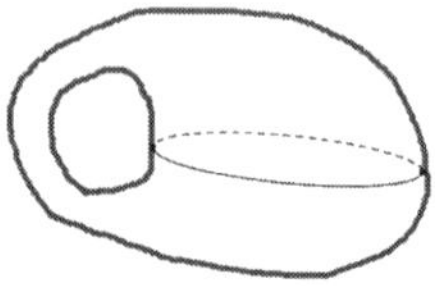
토러스의 구멍을 한쪽으로 옮긴다.

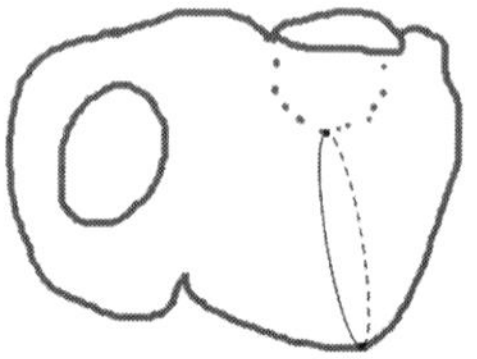
구멍이 없는 쪽의 가운데를 눌러서 움푹 들어가게 한다.

자, 이거 어떤 모양이 되었나?

나는 컵이라고 그랬는데…

그러니까 토러스는 그릇 표면의 안쪽이 비어 있는 (플라스틱) 컵과 위상 동형이다.

위상 동형인 도형의 성질을 연구하는 것이 위상 수학의 연구 분야이다. 그러면 또 이런 질문을 할지 모르겠다. 위상 동형인 도형의 성질을 연구해서 어디에 쓰냐고? 그게 어떤 가치가 있냐고? 앞에서 위상수학이 다른 학문에 응용이 된다고도 하였지만 그렇게 추상적인 설명은 원하는 대답이 아닐 것이다.

다음 두 도형을 잘 보고 질문에 답을 생각해 보자.

두 도형은 같은가?

다르다면 다른 점은?

- 색깔
- 모양
- 크기
- 직선과 곡선
- 부드러움과 딱딱함
- 선의 두께

⋮

또 뭐가 있을까?

그럼 같다고 생각한 사람, 같다고 한 이유는?

한붓그리기를 한 후에 이 질문을 한다면 모두들 같다고 할 것이다. 그렇다. 한붓그리기 하는데 있어서 다른 점은 없다, 연결 상태가 같으므로. 그러니까 한붓그리기는 같은 연결 상태의 도형이라면 동일하다.

따라서 연결 상태가 어떤 도형의 성질을 추측하거나 규명하는 하나의 기준이 되는 것이다.

이러한 성질은 지하철 노선도에서 볼 수 있다. 노선도에서는 선의 방향, 길이, 선의 모양 등은 상관이 없다. 관심은 오직 연결 상태, 즉 어느 점에서 가지가 몇 개 뻗어 나가는지(환승 가능 여부), 어느 선과 연결이 되는지 하는 것 등이다.

위상동형인 도형의 성질을 하나 더 들어 보자.

오일러는 연결 상태가 같은 도형은

$$\text{꼭짓점의 수} - \text{모서리의 수} + \text{면의 수}$$

가 일정하다는 사실을 발견하였다.

영어로 꼭짓점은 vertex, 모서리는 edge, 면을 face라고 하므로 간단히 $v-e+f$라고 하는데 이것을 '오일러의 수'라고 한다.

구와 연결 상태가 같은 도형의 오일러 수는 2이다. 즉

$$v-e+f=2$$

구와 연결 상태가 같은 도형들을 가지고 확인해 볼까?

도형	v	e	f	$v-e+f$
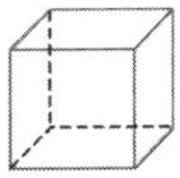 정육면체	8	12	6	2

도형	v	e	f	$v-e+f$
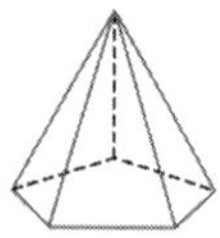 오각뿔	6	10	6	2
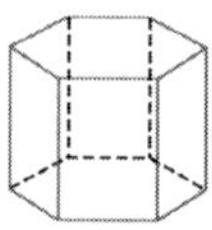 육각기둥	12	18	8	2
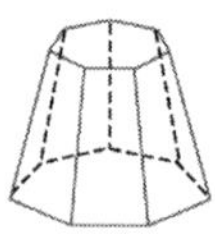 칠각뿔대	14	21	9	2
 축구공	60	90	32	2

어떤 도형의 오일러 수가 2가 아니라면 이 도형은 구와 연결 상태가 같지 않다는 사실을 알 수 있는 것이다.

참고로 토러스의 오일러의 수는 0이다. 다음 두 개의 도형은 모두 토러스와 연결 상태가 같으므로 오일러의 수도 0으로 같을 것이다. 한번 세어 보자.

여기서 면이라고 하는 것은 원반과 위상동형이라는 사실을 잊어서는 안 된다. 윗면을 구멍 뚫린 하나의 면으로 취급해서는 안 된다는 말이다.

- 꼭짓점은 위, 아래쪽에 8개씩.
- 모서리는 위, 아래쪽에 12개씩과 옆면의 바깥쪽과 안쪽에 4개씩.
- 면은 위, 아래쪽에 4개씩과 옆면 바깥쪽과 안쪽 4개씩.

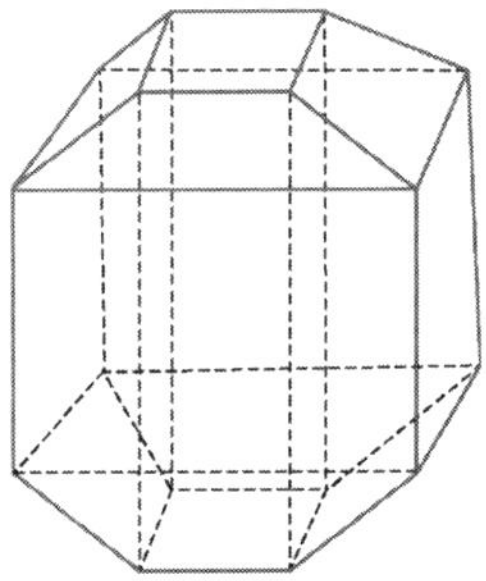

v	e	f	$v-e+f$
16	32	16	0

- 꼭짓점은 위, 아래쪽에 10개씩.
- 모서리는 위, 아래쪽에 15개씩과 옆면의 바깥쪽과 안쪽에 5개씩.
- 면은 위, 아래쪽에 5개씩과 옆면 바깥쪽과 안쪽 5개씩.

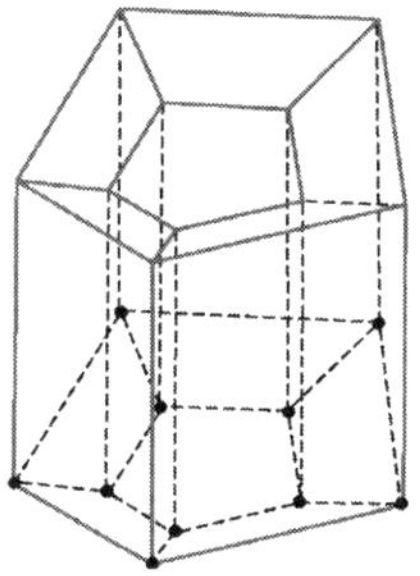

v	e	f	$v-e+f$
20	40	20	0

오일러의 다면체 정리를 이용하여 우리는 축구공 모양이나 그 외의 여러 가지 입체도형의 구성요소(꼭짓점, 모서리, 면)의 개수를 계산해 낼 수 있다.

이렇게 위상수학 전공자들이 하는 일에는 도형을 늘이고 줄이고 뒤집고 하면서 변형시키는 작업이 있다. 이제 위상수학 전공자의 코끼리를 냉장고에 넣는 방법에 공감이 가는가?

27 최단거리

Quiz

불이야!

준이네 가게는 집에서 500미터 떨어져 있다. 어느 날 새벽 가게에 불이 났다는 전화를 받았다. 준이네 집에서 가게로 가는 길가에는 그림처럼 모래주머니를 둔 곳이 네 곳 있다고 한다. 준이가 모래주머니를 들고 가게에 되도록 빨리 도착하려면 다음 그림 중 어느 모래주머니를 들고 가야할까?

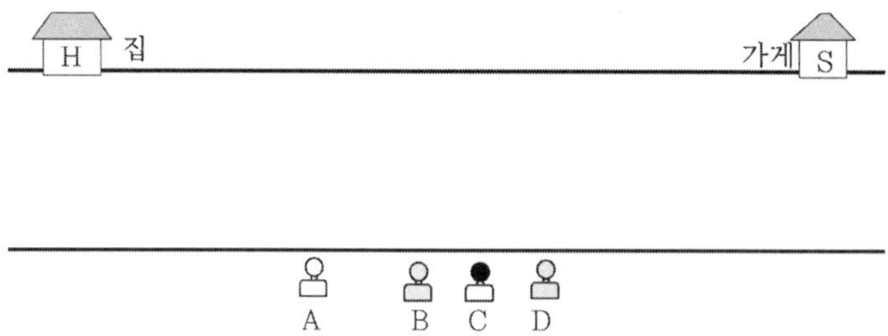

① A ② B ③ C ④ D

Solution

준이가 모래주머니를 들고 가게까지 가는데 가장 짧은 거리를 찾으면 된다. 어떤 이는 모래주머니가 무거우니 들고 가는 거리를 가장 짧게 하려면 D를 선택해야 된다고 한다. 그럼 여기서 수학의 특성 중에 하나인 수학의 '이상성'에 대해 잠깐 설명을 해야겠다.

〈수학의 이상성〉

'피자 한 판을 세 명이 똑같이 나누어 먹으면 한 명이 먹는 양은 얼마인가?'라는 문제에서 $\frac{1}{3}$을 정답으로 한다. 그러나 피자를 똑같이 나누는 것은 불가능하다고 항변하는 사람이 있다면? 물론 다양한 토핑까지 똑같이 나눈다는 것은 불가능한 일이다. 그럼에도 불구하고 우리는 가능하다고 '치고' 문제를 해결하는 것이다. 바로 이처럼 실제로는 불가능하지만 가능한 것으로 치는, 이상적인 상황을 전제로 하는 것을 '이상성'이라고 한다. 거의 모든 순수수학 문제에 이상성이 포함되어 있다.

자, 그럼 다시 본론으로 돌아와서 이 문제에서도 이상성을 적용하여 모래주머니의 무게는 무시하는 것으로 하자.

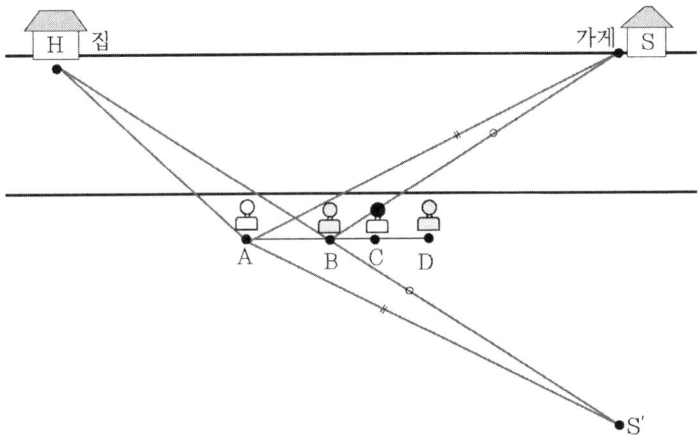

ABCD를 잇는 선분을 대칭축으로 하여 가게(S)를 선대칭이동한 점을 S'라고 하자.

준이가 만일 A모래주머니를 가지고 간다면 준이가 뛰어가는 거리는 HA+AS이다.

$$HA+AS=HA+AS'$$

반면 B모래주머니를 가지고 간다면 준이가 뛰어가는 거리는 HB+BS이다.

$$HB+BS=HB+BS'$$

그림에서 보는 바와 같이 HB+BS'는 직선에 가깝기 때문에 B모레주머니를 가지고 가는 거리가 가장 짧다는 것을 알 수 있다.

정답은 ②번

Quiz

인터넷 선로 공사

성이네는 외딴 섬마을에서 윤이네와 준이네와 함께 살고 있다. 마을에는 단 세 집이 있는데 세 집의 위치는 그림과 같다. 이번에 이 마을에 인터넷 선로 공사를 한다고 하는데 마을의 한 지점까지는 무료로 설치를 해 주지만 그 지점으로부터 집까지의 비용은 거리에 비례하고 비용은 모두 합하여 세 집이 똑같이 나누어 부담해야 한다고 한다. 비용을 가장 적게 부담하려면 어느 곳을 마을의 한 지점으로 정해야할까?

Solution

삼각형ABC의 꼭짓점으로부터 거리의 합이 최소가 되는 점을 찾는 문제이다.

그 점은 적어도 삼각형ABC의 내부에 있을 것이다.

삼각형ABC의 내부에 임의의 점E를 찍자.

AE+BE+CE가 최소가 되는 점E의 위치를 찾으면 된다.

선분 AC를 한 변으로 하는 정삼각형ACD를 그리자.

선분 AE를 한 변으로 하는 정삼각형AEF를 그리자. 그리고 F와 D를 연결 하자.

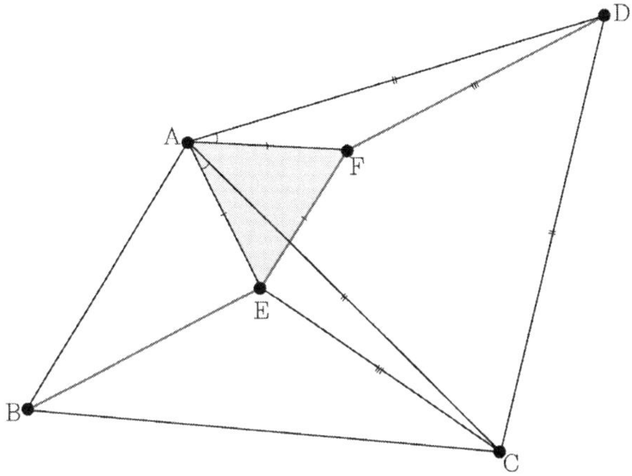

AE+BE+CE=EF+BE+FD이다.

* FD=CE의 증명

(AE=AF, AC=AD, 각EAC=각FAD이므로 SAS합동에 의해 삼각형AEC와 삼각형AFD는 합동이다. 따라서 FD=CE)

* 각EAC=각FAD의 증명
(각CAD=60도, 각EAF=60도, 각CAF가 공통각이기 때문에 각EAC=각FAD)

여기서 BE+EF+FD가 최소가 되려면 B에서 D까지 직선일 때이다.

그럼 그 점을 찾으려면 어떻게 해야 할까?

결국 그 점은 점B와 D를 잇는 선분 위에 있으므로 마찬가지 방법으로 선분BC를 한 변으로 하는 정삼각형BCD"을 그리면 그 점은 점A와 D"를 잇는 선분 위에 있으며, 또 같은 방법으로 선분AB를 한 변으로 하는 정삼각형ABD'을 그리면 그 점은 점C와 D'를 잇는 선분 위에 있다.

한 점에서 만나는 이 점이 우리가 찾는 점이다. 이 점을 페르마의 점이라고 하며 삼각형의 각 꼭짓점으로부터의 거리의 합이 가장 작게 되는 점이다.

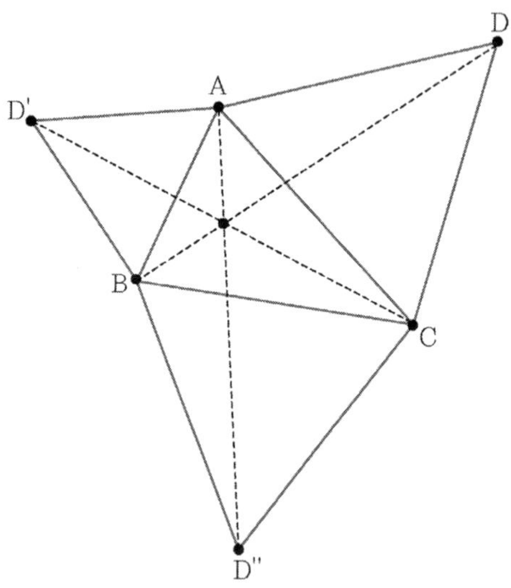

28 문화재 복원

얼마 전 대만 여행에서 고궁 박물관에 다녀왔다. 영국의 대영 박물관, 프랑스의 루브르 박물관, 미국의 메트로폴리탄 박물관과 함께 세계 4대 박물관으로 꼽힌다고 한다.

장제스가 본토에서 도망 나올 때 중국의 문화재 가운데 움직일 수 있는 것은 모두 배에 실어 가지고 나왔다는 가이드의 설명을 들었다. 보물들이 방대하여 3개월 단위로 1만 여점씩 돌아가며 전시를 하는데 모든 보물을 다 보려면 10년도 더 걸린다고 한다.

사실 예술에 조예가 깊지 않은 나에게 박물관 관람은 그리 매력 있는 여행 코스는 아닌데 그럼에도 많은 문화재를 보니 부러운 반면 해외에 반출되어 회수되지 못하고 있는 우리나라의 문화재에 대한 아쉬움을 새삼 느꼈다.

Quiz

신라의 미소

'신라의 미소'로 불리는 '얼굴무늬 수막새'는 미소를 띤 사람 얼굴을 한 기와로 지난 1998년 경주세계문화엑스포에서 '새천년의 미소'를 표현하는 이미지로 사용되면서 경주의 상징이 된 신라시대의 유물이다. 7세기경의 신라 유물로 알려진 '얼굴 무늬 수막새'는 영묘사지에서

발굴될 당시 사진과 같이 온전한 모습이 아니었는데, 해사한 미소와 함께 고르지 않은 얼굴의 표면으로 천진스러움을 그대로 드러내고 있다.
그런데 얼굴 무늬 수막새의 완전한 모습을 재현하고 싶다면 삼각형의 오심 중에서 어떤 것을 찾아야 할까?

① 삼각형의 내심
② 삼각형의 외심
③ 삼각형의 무게중심

Solution

원의 중심을 찾는 문제이다. 원은 원주 위의 임의의 두 점을 잇는 선분(원주 위의 두 점을 잇는 선분을 현이라고 한다)을 수직이등분하면 그 위에 원의 중심이 존재한다는 성질을 가지고 있다. 따라서 두 개의 현의 수직이등분선의 교점이 원의 중심이다. 결국 이것은 현을 이루는 세 점을 잇는 삼각형의 외접원의 중심, 즉 외심이다.

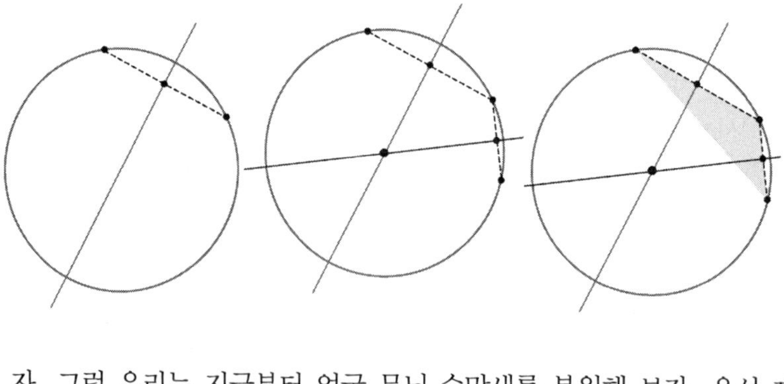

자, 그럼 우리는 지금부터 얼굴 무늬 수막새를 복원해 보자. 우선 깨지지 않고 잘 보존된 가장자리를 찾아 점 세 개를 찍자. 두 현의 수직이등분선의 교점이 원의 중심이다.

원의 중심과 원주 위의 한 점이 있으므로 원을 그리면 틀이 완성 되었다.

정답은 ②번

Quiz

대피처 찾기

재성이네 가족은 삼각형 모양으로 생긴 외딴 섬에서 낚시를 하고 있다. 그런데 갑자기 태풍이 온다는 예보를 듣고 섬의 어느 곳으로 대피를 할 것인지 논의 중이다. 해변과는 최대한 가장 멀리 떨어진 곳으로 가고 싶은데 이 삼각형 모양의 섬에서 다음 중 어느 지점으로 가면 좋을까?

① 삼각형의 내심 ② 삼각형의 수심

③ 삼각형의 무게중심

Solution

삼각형 모양의 섬에서 해변과 가장 멀리 떨어진 곳이 어디쯤일까? 삼각형 안의 적당한 곳에 점을 찍어볼까?

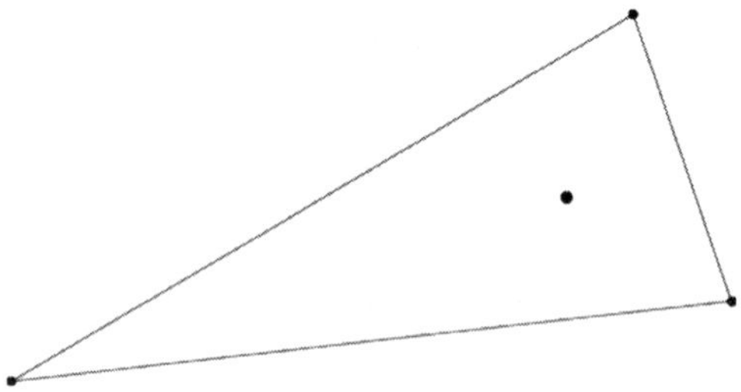

한쪽 해변에서 너무 멀리 떨어지게 되면 다른 쪽 해변에 가까워지게 된다. 그럼 어떻게 하면 세 쪽의 해변으로부터 멀리 떨어진 지점을 찾을 수 있을까?

각의 이등분선 위의 임의의 점에서 각을 이루는 양 쪽 선분까지의 수직 거리(수직거리는 최단거리이다)는 같다(두 직각삼각형이 합동이므로). 그러므로 각의 이등분선 위의 점들은 양 쪽 해변으로부터 한 가운데 있는 점이다.

삼각형의 세 각의 이등분선은 한 점에서 만난다(증명은 생략하기로 한다).

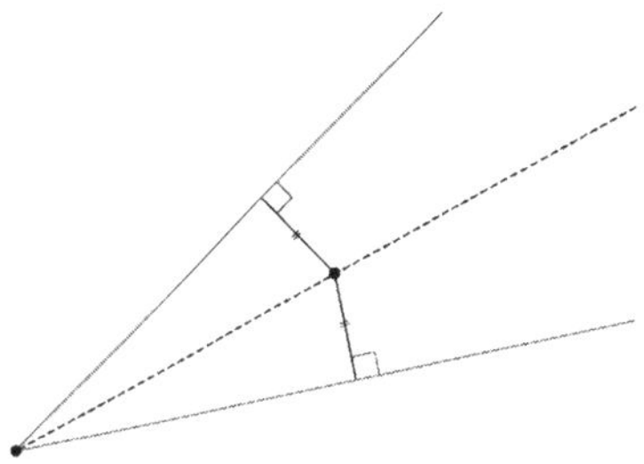

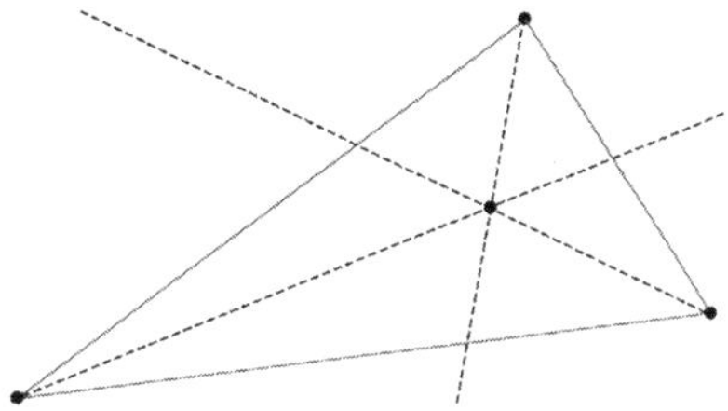

세 각의 이등분선의 교점에서 각 변에 수선의 발을 내리면 거리가 모두 같다. 이 점을 삼각형의 내심이라고 한다. 이 점은 삼각형의 내접원의 중심이다.

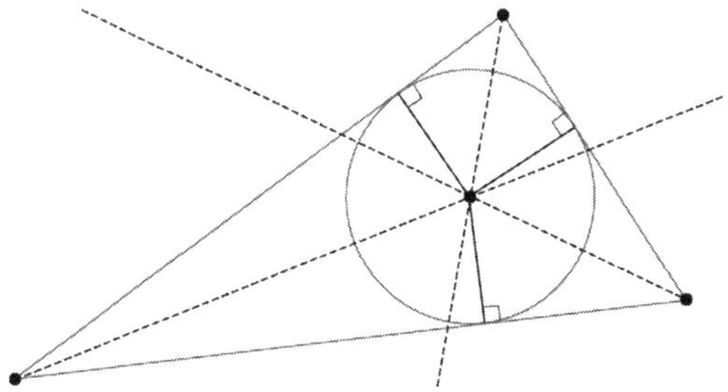

이 점이 바로 재성이네가 찾고 있는 해변에서 가장 멀리 떨어진 지점이다.

정답은 ①번

Quiz

서커스

서커스 구경을 다녀온 후 재윤이는 한 손가락으로 물건들을 받쳐 떨어지지 않게 하는 연습을 하고 있다. 지금 재윤이는 삼각형 모양의 판자를 한 손가락으로 받쳐서 떨어지지 않게 하려고 애쓰고 있는데 자꾸 기울어 떨어지고 만다. 재윤이가 이 점을 찾는다면 성공할 수 있을 텐데. 재윤이가 찾아야할 이 점은 무엇일까?

① 삼각형의 수심　　② 삼각형의 내심

③ 삼각형의 무게중심

Solution

수학적 의미를 모르더라도 단어의 뜻만 가지고도 정답을 찾을 수 있겠지?

무게중심은 말 그대로 무게의 중심이 되는 점이다. 지금은 서커스에서나 볼 수 있을 것 같지만 예전엔 아주머니들이 물건에서 손을 뗀 채 머리에 물건을 이고 다니기도 하였다. 손으로 잡지 않으면서도 물건이 떨어지지 않는 것은 무게중심을 받치고 있기 때문이다.

지금부터 삼각형ABC의 무게 중심을 찾자.

무게의 중심은 최소한 삼각형을 둘로 나누었을 때 양쪽의 무게가 같도록 나눈 선 위에 있을 것이다. 균질하다고 가정하였으므로 변BC의 중점 D를 잡으면 삼각형ABD와 삼각형DCA의 넓이는 같다(밑변의 길이와 높이가 같으므로).

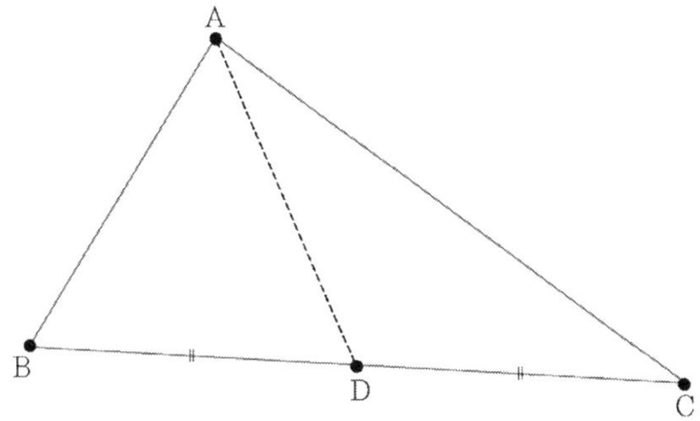

같은 방법으로 다른 쪽으로 넓이가 같도록 중선을 그어 두 개의 삼각형으로 나누었더니 교점O가 생겼다.

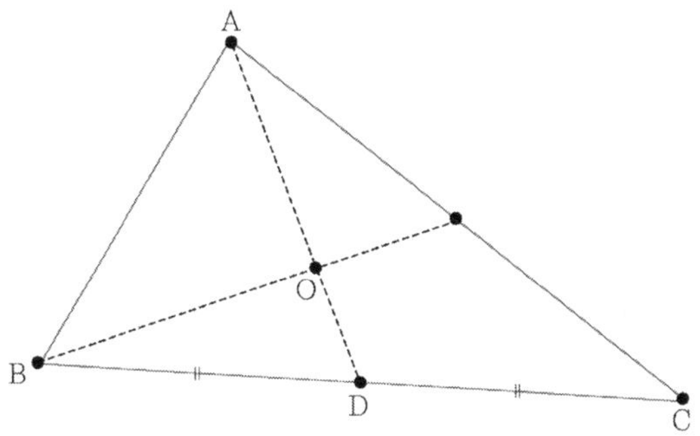

여기서 나머지 세 번째 중선을 그으면 교점이 일치할지 의문이 생긴다. 증명해보자.

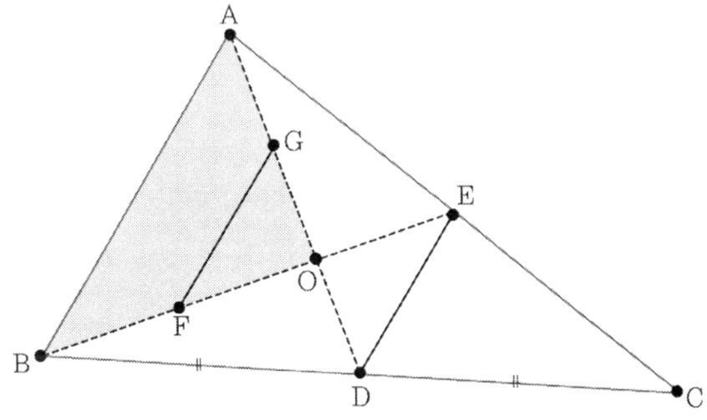

G는 선분AO의 중점, F는 선분BO의 중점이다.

DE는 AB와 평행이고, DE의 길이는 AB의 길이의 $\frac{1}{2}$이다(삼각형EDC와 삼각형ABC는 닮음비 1:2인 닮음이므로).

FG는 AB와 평행이고, FG의 길이는 AB의 길이의 $\frac{1}{2}$이다(삼각형GFO와 삼각형ABO는 닮음비 1:2인 닮음이므로).

그러므로

DE의 길이=FG의 길이.

따라서 사각형FDEG는 평행사변형이다(한 쌍의 대변이 평행이고 길이가 같은 사각형은 평행사변형이다).

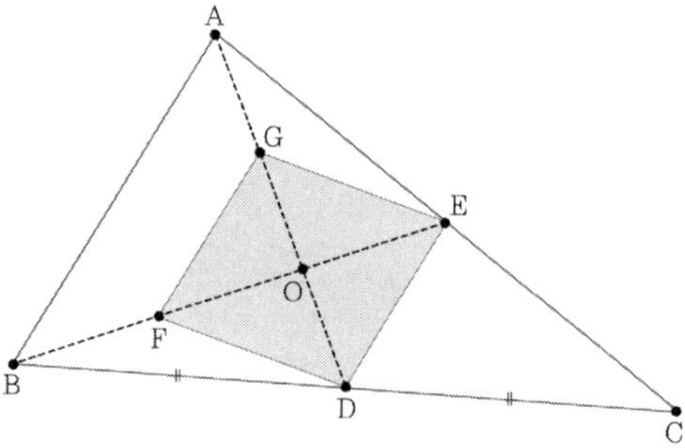

OD의 길이는 AD의 길이의 $\frac{1}{3}$이고, OE의 길이는 BE의 길이의 $\frac{1}{3}$이다.

같은 방법으로 세 번째 중선과 이미 그었던 두 중선 중에 하나의 교점을 O'라고 하자.

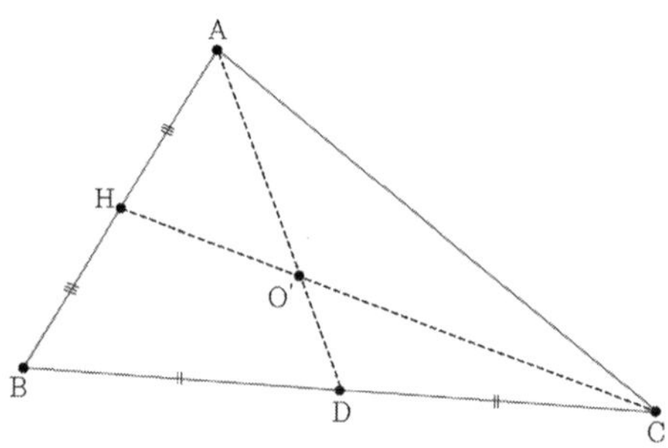

마찬가지로 O′H의 길이는 CH의 길이의 $\frac{1}{3}$이고, O′D의 길이는 AD의 길이의 $\frac{1}{3}$이다.

OD의 길이는 AD의 길이의 $\frac{1}{3}$이고, O'D의 길이는 AD의 길이의 $\frac{1}{3}$이라는 사실로부터 O와 O'가 일치한 점임이 증명되었다.

그러므로 삼각형의 무게중심은 세 중선이 만나는 점이다.

정답은 ③번

29 리그(league)와 토너먼트(tournament)

윤이네 학교에서는 축제기간을 맞이하여 학과 대항으로 축구, 배구, 야구 게임을 하기로 하고 계획을 세우는 중이다.

Quiz

리그전

축구 시합을 12개 학과가 리그전으로 한다면 모두 몇 게임을 치러야 하는가? 리그전이란 경기에 참가한 모든 팀이 서로 한 번씩 겨루어 가장 많이 이긴 팀이 우승하게 하는 경기 대전 방식이다.

① 60게임 ② 66게임 ③ 72게임

Solution

리그전은 모든 팀이 서로 한 번씩 겨루는 방식이므로 n개의 팀이 시합을 하는 경우라면, 각 팀은 자기 팀을 제외한 나머지 $(n-1)$개 팀과 한 번씩 시합을 하게 된다. 따라서 n개의 팀 모두 $(n-1)$게임씩 하게 된다. 그러면 얼핏 생각하면 총 게임 수가 $n\times(n-1)$일 것 같지만 거기에는 A팀이 B팀과 하는 시합과 B팀이 A팀과 하는 시합이 각각 중복되어 있으므로 모든 게임 수는 $\frac{n(n-1)}{2}$게임이다(12팀인 경우는 $\frac{12\times11}{2}=66$게임).

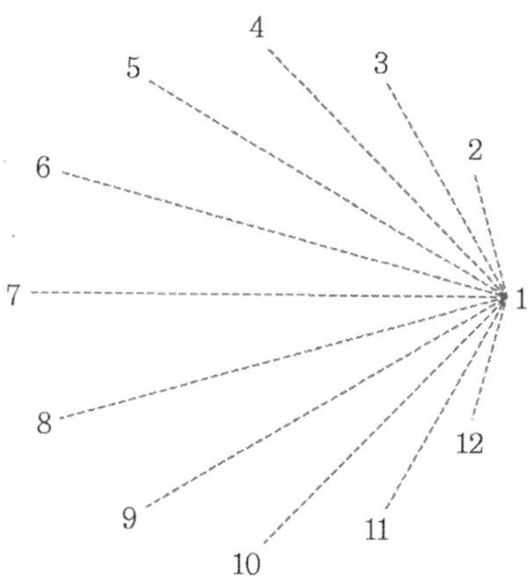

다른 방법으로 생각해 보자. 1번팀부터 상대팀과 하는 시합 수를 세어보면 1번팀은 자기 팀을 제외한 나머지 팀들과 게임을 하므로 $(n-1)$게임(12팀인 경우는 11게임)이 되고,

2번팀은 $(n-1)$게임 중 이미 시합 수에 포함된 1번팀과의 시합을 제외한 $(n-2)$게임(12팀인 경우는 10게임),

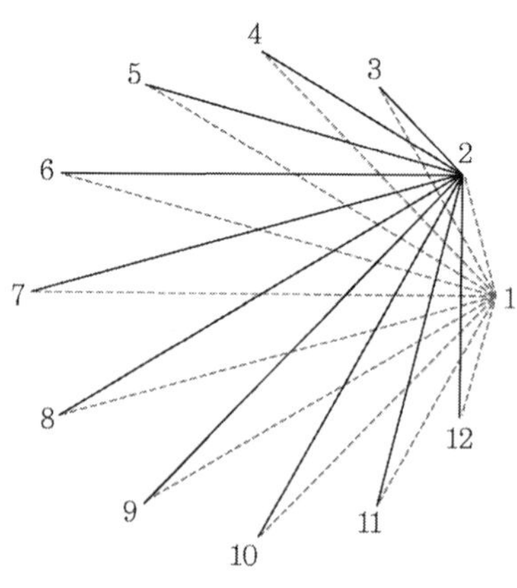

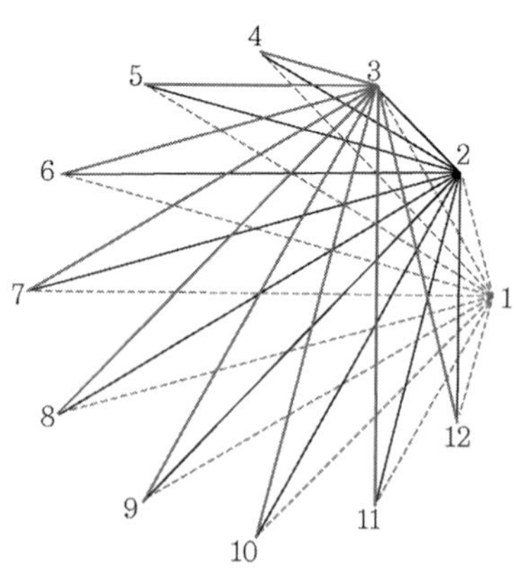

3번팀은 $(n-1)$게임 중 이미 시합 수에 포함된 1, 2번팀과의 시합을 제외한 $(n-3)$게임(12팀인 경우는 9게임),

$$\vdots$$

이렇게 계속하면 게임 수는 $(n-1)+(n-2)+\cdots.\ +3+2+1$이 되어 $(n-1)+(n-2)+\cdots+3+2+1=\dfrac{n(n-1)}{2}$이 된다.

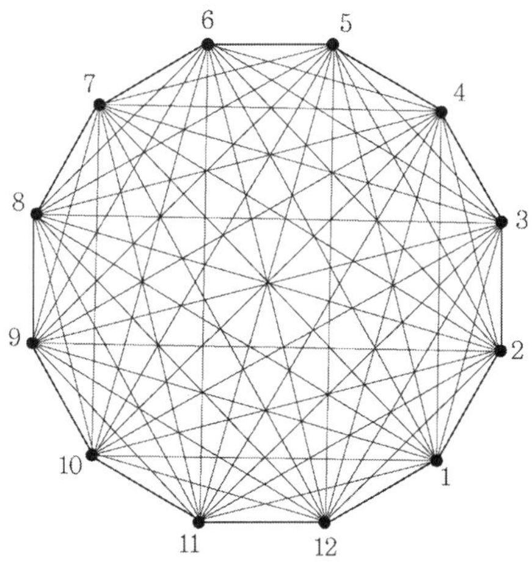

또 이 방식은 n개 중 (순서에 상관없이) 두 개씩 고르는 방법의 수와 같으므로 2개씩 고르는 조합수가 된다. 따라서

$${}_{n}C_{2}=\frac{n(n-1)}{2}$$

윤이네는 12개 학과이므로

$${}_{12}C_{2}=\frac{12\times 11}{2}=66\text{게임}$$

정답은 ②번

Quiz

토너먼트

배구 시합은 토너먼트로 하기로 하였다. 토너먼트는 경기를 거듭할 때마다 진 편은 제외시키면서 이긴 편끼리 겨루어 최후에 남은 두 편으로 우승을 가리는 방식으로 승자진출전이라고도 한다. 12개 학과가 토너먼트로 경기를 하면 모두 몇 게임을 치러야 하는가?

① 10게임 ② 11게임 ③ 12게임

Solution

토너먼트는 경기를 한 번 할 때마다 한 팀씩 탈락하여 마지막으로 한 팀이 남을 때까지 계속된다. 따라서 토너먼트를 승자진출전이라고도 하는데 바꾸어 말하면 패자탈락전이라고 할 수 있다. n개의 팀에서 마지막 한 팀이 남으려면 $n-1$개의 팀이 탈락하여야한다. 즉 게임은 $n-1$번 치르게 된다.

정답은 ②번

그러면 토너먼트 시합 수는 대진표를 짜는 방법과는 상관없이 시합 수가 같다고?

믿을 수가 없으니 그림을 그려서 눈으로 확인해 봐야겠다.

6개 팀의 경우를 그림으로 그려보자. 어떤 방법으로 대진표를 짜더라도 모두 5게임이 됨을 확인할 수 있다.

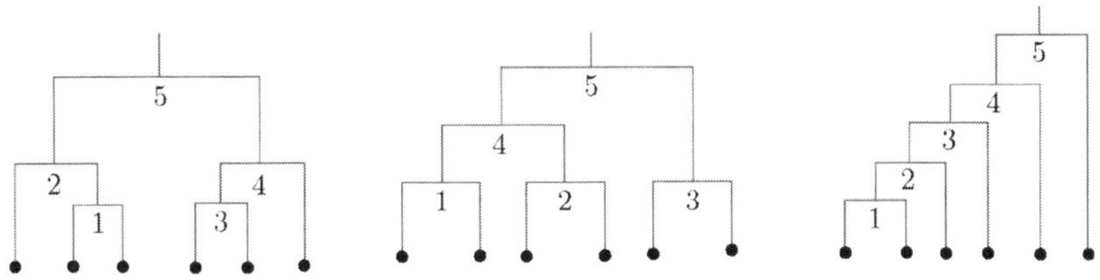

알아본 바와 같이 12개 팀이 리그전을 하면 66게임이 되는 반면 토너먼트 방식으로 하게 되면 11게임이 된다.

리그전은 모든 팀이 서로 한번씩 시합을 하므로 객관적인 평가라고 할 수 있을 것이다. 그러나 게임 수가 많아지기 때문에 리그전을 하려면 때로는 시간적으로 또는 공간적으로 제약이 따르게 된다.

한편 토너먼트의 경우 만일 첫 번째 시합에서 최강팀과 만나게 된다면 제대로 실력을 평가받지 못하고 탈락하는 불운을 겪게 된다. 막강한 팀끼리 첫 게임에서 만나 우수한 팀이 초반에 떨어지는 일을 피하기 위해 시드(seed)[1] 배정을 하기도 한다.

그래서 때로는 리그전과 토너먼트를 적절히 혼합하는 경기방식을 택하기도 한다.

Quiz

조별 대표

야구경기를 리그전으로 하려면 치러야 할 게임수가 많은데다가 야구경기장은 하나 밖에 없으니 축제기간 동안에 모두 치르는 것은 불가능하다. 그런데 토너먼트로 하면 첫 게임에 패배한 학과는 너무 허무하고 심심하게 된다. 그래서 12개 학과를 네 조로 나누어

1) 토너먼트경기에서, 성적이 우수한 선수나 팀이 예선에서부터 맞붙지 않게 대진표를 짜는 일.

리그전으로 조별 대표를 뽑고 다시 토너먼트로 우승자를 가리기로 하였다.

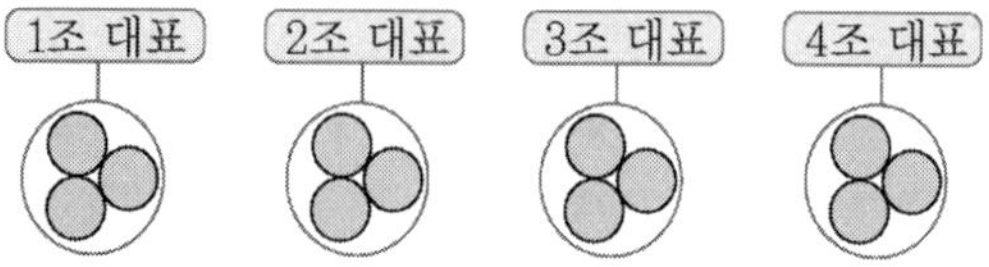

(1) 학과마다 최소한 몇 경기를 하게 되는가?
(2) 우승한 팀은 모두 몇 경기를 하게 되는가?
(3) 치러야할 야구 경기는 모두 몇 게임인가?

Solution

(1) 12개 학과를 네 조로 나누므로 한 조가 3팀이 된다. 3팀이 리그전을 하면 어느 팀이든 다른 두 팀과 한 번씩 경기를 하게 되어 조별 대표가 되지 못하더라도 두 번의 경기를 치르게 된다.

(2) 우승한 팀은 조별 대표가 되어 두 번의 게임을 더 치르게 되므로 4게임을 하게 된다.

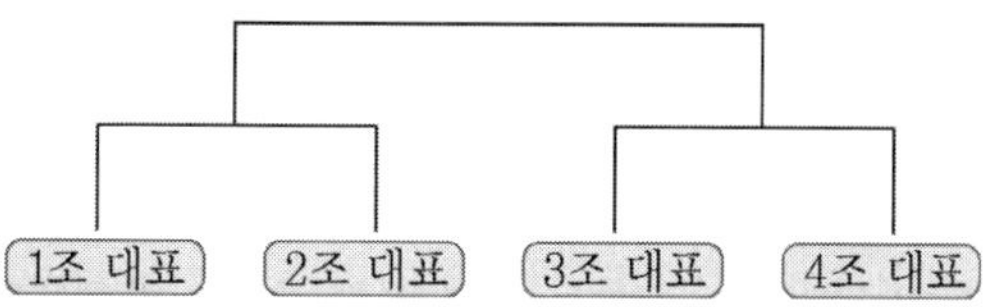

(3) 우선 조별로 3팀이 리그전을 하므로 조별 게임 수는 3게임이다. (위에서 알게된 식 $\frac{n(n-1)}{2}$도 이용해볼까? $n=3$을 대입하면 $\frac{3\times 2}{2}=3$).

네 조의 리그전 게임수는 $3\times 4=12$게임이다. 다시 조별 대표가 토너먼트를 하므로 모두 15게임이 된다.

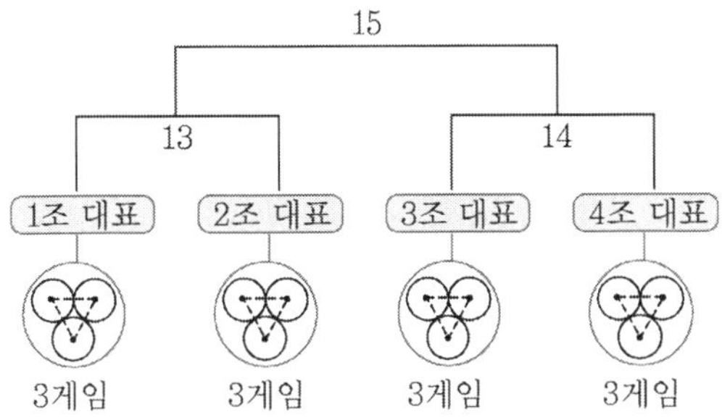

Test

악수하기

윤이가 동아리 모임에 갔더니 오늘 참석한 친구들은 모두 20명이었다. 서로서로 악수를 한다면 오늘 동아리 모임에서 이루어진 악수는 모두 몇 번일까?

Solution

20명 중 두 명을 뽑는 경우의 수와 같다. 그러니까 20명이 리그전을 하는 것과 마찬가지 상황이다. 경기를 하는 대신 악수를 하는 것일 뿐.

정답은 $\frac{20 \times 19}{2} = 190$번

30 최대 넓이, 최대 부피

Quiz

직사각형의 둘레와 넓이

마음씨 착한 최참판은 소작인들에게 땅을 나누어 주기로 결심을 하였다. 어느 날 소작인들을 모두 모아놓고 길이가 20m인 새끼줄을 각각 나누어 주었다. 그 줄로 논에 나가 직사각형모양으로 둘레를 치면 그 땅을 각자에게 준다고 한다. 소작인들은 같은 길이의 둘레로 더 넓은 땅을 차지하기 위하여 궁리하고 있다. 다음 중 누가 가장 현명한 선택을 하였을까?

① 김서방　　② 이서방　　③ 박서방

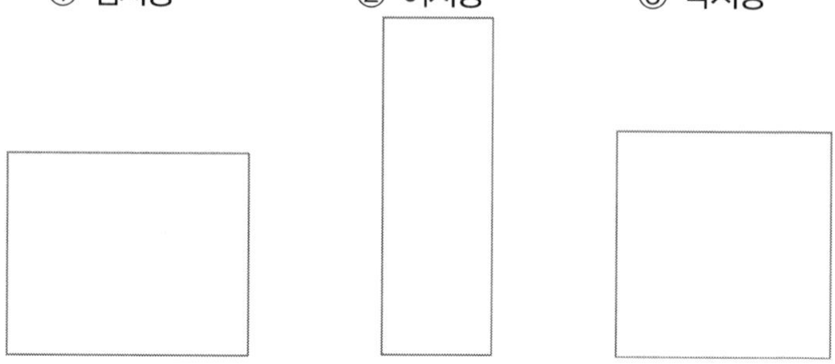

Solution

실제로 둘레의 길이가 같도록 그림을 그려놓았는데 눈대중으로 보았을 때 누구네 땅이 가장 넓게 보이는가? 눈으로 보기에도 이서방네 땅은 좁게 보이고, 김서방 아니면 박서방을 골랐는가?

결론부터 말하면 둘레의 길이가 같은 직사각형 중에서 넓이가 가장 큰 것은 정사각형이다. 그 이유를 그림으로 알아보자.

그림을 보면 정사각형ABCD가 직사각형AEFH보다 더 넓다는 것을 금방 알 수 있다.

공통인 직사각형ABGH를 제외하고 직사각형HGCD와 직사각형BEFG를 비교해 보면 된다.

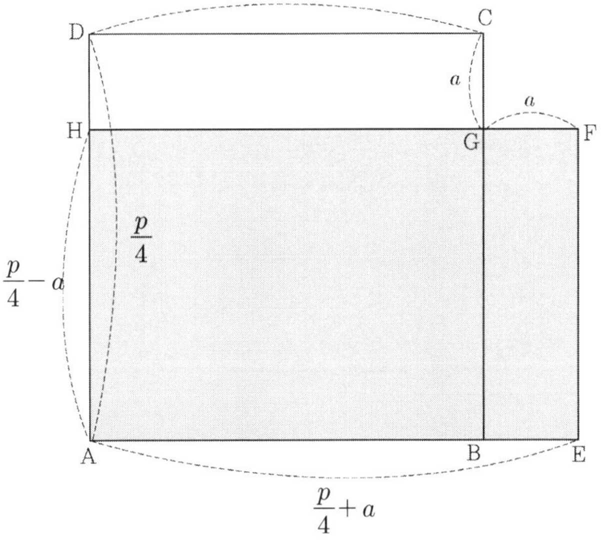

설명을 덧붙이면

정사각형ABCD와 직사각형AEFH의 둘레의 길이가 같은 것은 쉽게 알 수 있겠지? 두 도형의 둘레의 길이는 모두 p이다.

정사각형의 한 변의 길이가 $\frac{p}{4}$이므로 넓이는 $\left(\frac{p}{4}\right)^2=\frac{p^2}{16}$이다.

직사각형의 넓이는 $\left(\frac{p}{4}+a\right)\left(\frac{p}{4}-a\right)=\frac{p^2}{16}-a^2$이다.

따라서 a의 길이가 짧을수록(즉 정사각형에 가까울수록) 직사각형의 넓이는 커지고, $a=0$일 때(즉 정사각형일 때) 넓이가 가장 크다.

정답은 ③번

어떤가? 식을 세우거나 복잡한 계산 없이 그림으로 쉽게 알 수 있지 않은가?

그렇지만 식을 세워서 풀어야 맛이 난다고 하면 그렇게 해 보자.

둘레의 길이가 p이므로 (가로의 길이+세로의 길이)는 $\frac{p}{2}$이다.

가로를 x라고 하면 세로는 $\frac{p}{2}-x$.

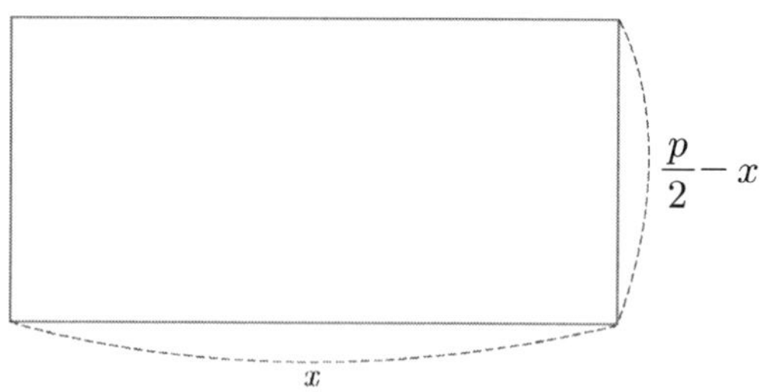

넓이는 $x\left(\frac{p}{2}-x\right)=-x^2+\frac{p}{2}x=-e\left(x-\frac{p}{4}\right)^2+\frac{p^2}{16}$이 되어 $x=\frac{p}{4}$일 때 최대값 $\frac{p^2}{16}$이 된다. 가로 $x=\frac{p}{4}$이면 세로 $\frac{p}{2}-x=\frac{p}{2}-\frac{p}{4}=\frac{p}{4}$가 되어 가로와 세로가 같은 정사각형일 때 넓이가 최대인 것을 알 수 있다.

Quiz

평행사변형의 둘레와 넓이

송익이는 쵸콜렛 공장에서 쵸콜렛 만들기 체험을 하고 있다. 녹아 있는 쵸콜렛을 틀에 가득 부어서 굳히면 되는데 자기가 만든 쵸콜렛은 자기가 가져간다고 한다. 체험장에는 높이가 같은 두 가지 모양의 쵸콜렛 틀이 있다. 하나는 밑면이 평행사변형 모양이고 또 하나는 직사각형 모양인데 밑면의 둘레는 같다고 한다. 욕심 많은 송익이는 더 많은 쵸콜렛을 먹기 위해 어떤 틀을 이용할 것인지 고민중이다. 송익이가 어느 것을 선택하는 것이 좋을까?

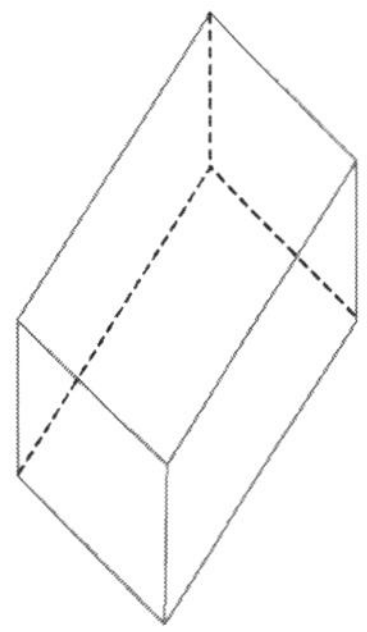

① 평행사변형 모양의 틀

② 직사각형 모양의 틀

Solution

이번에는 넓이가 같은 직사각형과 평행사변형의 그림을 가지고 알아보기로 한다.

직사각형ABCD와 평행사변형BCEF의 넓이는 같다. 그런데 둘레의 길이는 평행사변형이 더 길다(밑변의 길이 BC는 같지만 AB의 길이보다 BF의 길이가 더 길기 때문에). 따라서 넓이가 같으면 평행사변형보다

직사각형의 둘레의 길이가 더 짧다. 반대로 둘레의 길이가 같으면 직사각형의 넓이가 더 크다.

정답은 ②

결론적으로

- 둘레의 길이가 같은 사각형 중에서 넓이가 가장 큰 것은 정사각형이다.
- 사각형뿐만 아니라 둘레의 길이가 같은 n각형 중에서 넓이가 가장 큰 것은 정n각형이다.
- 둘레의 길이가 같은 정n각형들 중에서는 n이 클수록 넓이가 크다.
- 결국 둘레의 길이가 같은 도형 중에서 넓이가 가장 큰 도형은 원이다. 왜냐하면 원 = $\lim_{n\to\infty}$ 정n각형 이므로.

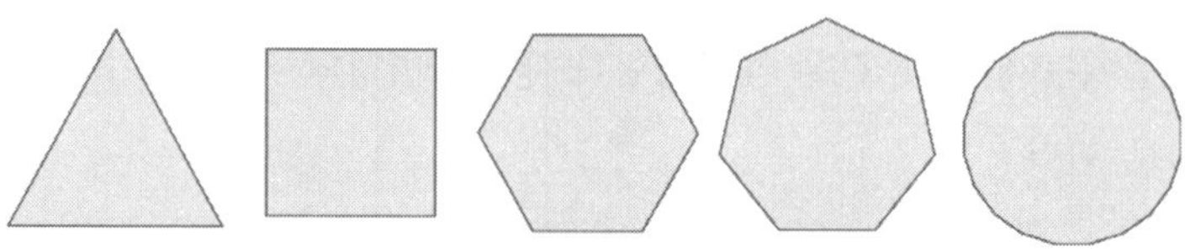

정3각형 정4각형 정6각형 정7각형 정20각형

둘레의 길이가 일정한 정n각형, n이 커질수록 넓이가 커진다.

Quiz

부채꼴의 둘레와 넓이

며칠 후 최참판은 소작인들에게 밭을 나누어주기로 하였다. 이번에는 길이가 10m인 새끼줄을 각각 나누어 주고 밭에 나가 부채꼴 모양으로 둘레를 치면 그 땅을 각자에게 준다고 하였다. 다음 중 누가 가장 넓은 땅을 차지하였을까?

① 김서방 ② 이서방 ③ 박서방

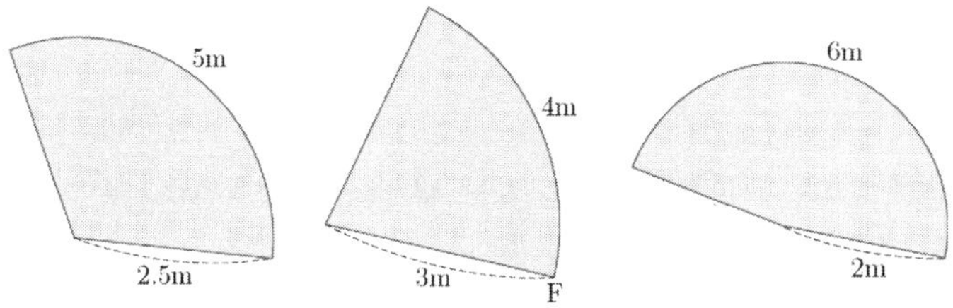

Solution

그림은 실제로 둘레의 길이가 같도록 그려놓았다. 눈대중으로 보았을 때 누구의 땅이 가장 넓게 보이는가?

부채꼴의 넓이 $S=\frac{1}{2}rl$(r는 반지름, l는 호의 길이)[1]이다.

$$S=\frac{1}{2}rl=\frac{1}{2}r(10-2r)=5r-r^2=-(r-\frac{5}{2})^2+\frac{25}{4}$$

1)

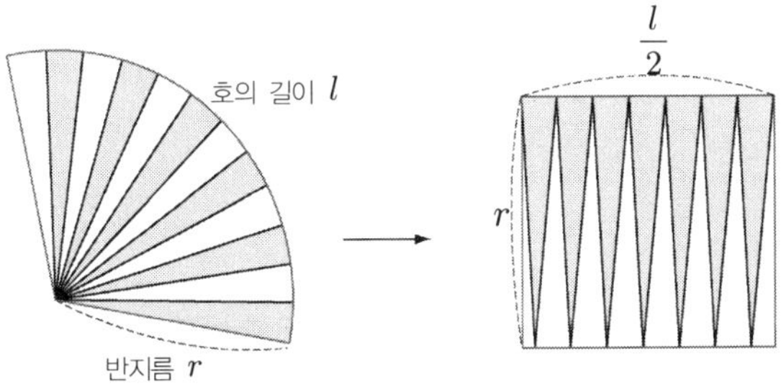

따라서 반지름 r이 2.5m일 때 넓이는 최대가 된다. 이때 l은 5m이다.

정답은 ①번

결론적으로 일정한 둘레를 가지는 부채꼴은 호의 길이가 반지름 길이의 두 배일 때 최대 면적이 된다.

Quiz

원뿔의 겉넓이와 부피[2)]

며칠 후 송익이는 또 쵸콜렛 만들기 체험을 하러 갔다. 그런데 이번에는 더 예쁜 모양의 쵸콜렛을 만들기 위해 원형의 기름종이에서 부채꼴 부분을 잘라내고 오므려서 원뿔모양의 틀을 만들기로 하였다. 역시 더 많은 양의 쵸콜렛을 먹으려면 원뿔의 부피를 최대로 해야 하는데 부채꼴을 얼마나 잘라내야 할지 고민이다. 다음 중 부피가 가장 큰 원뿔이 만들어 지는 것은 어느 것일까?

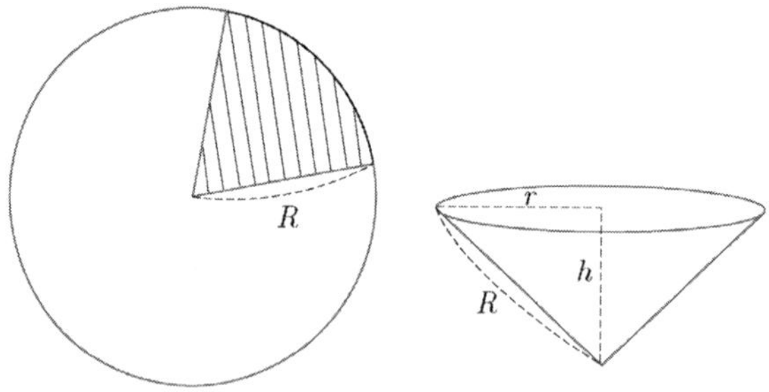

2) 이 문제는 풀이과정이 약간 수준이 높다고 생각되었으나 궁금한 내용이라고 생각되어 포함하기로 한다. 머리가 아프시다면 결론만 읽는 것도 한 가지 방법이겠지.

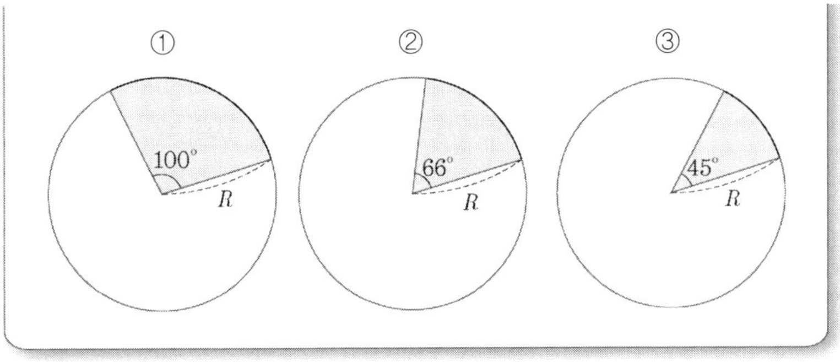

Solution

잘라내는 부채꼴의 크기가 작을수록 원뿔의 부피가 커지지 않을까 하는 생각이 들 수 있다. 과연 그런가? 계산해 보기로 하자.

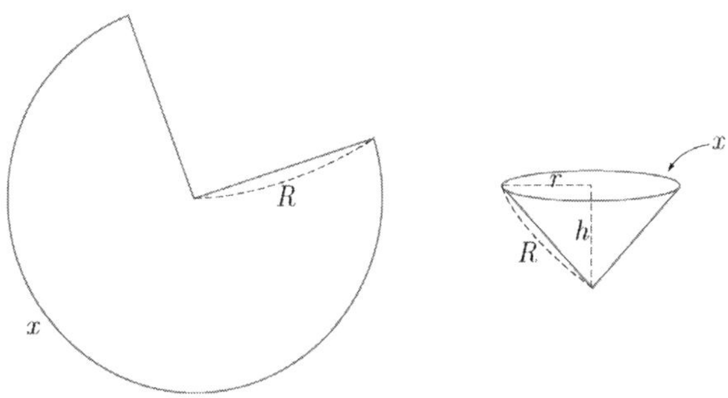

원형 판에서 부채꼴을 잘라내고 남은 부분의 호의 길이를 x라고 하자. 그러면 만들어진 원뿔의 모선의 길이는 원형 판의 반지름인 R이 되고, 원뿔의 밑면의 원주는 x이다. 원뿔의 밑면의 반지름을 r이라 하면 $2\pi r = x$. 따라서 $r = \dfrac{x}{2\pi}$.

원뿔의 높이 $h = \sqrt{R^2 - r^2} = \sqrt{R^2 - \dfrac{x^2}{4\pi^2}}$.

원뿔의 부피 $V=\frac{\pi r^2 h}{3}=\frac{\pi}{3}\left(\frac{x}{2\pi}\right)^2\sqrt{R^2-\frac{x^2}{4\pi^2}}$.

이 식은 다음 식이 최대값을 가질 때 최대값을 갖는다.

$$\left(\frac{x}{2\pi}\right)^2\sqrt{R^2-\left(\frac{x}{2\pi}\right)^2}$$

위 식을 제곱하면 $\left(\frac{x}{2\pi}\right)^4\left(R^2-\left(\frac{x}{2\pi}\right)^2\right)$

여기서 다음 정리를 이용하기로 하자.

[두 수의 합 $a+b$가 일정할 때 $a^p b^q$의 최대값은 $a:b=p:q$일 때이다.][3]

정리를 이용하기 위하여 $a=\left(\frac{x}{2\pi}\right)^2$, $b=R^2-\left(\frac{x}{2\pi}\right)^2$라고 하면 $\left(\frac{x}{2\pi}\right)^4\left(R^2-\left(\frac{x}{2\pi}\right)^2\right)=a^2b$이고

$$a+b=\left(\frac{x}{2\pi}\right)^2+R^2-\left(\frac{x}{2\pi}\right)^2=R^2$$

으로 일정하다.

따라서 정리에 의하여 $a:b=\left(\frac{x}{2\pi}\right)^2:R^2-\left(\frac{x}{2\pi}\right)^2=2:1$일 때 최대값을 가지게 된다.

$$\left(\frac{x}{2\pi}\right)^2=2R^2-2\left(\frac{x}{2\pi}\right)^2$$

$$3\left(\frac{x}{2\pi}\right)^2=2R^2$$

$$x=\frac{2\sqrt{6}\,\pi R}{3}\fallingdotseq 5.13R$$

3) 이 정리의 증명은 생략하기로 한다.

이때 원형 판에서 잘라낸 부분을 제외한 큰 부채꼴의 중심각을 θ라 하면

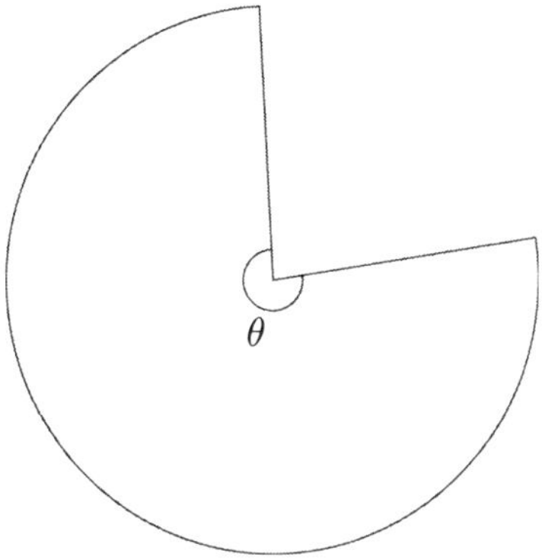

$$2\pi R : \frac{2\sqrt{6}\,\pi R}{3} = 360 : \theta$$

$$\theta \fallingdotseq 294$$

따라서 잘려진 부채꼴의 중심각이 약 66°일 때 원뿔의 부피는 최대가 된다.

정답은 ②번

결론적으로 '잘라 낸 부채꼴의 넓이가 작을수록 원뿔의 부피가 크지 않을까?'라는 우리의 추측은 틀렸다는 것을 알게 되었다. 잘려진 부채꼴의 중심각이 약 66°일 때 원뿔의 부피는 최대이다.

Test

성이네 포도농장은 정삼각형 모양으로 되어 있고, 윤이네 복숭아농장은 정사각형 모양으로 되어 있고, 송이네 동물농장은 원모양으로 되어 있다. 세 개의 농장은 넓이가 모두 똑같다고 한다. 그런데 지난해 여름에 태풍으로 인하여 울타리가 모두 부서져서 새 울타리를 해야 한다. 울타리를 세우는 비용이 가장 적게 드는 사람은 누구일까?

① 성이네 포도농장　② 윤이네 복숭아농장　③ 송이네 동물농장

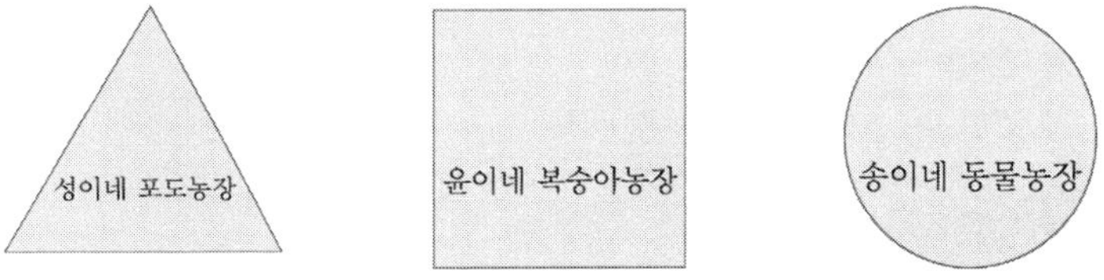

Solution

둘레의 길이가 같은 도형 중에서 넓이가 가장 큰 도형은 원이므로 넓이가 같다면 둘레의 길이가 가장 작은 도형이 원일 것이다.

그래도 계산을 꼭 해 보아야 확신이 설 것 같다고 하면 해 봐야지.

모두 넓이가 같으므로, 그 넓이를 S라고 하자.

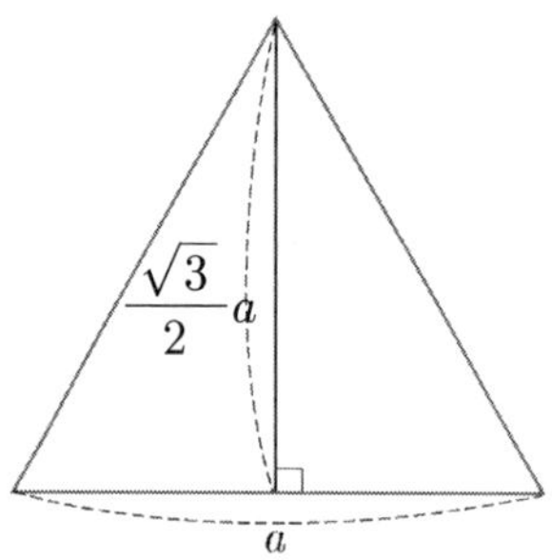

정삼각형의 한 변의 길이를 a라 하면 넓이는 $\frac{\sqrt{3}a^2}{4}$이다.

$S=\frac{\sqrt{3}a^2}{4}$, $a^2=\frac{4S}{\sqrt{3}}$, $a \fallingdotseq 1.52\sqrt{S}$,

정삼각형의 둘레는 $3a \fallingdotseq 4.56\sqrt{S}$.

정사각형의 한 변의 길이를 b라 하면 넓이는 b^2이다.

$S=b^2$, 정사각형의 둘레는 $4b=4\sqrt{S}$.

원의 반지름을 r이라하면 넓이는 πr^2이다.

$S=\pi r^2$, $r^2=\frac{S}{\pi}$, $r \fallingdotseq 0.56\sqrt{S}$,

원의 둘레는 $2\pi r \fallingdotseq 3.54\sqrt{S}$.

따라서

원의 둘레 < 정사각형의 둘레 < 정삼각형의 둘레.

원둘레의 길이가 가장 짧으므로 송이네 동물농장의 울타리 비용이 가장 적게 든다.

정답은 ③번

31 스님 빵 먹기

Quiz

스님 빵 먹기

100명의 스님과 100개의 빵이 있었다. 그런데 이것으로 정확하게 큰 스님은 1인당 3개씩 먹고, 작은 스님은 3명이 한 개를 먹었다. 큰 스님은 모두 몇 명일까?
(방정식을 세우지 않고 풀기로 한다).

① 20명 ② 25명 ③ 30명 ④ 35명

Solution

이런 문제를 보면 즉각 방정식을 세워서 해결하고 싶지?

큰 스님의 수를 x라 하고, 작은 스님의 수를 y로 놓으면

$$x + y = 100, \ 3x + \frac{1}{3}y = 100$$

이렇게.

자, 그런데 방정식을 아직 배우지 않은 어린 학생에게 설명해줘야 한다면 어떻게 할까?

지금부터 내 설명을 잘 들어보시게나.

큰 스님 한 명이 빵 세 개씩 먹고, 작은 스님 세 명이 빵을 한 개 먹었으니 결과적으로 네 명의 스님이 빵 네 개를 먹은 셈이 되는군.

큰 스님　　　　　　작은 스님

그러면 큰 스님 한 명과 작은 스님 세 명을 한 조로 묶으면 모두 25조가 되겠네.

한 조는

$$3+1=4\text{명}$$

$$100\div 4=25\text{조}$$

한 조에 큰 스님이 1명씩이고 25조이므로 큰 스님은 25명이고, 작은 스님은 한 조에 3명이므로 $25\times 3=75$명

정답은 ②번

어떤가? 쉽지 않은가?

이 문제는 중국 명나라 때의 학자 정대위(1533~1592)가 쓴 '직지산

법통종'에 나오는 유명한 문제이다. 이 풀이 방법을 편조법(編組法)이라고 한다.

Test

어제 어준이네 회사에서는 가족들과 함께 야유회를 다녀왔는데 야유회에 참가한 사람은 어른과 아이를 합하여 모두 48명이었다. 준비해 가지고 간 귤 48개를 어른에게는 1인당 2개씩, 아이에게는 2명당 1개를 나누어 주었더니 정확하게 딱 맞았다고 한다. 야유회에 참가한 아이는 모두 몇 명이었겠는가? 편조법을 이용하여 해결하라.

Solution

어른 1명이 2개, 아이 2명이 1개를 먹었으므로 결국 3사람이 3개를 먹은 셈이다.

어른 1명과 아이 2명을 한조로 묶으면 $48 \div 3 = 16$조이다.

따라서 아이는 각 조에 2명씩이므로 $2 \times 16 = 32$명.

혹시 방정식으로 검산을 해 보아야 직성이 풀리지는 않은가? 사실 원고를 쓰고 있는 지금 내가 그러고 있거든.

어른 수를 x로 놓고 아이 수를 y라 하면, 사람 수는

$$x + y = 48 \cdots (1)$$

귤의 수는

$$2x + \frac{1}{2}y = 48 \cdots (2)$$

(2)식의 양변에 2를 곱하면 $4x + y = 96$.

(2)식에서 (1)식을 빼면 $3x = 48$.

양변을 3으로 나누면 $x=16$.

따라서 $y=48-16=32$.

후유, 맞게 풀었군. 안심!

이렇게 말이다.

32 프랙탈

Quiz

눈송이 모양

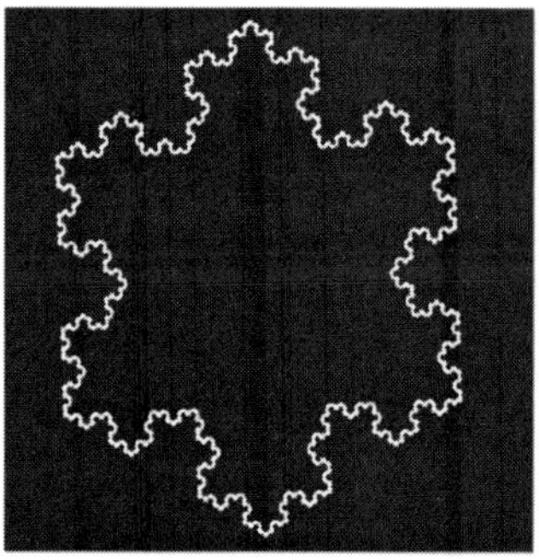

두 개의 눈송이 모양 그림을 찬찬히 보면 공통점을 발견할 수 있다. 같은 모양의 그림이 무한히 반복되어, 부분과 전체가 닮음이라는 점이다.

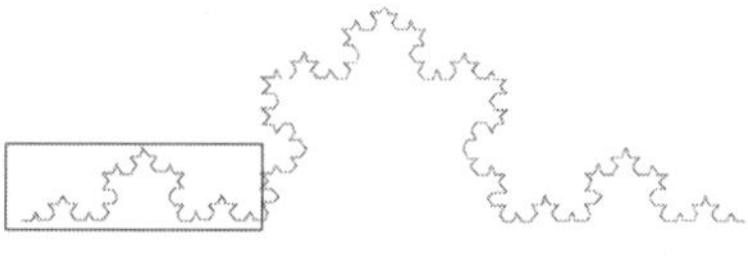

다음 중 그와 같은 특성을 가진 것이 아닌 것은 어느 것인가?

①

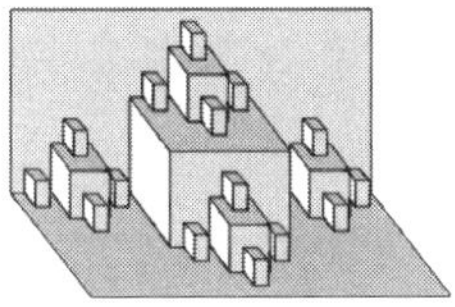

②

③

Solution

같은 모양이 무한히 반복되어 전체와 부분, 또 부분의 부분이 계속해서 닮음이 되는 것을 프랙탈 도형이라고 한다.

프랙탈은 폴란드 출신 프랑스의 수학자 만델브로트(Benoit B. Mandelbrot, 1924~2010)로부터 연구가 시작되었고, 프랙탈(fractal)이라는 용어도 그가 고안하였다. fractal은 '조각난'이란 뜻의 라틴어 형용사 'fractus'에서 왔다.

그는 1967년 영국의 과학 잡지 『사이언스』에 '영국을 둘러싸고 있는 해안선의 총 길이는 얼마인가'라는 논문에 프랙탈 이론을 설명했다. 이 논문에서 그는 영국의 리아스식 해안선의 길이는 어떤 단위의 자(尺)로 재느냐에 따라 얼마든지 달라질 수 있다고 주장했으며, 이를 증명했다. 해안선을 자세히 보면 움푹 들어간 해안선 안에 굴곡진 해안선이 계속되면서 복잡하게 생겼기 때문에 해안선의 길이는 1m 자로 재었을 때보다 1cm 자로 재었을 때 훨씬 커지며, 아주 작은 자를 이용하면 무한대로 늘어나게 되는 것이다.

눈송이 모양의 다음 곡선은 스웨덴의 철학자이자 수학자인 코흐(Helge von Koch, 1870~1924)의 이름을 따서 코흐곡선이라고 한다. 코흐곡선의 길이의 변화를 계산해 보면 해안선의 길이가 무한이 된다는 사실을 이해할 수 있다. 0단계 선분의 길이를 1이라고 하고 계산해 보자.

				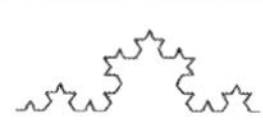	…
단계	0단계	1단계	2단계	3단계	
한 선분의 길이	1	$\frac{1}{3}$	$\frac{1}{3}\times\frac{1}{3}$	$\frac{1}{3}\times\frac{1}{3}\times\frac{1}{3}$	
선분의 개수	1	4	4×4	$4\times4\times4$	
선분의 총 길이	1	$\frac{4}{3}$	$\left(\frac{4}{3}\right)^2$	$\left(\frac{4}{3}\right)^3$	

코흐곡선을 세 개 이으면 아름다운 눈송이모양이 된다.

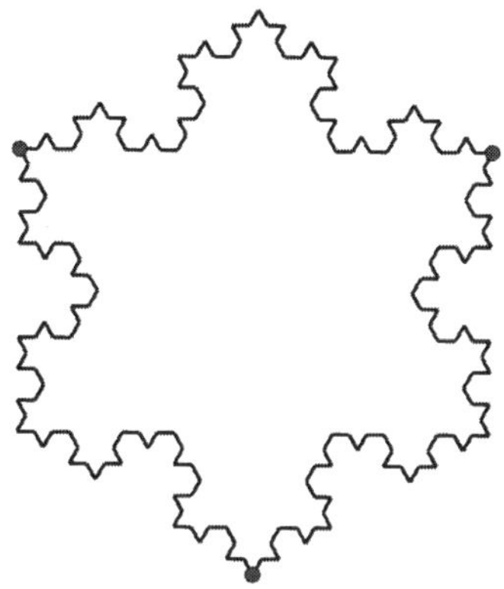

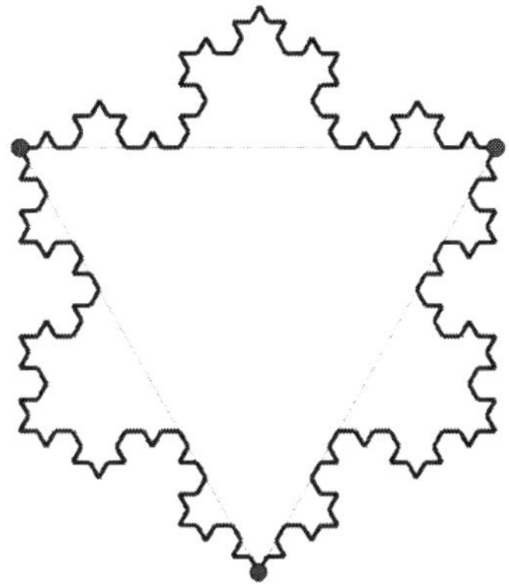

반복을 계속하면 코흐곡선의 길이가 무한이 되므로 눈송이모양의 둘레의 길이는 무한이다.

한편 눈송이모양의 넓이는 둘러싸인 정육각형의 넓이보다 작으므로 유한이다.

이처럼 프랙탈은 넓이는 유한이지만 둘레의 길이가 무한인 도형을 만들게 된다.

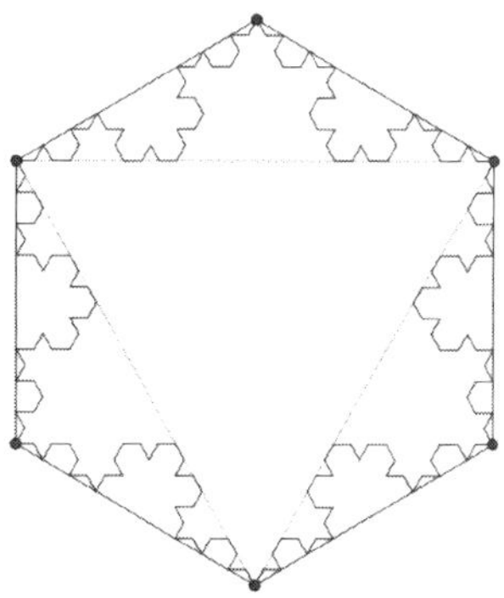

만델브로트는 그의 저서 『The fractal geometry of nature』에서 해안선뿐만 아니라 자연 속의 산, 구름, 나무, 번개, 강줄기 등을 프랙탈로 설명하였다. 프랙탈은 자기 닮음(Self-Similarity)으로 끊임없이 자기 복제를 반복하는 순환성(Recursiveness)의 특성을 가진다. 우리 생활 주변이나 자연 속에서 프랙탈 모양을 찾아보자.

사막에서 사는 선인장의 가시는 표면적을 최소로 하여 수분의 증발을 막기 위하여 잎이 변한 것이라는데, 우리 몸의 폐나 물고기의 아가미

브로콜리

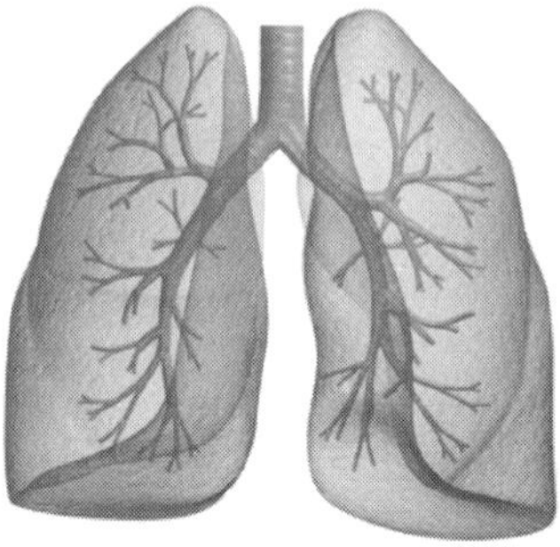

폐

고사리

번개

는 좁은 공간에서 표면적을 최대로 하여 산소 운반 효율을 높이기 위해 프랙탈 구조를 갖고 있는 것이다. 자연은 정말 신비롭지 않은가? 그 속에 숨어있는 수학도…

프랙탈은 단순한 알고리즘으로 생성될 수 있다는 특징도 가지고 있다. 컴퓨터는 반복 명령을 간단히 실행해 주기 때문에 프랙탈 모양을 이루는 기본도형만 알면 손쉽게 작도할 수 있다.

그럼 프랙탈의 기본 도형을 찾아서 쉽게 작도해볼까?

이 나무의 기본 도형은 무엇일까? 그러니까 어떤 도형이 계속 반복되느냐 하는 것이다.

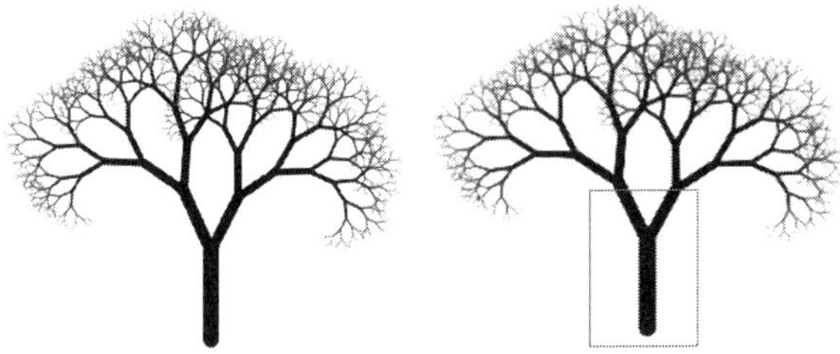

GSP프로그램을 이용하여 기본 도형인 만 작도한 뒤 반복 명령으로 손쉽게 작도한 것이다. 조금 비슷한가?

컴퓨터 프로그램을 이용하면 어렵지 않게 다양한 프랙탈을 작도할 수 있고, 창작할 수도 있다.

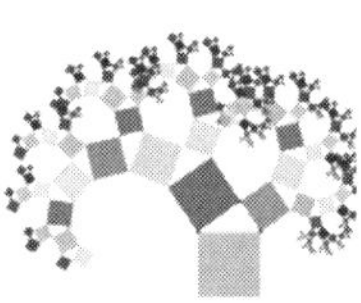

피타고라스 나무

시어핀스키 삼각형

직사각형 프랙탈

원 프랙탈

프랙탈은 그 아름다움으로 인하여 예술 작품에서도 만날 수 있다. 프랙탈 이론에 대한 관심이 점점 커지고 컴퓨터의 급속한 발전으로 인하여 프랙탈을 이용하여 아름다운 디자인을 하는 프랙탈 아트도 예술의 한 분야로 자리 잡고 있다.

일본의 디자이너 다케시 미야카와의 작품, 프랙탈 23.
23개의 서랍들이 숨어 있고 그 모습들은 모두 같다.

③번의 그림은 무한히 반복됨이 없고 따라서 부분은 전체의 일부일 뿐 닮음이 아니다. ③번은 테셀레이션 작품이다.

정답은 ③번

프랙탈은 종이를 접어서도 어렵지 않게 만들 수 있다. 하나 만들어 보자.

① 종이를 반으로 접는다.

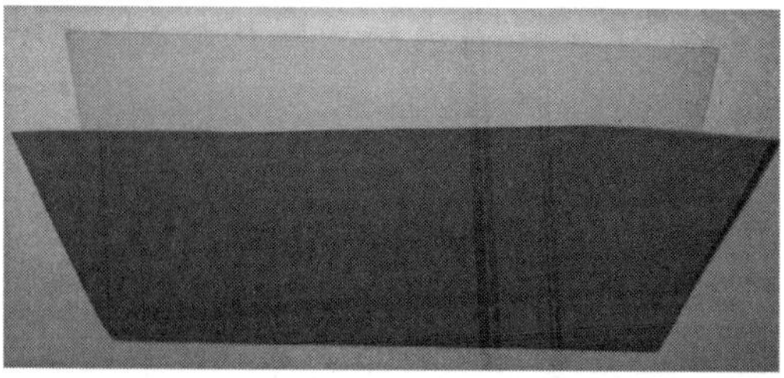

② 삼등분 되는 두 지점에서 그림처럼 반을 가위질 한다.

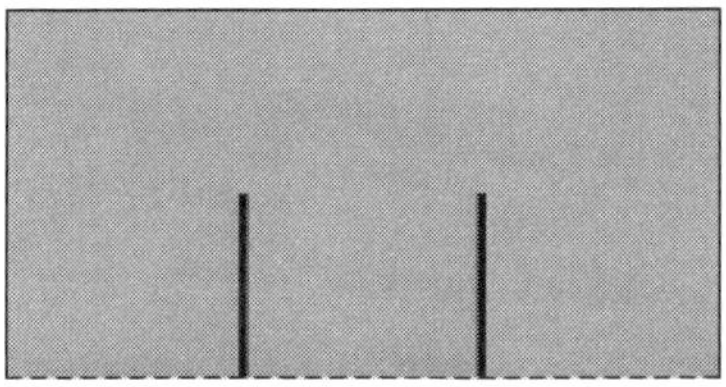

③ 가운데 부분을 안쪽으로 접는다.

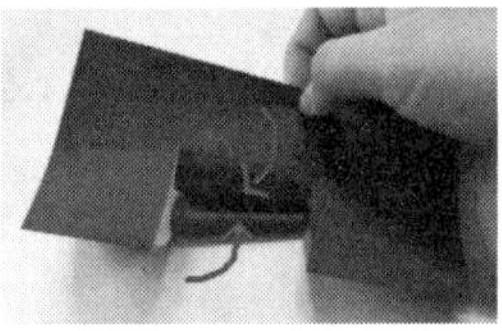

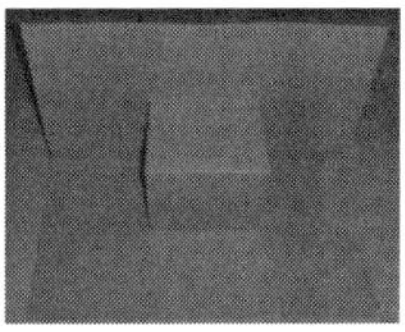

④ 같은 일을 계속 반복한다.

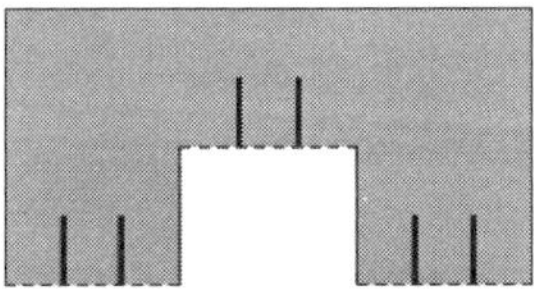
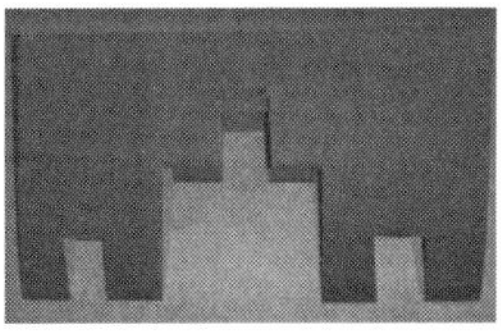
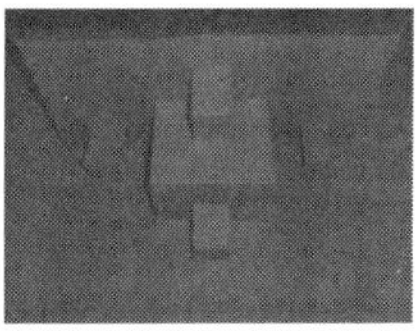

⑤ 반복을 거듭할수록 아름다운 모양이 된다.

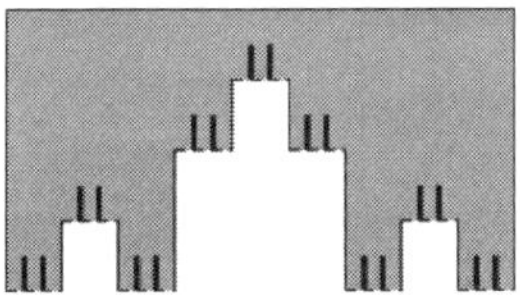

프랙탈 도형의 또 하나의 특징은 재귀적이라는 점이다.
아래의 수열과 프랙탈의 공통점은 무엇일까?

$1,\ 1+2,\ 1+2+3,\ 1+2+3+4,\ 1+2+3+4+5,\ \ldots$

$1,\ 1\times2,\ 1\times2\times3,\ 1\times2\times3\times4,\ 1\times2\times3\times4\times5,\ \ldots$

$2,\ 2\times2,\ 2\times2\times2,\ 2\times2\times2\times2,\ 2\times2\times2\times2\times2,\ \ldots$

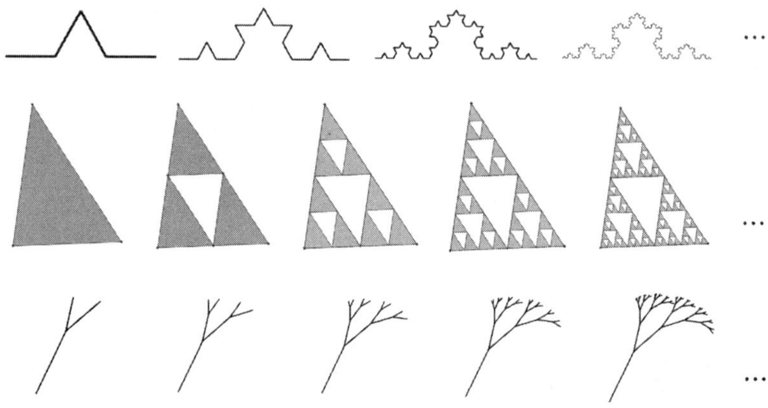

각각 일정한 규칙이 반복되고 있는데, 잘 살펴보면 어떤 항의 모양이나 연산이 되기 위해서는 바로 전 항까지의 동작을 반복해야하는 공통점이 있다. 이러한 성질을 재귀적(Recursive)이라고 하는데 '자기 자신을 호출 한다.' 또는 '있던 곳으로 되돌아간다.'는 의미이다.

1, 1+2, 1+2+3, 1+2+3+4, 1+2+3+4+5, …를 가지고 찬찬히 살펴보기로 하자.

n번째 항은 (n−1)번째 항에 n을 더한 것이다.

n번째 항을 S(n)이라고 하면 $S(n)=S(n-1)+n$이다.

$S(5)=S(4)+5$, $S(4)=S(3)+4$, $S(3)=S(2)+3$, $S(2)=S(1)+2$이므로

$$
\begin{aligned}
S(5) &= S(4)+5 \\
&= S(3)+4+5 \\
&= S(2)+3+4+5 \\
&= S(1)+2+\ +3+4+5
\end{aligned}
$$

이처럼 전항까지 이루어진 연산이나 동작을 계속 다시 호출한다는 것이다. 재귀적 알고리즘은 컴퓨터 프로그래밍을 할 때 자기 자신을 호출

하여 간단하게 문제를 해결할 수 있는 장점이 있다. 프로그래밍의 중요성이 부각되면서 2018년부터 우리나라 교육과정에도 코딩 교육이 도입된다고 한다. 코딩이란 쉽게 말하면 컴퓨터에게 어떤 일을 시키고자 할 때 컴퓨터가 알아들을 수 있는 (컴퓨터의) 언어로 명령을 만드는 것이다. 재귀적 알고리즘을 이용하면 여러 단계의 명령을 줄여서 간단한 명령으로 프랙탈을 작도 할 수 있다.

33 약수와 배수

Quiz

108 계단

성이가 다니는 절에 가기 위해서는 108개로 된 계단을 올라가야한다. 계단에는 1부터 108까지 번호가 붙어 있다. 성이는 오늘부터 108일 동안 절에 가서 기도를 드리기로 하였다. 그런데 108일 동안 계단을 올라가면서 다음과 같은 규칙으로 계단에 표시를 하기로 하였다.

- 1일: 모든 계단에 ○표시를 한다.
- 2일: 2의 배수가 되는 계단에 있는 ○표시를 지운다.
- 3일: 3의 배수가 되는 계단에 ○표시가 있으면 지우고 없으면 ○표시를 한다.
- 4일: 4의 배수가 되는 계단에 ○표시가 있으면 지우고 없으면 ○표시를 한다.
- 5일: 5의 배수가 되는 계단에 ○표시가 있으면 지우고 없으면 ○표시를 한다.

⋮

- 108일: 108의 배수가 되는 계단에 ○표시가 있으면 지우고 없으면 ○표시를 한다.

이런 규칙으로 108일 동안 기도를 모두 드리고 나면 ○표시가 남아있는 계단은 몇 개일까? 그리고 몇 번째 계단에 ○표시가 남아있을까? 다음 중 ○표시가 남아있지 않은 계단의 번호는 어느 것일까?

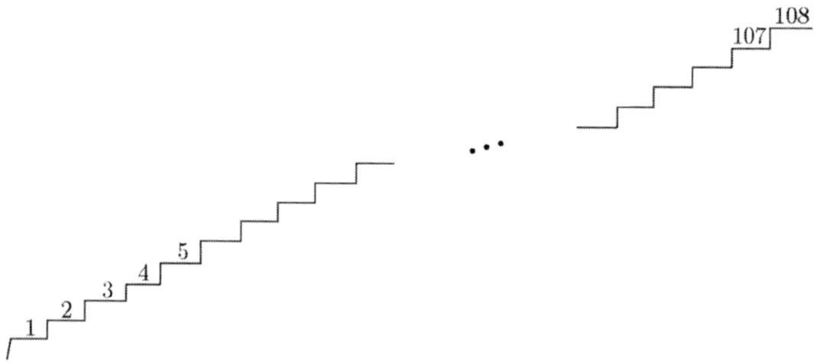

① 1번 계단　　② 50번 계단　　③100번 계단

Solution

우선 1번 계단은 ○표시가 되어 있다 – 첫 날 ○표시를 한 후 그 다음날부터는 건드리지 않았을 것이므로.

2번 계단은 ○표시가 없다 – 첫날 ○표시를 한 후 2일에 지웠을 것이고, 역시 그 후로 건드릴 일이 없었을 것이므로.

3번계단은 ○표시가 없다 – 첫날 ○표시를 한 후 2일에는 손대지 않았고 3일에 지웠고, 역시 그 후로 건드릴 일이 없었을 것이므로.

이제 4번계단을 생각해 보자. 4번을 건드리는 날은 어느 날인가? 1일, 2일, 4일이다. 세 번, 즉 홀수번이므로 4번계단은 ○표시가 있다.

자, 어떤 느낌이 오는가?

○표시가 남아있으려면… '약수의 개수가 홀수 개'여야 하겠지?

약수의 개수가 홀수 개가 되려면… '제곱수'여야 한다. 왜냐고? 그럼 설명이 필요하겠네. (하지만 본 문제를 해결하는 과정에 집중하기 위해서 '약수의 개수'에 대한 설명은 아래에 따로 하기로 하자.)

따라서 ○표시가 남아있는 계단의 번호는 108보다 작은 제곱수들.

$$1^2=1,\ 2^2=4,\ 3^2=9,\ 4^2=16,\ 5^2=25,\ 6^2=36,$$
$$7^2=49,\ 8^2=64,\ 9^2=81,\ 10^2=100.$$

따라서 ○표시가 남아있지 않은 계단은 제곱수가 아닌 50번,

정답은 ②번

〈약수의 개수〉

6의 약수는 1, 2, 3, 6이다.

6을 소인수분해 해보면 $6=2\times3$이므로 6의 약수는 2와 3의 곱으로 나타낼 수 있다.

그러니까 2가 한 번도 안 곱해지거나(2가 한 번도 안 곱해지는 것은 $2^0=1$로 표시가 가능)한 번 곱해지거나(2가 한 번 곱해지는 $2^1=2$), 3이 한 번도 안 곱해지거나(3이 한 번도 안 곱해지는 것은 $3^0=1$로 표시가 가능) 한 번 곱해지는(3이 한 번 곱해지는 $3^1=3$) 것으로 나타낼 수 있다.

그림으로 표시하면

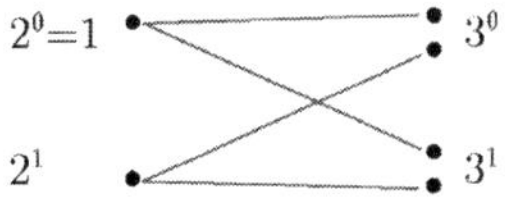

그러므로 가능한 경우는 2가지×2가지 =4가지.

60을 소인수 분해 하면 60=$2^2 \times 3 \times 5$이므로 60의 약수는 2와 3과 5의 곱(2가 한 번도 안 곱해지거나 한 번 곱해지거나 두 번 곱해지거나, 3이 한 번도 안 곱해지거나 한 번 곱해지거나, 5가 한 번도 안 곱해지거나 한 번 곱해지거나)으로 나타낼 수 있다.

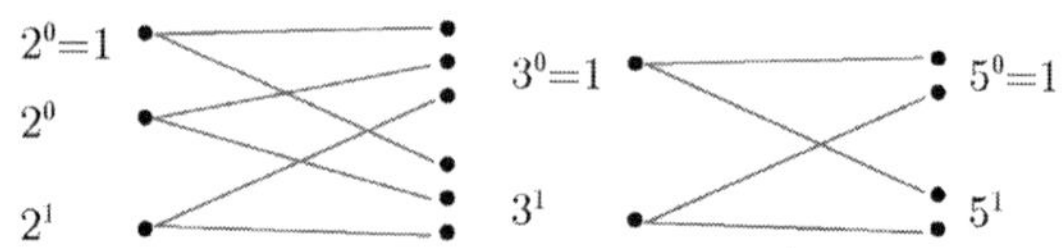

그러므로 가능한 경우는 3가지×2가지×2가지=12가지.

이제 일반적인 경우로 들어가서 자연수 N을 소인수분해하여

$$N = p_1^{a1} \times p_2^{a2} \times \cdots \ p_k^{ak}$$

이 되었다면 N의 약수의 개수는

$$(a_1+1) \times (a_2+1) \times \cdots \ (a_k+1)$$

이다.

약수의 개수가 홀수가 되려면 모든 i에 대하여 a_i+1이 홀수이어야 하므로 모든 a_i는 짝수이어야 한다. 소인수분해한 결과 소인수들의 지수가 모두 짝수라면 제곱수이겠지?

즉 제곱수일 때만 약수의 개수가 홀수가 된다.

Test

유리의 성[1)]

어느 왕국의 수도를 둘러싸고 있는 성벽에는 1,000개의 문이 있다. 매일 아

1) 이 문제는 강석진(2002)의 『수학의 유혹』에서 옮겨온 것이다.

침이 되면 1,000명의 근위대가 일렬로 성벽을 따라 돌며 다음과 같은 방식으로 성문을 열고 닫는다.

첫 번째 근위병은 모든 성문을 다 연다.

두 번째 근위병은 짝수 번의 문을 닫는다.

세 번째 근위병은 3의 배수 번째의 문이 열려 있으면 닫고, 닫혀 있으면 연다.

네 번째 근위병은 4의 배수 번째의 문이 열려 있으면 닫고, 닫혀 있으면 연다.

다섯 번째 근위병은 5의 배수 번째의 문이 열려 있으면 닫고, 닫혀 있으면 연다.

……

이런 식으로 1,000명의 근위병이 모두 지나가고 난 뒤에 열려있는 성문은 몇 개인가?

Solution

1,000보다 작은 수 중 가장 큰 제곱수를 찾으면 될 것이다.

$31^2=961$이므로 열려있는 성문은 31개.

34 무리수 행진

'수' 하면 우리는 맨 먼저 자연수를 배우게 된다.

요즈음엔 초등학교 들어가기 전부터 구구단을 외우는 선행학습이 문제가 되기도 하는데 어쨌든 아이를 키우면서 제일 먼저 1, 2, 3, ……

을 가르치게 된다. 이것이 자연수이다.

숫자가 생기기 오래 전부터 양치기 소년은 수십, 수백 마리의 양을 몰고 다니며 넓은 평야를 찾아 풀을 먹였는데 그 때 양치기 소년이 양의 수를 어떻게 세었을까? 아침에 양 떼를 데리고 나갈 때와 저녁에 돌아왔을 때 양의 수가 같은지, 아니면 몇 마리를 잃어버렸는지 알아야 한다. 영리한 소년은 아침에 우리에서 양이 한 마리 나갈 때마다 작은 돌멩이를 한쪽으로 모아서 나간 양의 수와 돌멩이의 수를 같게 하였다고 한다. 해가 지고 다시 돌아올 때 양 한 마리가 우리에 들어갈 때마다 쌓아 둔 돌멩이를 다른 쪽으로 옮겨 양이 모두 우리에 들어간 후에도 남은 돌멩이가 있다면 그만큼이 잃어버린 양의 수가 되는 것이다.

두 자연수를 더하면 그 역시 자연수가 된다. 그런데 어떤 자연수에서 더 큰 어떤 자연수를 뺐을 때 음수의 필요성이 생긴다. 그리하여 자연수에 0과 음의 정수를 합하여 정수라 부른다.

유리수는 분수로 나타낼 수 있는 수를 말한다. 즉 어떤 수가 유리수라면 그 수는 $\frac{b}{a}$(a, b는 정수)로 나타낼 수 있다. 그러니까 정수도 유리수인 것이지. 예를 들어 $3=\frac{3}{1}$로 표시할 수 있으므로.

자, 여기서 우리는 수직선 위에 수를 하나씩 대응시켜보자.

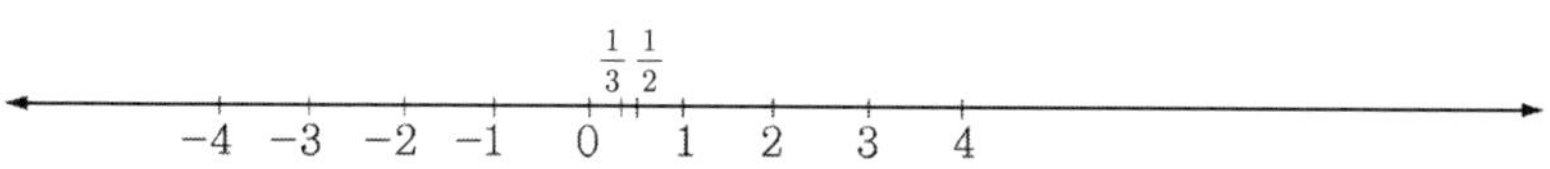

수직선 위의 점은 모두 유리수로 나타낼 수 있을까?

그 유명한 우리의 수학자 피타고라스도 처음엔 유리수가 실제로 존재하는 수의 전부라고 믿었다고 한다.

수직선 위에 나타낼 수 있는 모든 수를 실수라고 하고 그 중에서 유리수가 아닌 수를 무리수라고 한다.

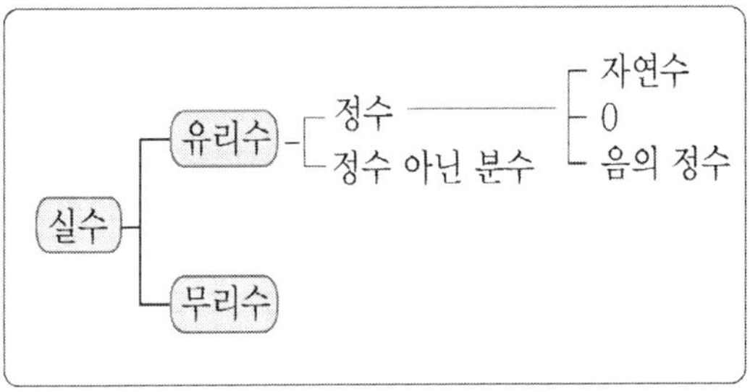

그러니까 무리수는 분수로 나타낼 수 없는 수이다.

자, 그럼 무리수를 찾아보자.

넓이가 2인 정사각형의 한 변의 길이는 얼마일까?

그 한 변의 길이를 모른다면 넓이가 2인 정사각형은 어떻게 그리지?

한 변의 길이가 1인 정사각형을 네 개 붙여서 정사각형을 만들면 한 변의 길이가 2가 되어 넓이는 4가 된다. 이 큰 정사각형ABCD의 각 변의 중점을 이어 생기는 정사각형EFGH는 넓이가 큰 정사각형의 반임을 알 수 있다. 즉 정사각형EFGH는 넓이가 2인 정사각형이다. 어렵지 않게 넓이가 2인 정사각형을 작도할 수 있었다.

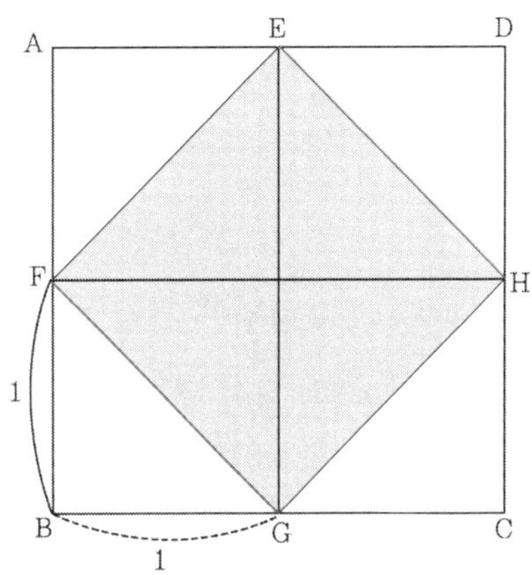

그럼 정사각형EFGH의 한 변의 길이는 얼마일까?

즉 제곱하여 2가 되는 수는 얼마인가 하는 것이다.

또 그 수는 유리수일까?

결론부터 말하면 제곱하여 2가 되는 수는 유리수가 아니다.

(증명)

제곱하여 2가 되는 수를 x라고 하자.

x가 만일 유리수라면 유리수의 정의에 의하여 분수로 나타낼 수 있을 것이다.

이렇게 $x=\frac{b}{a}$(a, b는 서로소인 정수), 즉 약분이 다 된 분수로 나타내었다고 하자.

양변을 제곱하면 $x^2=\frac{b^2}{a^2}$. 그런데 $x^2=2$이므로 $\frac{b^2}{a^2}=2$가 된다.

즉 $2a^2=b^2$이다.

여기서 b^2은 2의 배수임을 알 수 있다. 즉 b^2은 짝수.

그러니 b도 짝수일 것이다(만일 b가 짝수가 아닌 홀수라면 b^2도 홀수일 터이므로).

자, 그럼 짝수인 b를 $2b'$(b'는 정수)라 하자. 즉 $b=2b'$(b'는 정수).

이것을 위의 식 $2a^2=b^2$에 대입하면

$$2a^2=(2b')^2=4(b')^2.$$

양변을 2로 나누면 $a^2=2b^2$이다.

여기서 a^2도 역시 짝수가 됨을 알 수 있고, 따라서 b와 마찬가지 이유로 a도 짝수이다.

결국 a, b 모두 짝수가 되었는데 애초에 a, b는 서로소라고 했으니 이는 모순이다. 그러므로 x는 유리수일 수가 없다. (증명 끝)

제곱하여 a가 되는 양수를 $\sqrt{a}$라고 표시한다.

Quiz

무리수의 크기

자와 컴퍼스를 가지고 수직선 위에 나타낼 수 없는 무리수는 다음 중 어느 것일까? (여기서 '자'는 눈금이 있는 일반 자이다. 단위는 cm로 하자.)

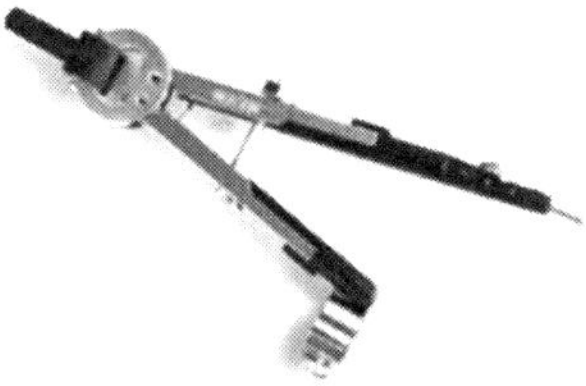

① $\sqrt{2}$　　② $\sqrt{3}$　　③ π　　④ $\sqrt{11}$

Solution

우선 자와 컴퍼스가 있으면 한 변의 길이가 1(cm)인 정사각형을 작도할 수 있겠네. 어떻게 하냐고 따져 묻는다면 설명을 하는 수밖에.

자를 가지고 2(cm) 선분을 긋는다.

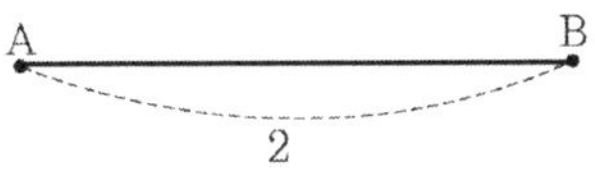

컴퍼스로 선분의 한쪽 꼭짓점을 중심으로 하고 다른 쪽에 연필이 닿도록 하여, 즉 반지름이 2인 원을 두 개 각각 그린다.

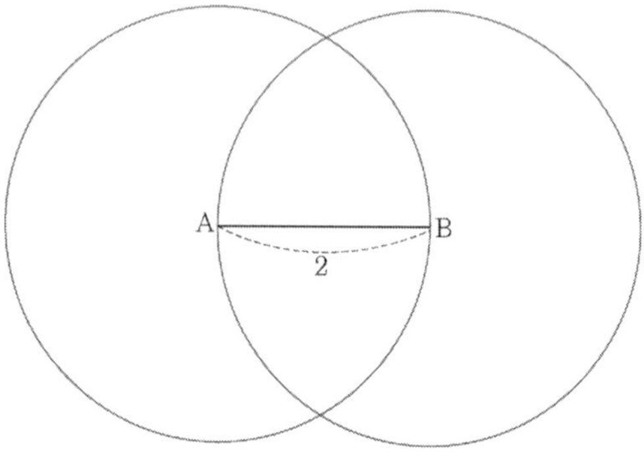

두 원의 교점을 이으면 선분의 수직이등분선이 된다.

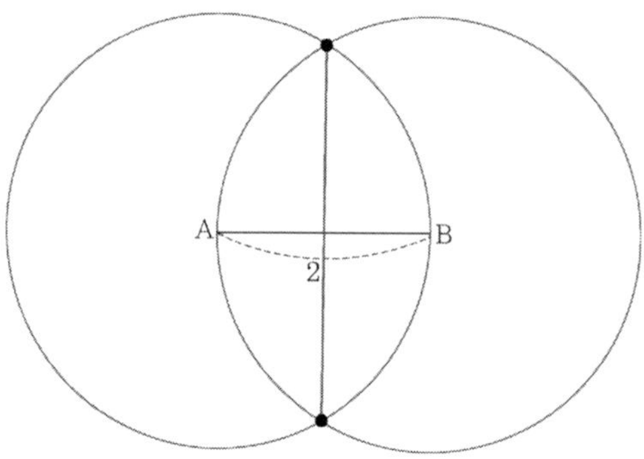

두 원은 지우고 선분과 수직이등분선의 교점을 중심으로 선분의 한쪽 끝 점에 컴퍼스의 연필을 대고 원을 그린다. 이 원은 반지름이 1인 원이 된다.

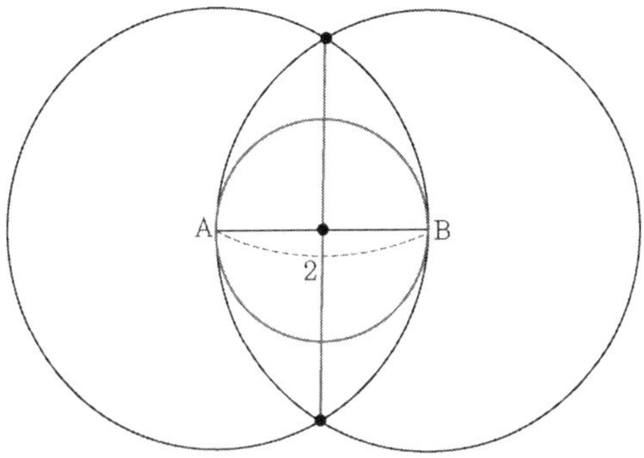

그림처럼 반지름이 1인 원 두 개를 더 그린다.

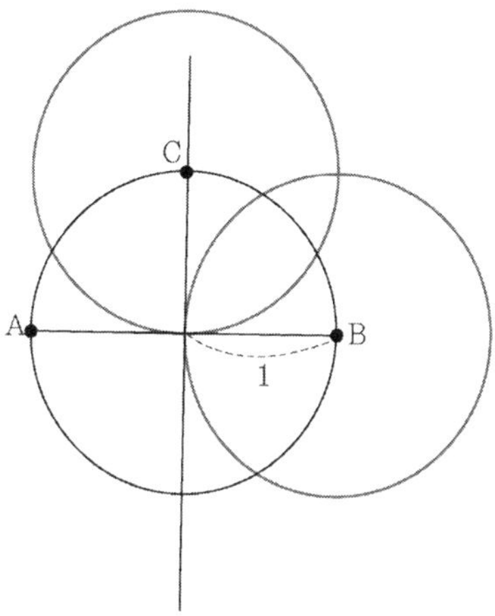

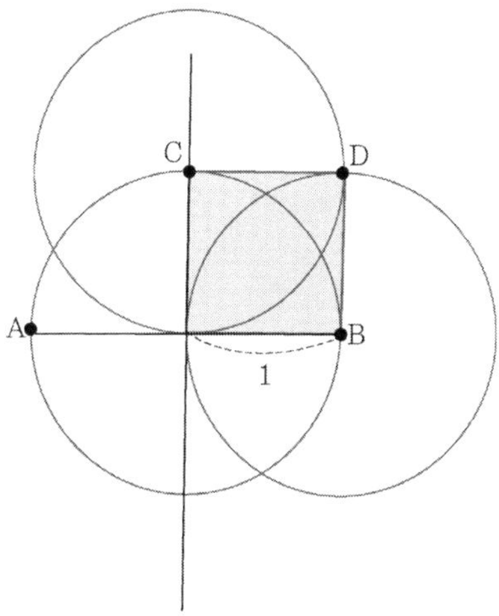

선분BD와 선분CD을 이으면 한 변이 1인 정사각형이 완성되었다.

한 변의 길이가 1인 정사각형에 대각선을 그으면 길이가 $\sqrt{2}$ 이다.

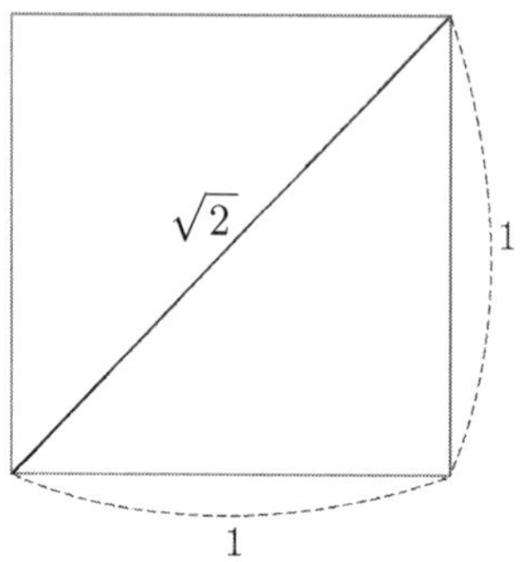

수직선 위에 이 길이를 나타내고 싶다면 이 대각선을 반지름으로 하는 원을 그려 수직선과 만나는 점을 찍으면 된다.

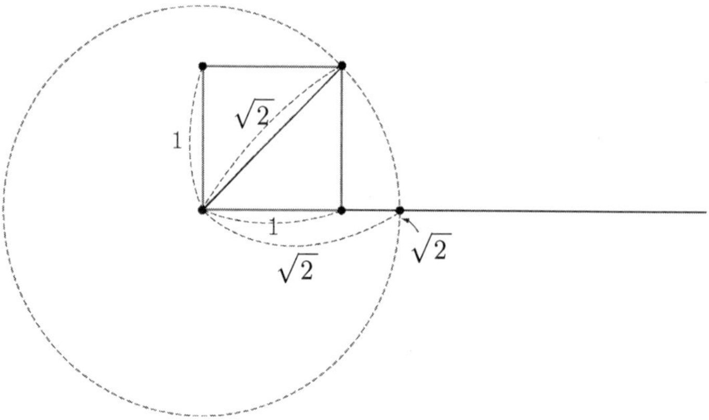

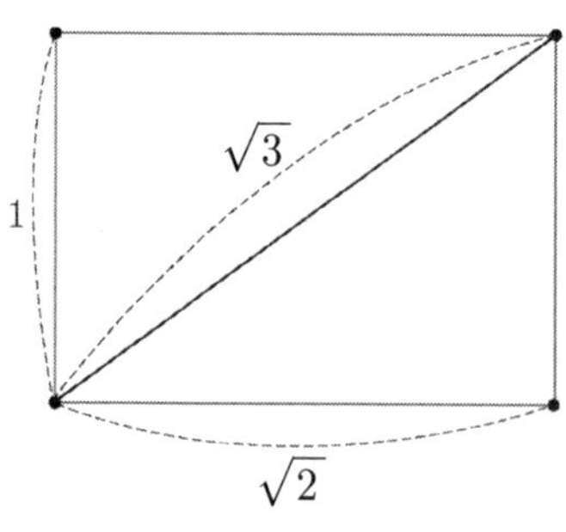

$\sqrt{2}$와 1을 가로와 세로로 하는 직사각형의 대각선의 길이는 $\sqrt{3}$이 된다.

이와 같이 계속하면 모든 자연수 a에 대하여 $\sqrt{a}$의 크기를 작도할 수 있다.

그림과 같이 1cm를 작도할 수 있는 (눈금 있는) 자가 있다면, 컴퍼스를 이용하여 수선을 작도할 수 있으므로 계속된 무리수 행진을 나타낼 수 있다.

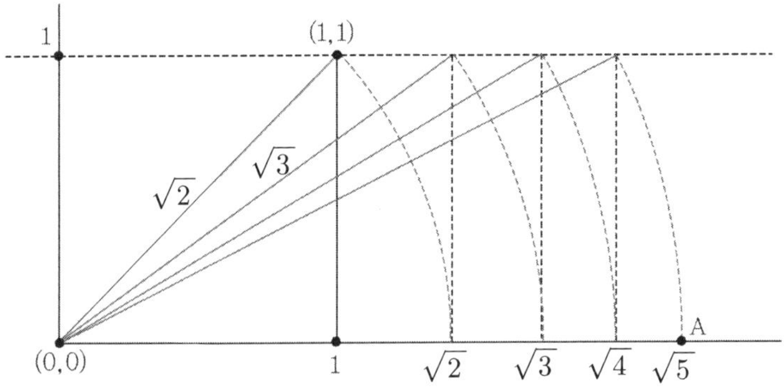

정답은 ③번

35 카드마술(진법)

Quiz

카드 마술

카드1				
1	3	5	7	9
11	13	15	17	19
21	23	25	27	29
31	33	35	37	39
41	43	45	47	49
51	53	55	57	59
61	63	65	67	69
71	73	75	77	79
81	83	85	87	89
91	93	95	97	99

카드2				
2	3	6	7	10
11	14	15	18	19
22	23	26	27	30
31	34	35	38	39
42	43	46	47	50
51	54	55	58	59
62	63	66	67	70
71	74	75	78	79
82	83	86	87	90
91	94	95	98	99

카드3				
4	5	6	7	12
13	14	15	20	21
22	23	28	29	30
31	36	37	38	39
44	45	46	47	52
53	54	55	60	61
62	63	68	69	70
71	76	77	78	79
84	85	86	87	92
93	94	95	100	

카드4				
8	9	10	11	12
13	14	15	24	25
26	27	28	29	30
31	40	41	42	43
44	45	46	47	56
57	58	59	60	61
62	63	72	73	74
75	76	77	78	79
88	89	90	91	92
93	94	95		

카드5				
16	17	18	19	20
21	22	23	24	25
26	27	28	29	30
31	48	49	50	51
52	53	54	55	56
57	58	59	60	61
62	63	80	81	82
83	84	85	86	87
88	89	90	91	92
93	94	95		

카드6				
32	33	34	35	36
37	38	39	40	41
42	43	44	45	46
47	48	49	50	51
52	53	54	55	56
57	58	59	60	61
62	63	96	97	98
99	100			

카드7				
64	65	66	67	68
69	70	71	72	73
74	75	76	77	78
79	80	81	82	83
84	85	86	87	88
89	90	91	92	93
94	95	96	97	98
99	100			

일곱 장의 카드에는 1부터 100까지의 숫자들이 적혀 있다. 이 카드 일곱 장 중 당신의 나이에 해당하는 수(또는 어떤 수라도 좋다)가 쓰여 있는 카드를 모두 골라서 나에게 주면 당신의 나이(당신이 생각한 수)를 금방 알아맞힐 수 있다.

a. 당신은 1부터 100까지의 수 중 어느 수를 마음속으로 생각하시오.
b. 일곱 장의 카드 중 그 수가 적힌 카드를 모두 골라 나에게 주시오.
c. 그럼 나는 당신의 마음을 읽을 수 있습니다.
d. 뽑아 준 카드의 맨 앞에 쓰여 있는 수를 모두 더하여 말해 준다.
e. 깜짝 놀란 당신!!!

(1) 재성이의 나이가 적힌 카드는 카드6 한 장이었다. 재성이의 나이는 몇 살인가?

(2) 재윤이의 나이가 적힌 카드는 카드1, 카드3, 카드4, 카드5 네 장이었다. 재윤이의 나이는 몇 살인가?

Solution

알려 준대로 재성이의 나이는 카드 6의 맨 앞의 수인 32이고, 재윤이의 나이는 카드 1, 카드 3, 카드 4, 카드 5 네 장의 카드의 맨 앞의 수를 더하면 되므로 $1+4+8+16=29$이다.

왜 그런지 궁금하지 않은가? 지적 호기심이 충만한 분이라면 그 이유가 궁금하실 터이므로 함께 그 비밀을 풀어 보자.

이 마술의 키포인트는 이진법이다. 중학교 때 배운 진법을 잠시 상기해보자. 우리가 일반적으로 사용하고 있는 수는 십진법이다. 십진법은 1이 열 개 모이면 그것을 10으로 표현한다. 그러니까 1, 2, 3, 4, 5, 6, 7, 8, 9 다음의 수를 10으로 쓰는 것이다. 또 10이 열 개 모이면 100으로, 100이 열 개 모이면 1000으로, … 이렇게. 그러므로 10진법에 필요한 숫자는 0~9이다. 새삼스럽지만 1부터 한 개씩 늘어날 때마다 대응하는 수를 순서대로 10진법으로 써 보자.

1	2	3	4	5	6	7	8	9	10
11	12	13	14	15	16	17	18	19	20
21	22	23	24	25	26	27	28	29	30

십진법의 수

십이진법은 1이 열두 개 모이면 그것을 10으로 표현한다. 마찬가지로 10이 열두 개 모이면 100, 100이 열두 개 모이면 1000, … 그러므로 십이진법에 필요한 숫자는 0~9외에도 두 개가 더 필요하다. 그것을 A와 B라고 하고, 역시 1부터 한 개씩 늘어날 때마다 대응하는 수를 순서대로 십이진법으로 써 보자.

1	2	3	4	5	6	7	8	9	A	B	10
11	12	13	14	15	16	17	18	19	1A	1B	20
21	22	23	24	25	26	27	28	29	2A	2B	30

십이진법의 수

그러니까 십이진법의 A는 십진법의 10이고, 십이진법의 10은 십진법의 12이고, 십이진법의 11은 십진법의 13이고, 십이진법의 1A는 십진법의 22이고, 십이진법의 2B는 십진법의 35와 같다. 십진법의 수와 구별하기 위해서 수 아래 진법을 표시한다. 따라서 간단히 식으로 쓰면 다음과 같다.

$$A_{(12)} = 10,\ 10_{(12)} = 12,\ 11_{(12)} = 13,\ 1A_{(12)} = 22,\ 2B_{(12)} = 35$$

한편 이진법은 1이 두 개 모이면 그것을 10으로, 10이 두 개가 모이면 100으로, 100이 두 개가 모이면 1000으로, … 쓴다. 이진법에 필요한 숫자는 0과 1뿐이다. 그러면 이진법으로 1부터 한 개씩 늘어날 때마다 대응하는 수를 순서대로 써 보자.

1	10	11	100	101	110	111	1000
1001	1010	1011	1100	1101	1110	1111	10000
10001	10010	10011	10100	10101	10110	10111	11000
11001	11010	11011	11100	11101	11110	11111	100000

이진법의 수

이진법의 수와 십진법의 수를 서로 바꾸는 방법을 설명하기 전에 먼저 십진법의 수 72345를 가지고 수에 대해 음미해 보자. 너무 당연하고 쉬운 것이라고 예단하지 말기를 바란다. 기본에 충실해야만 발전이 있다.

우리는 72345를 여러 가지 방법으로 나타낼 수 있다.

$$72345 = 72 \times 1000 + 34 \times 10 + 5 \times 1$$

$$72345 = 7 \times 10000 + 23 \times 100 + 45 \times 1$$

$$72345 = 723 \times 100 + 4 \times 10 + 5 \times 1$$

그런데 다음과 같이 (표준 방법으로) 표시하는 이유는 수를 십진법으로 나타내는데 가장 편리하기 때문이다.

$$\begin{aligned}72345 &= 70000 + 2000 + 300 + 40 + 5\\ &= 7 \times 10000 + 2 \times 1000 + 3 \times 100 + 4 \times 10 + 5 \times 1\\ &= 7 \times 10^4 + 2 \times 10^3 + 3 \times 10^2 + 4 \times 10^1 + 5 \times 10^0\end{aligned}$$

만의 자리 10^4 자리	천의 자리 10^3 자리	백의 자리 10^2 자리	십의 자리 10^1 자리	일의 자리 10^0 자리
7	2	3	4	5

같은 방법으로 이진법의 수 10101, 즉 $10101_{(2)}$를 살펴보자.

$$10101 = 1 \times 10000 + 0 \times 1000 + 1 \times 100 + 0 \times 10 + 1 \times 1$$

2^4 자리	2^3 자리	2^2 자리	2^1 자리	2^0 자리
1	0	1	0	1

따라서 $10101_{(2)}$을 십진법으로 바꾸면

$$10101_{(2)} = 1\times2^4 + 0\times2^3 + 1\times2^2 + 0\times2^1 + 1\times2^0$$
$$= 21_{(10)} = 21$$이다.

거꾸로 십진법의 수 35를 이진법으로 바꾸어 보자. 이진법은 1이 두 개 모이면 10으로, 10이 두 개 모이면 100으로, 100이 두 개 모이면 1000으로, …두 개씩 모일 때마다 자릿수가 하나씩 커진다는 사실을 상기하면서 계산해 보자.

자, 35에는 두 개가 17번 들어있고 하나가 남는다. 이것은 35에 2^1이 17개와 2^0이 1개 들어 있다는 뜻이다. 다시 17에는 두 개가 8번 들어있고 하나가 남는다. 이것은 다시 2^1이 8개와 2^0이 1개 들어 있다는 뜻이다. 두 개씩 모으는 작업을 계속하여 식으로 쓰면 다음과 같다.

$$\begin{aligned}
35 &= 2\times17+1 \\
&= 2^1\times17+1 \\
&= 2^1\times(2^1\times8+1)+1 \\
&= 2^2\times8+2^1\times1+1 \\
&= 2^2\times(2^1\times4)+2^1\times1+1 \\
&= 2^3\times4+2^1\times1+1 \\
&= 2^3\times(2^1\times2)+2^1\times1+1 \\
&= 2^4\times2+2^1\times1+1 \\
&= 2^4\times(2^1\times1)+2^1\times1+1 \\
&= 2^5\times1+2^1\times1+1 \\
&= 1\times2^5+0\times2^4+0\times2^3+0\times2^2+1\times2^1+1\times2^0
\end{aligned}$$

와 같이 쓸 수 있다. 따라서 이 수는 이진법으로 100011이 되었다.

$100011_{(2)}$

이 과정을 쉽게 계산하는 방법이 아래와 같다.

```
2) 35
2) 17 ······ 1
2)  8 ······ 1
2)  4 ······ 0
2)  2 ······ 0
    1 ······ 0
```

거꾸로 순서대로 쓰면 100011.

이제 Quiz로 돌아가서 카드의 수들을 잘 살펴보자. 이 마술의 비밀은 이진법이므로 카드의 수들을 이진법으로 바꾸어 보자.

카드1				
1	11	101	111	1001
1011	1101	1111	10001	10011
10101	10111	11001	11011	11101
11111	100001	100011	100101	100111

카드2				
10	11	110	111	1010
1011	1110	1111	10010	10011
10110	10111	11010	11011	11110
11111				

우선 두 카드의 일부를 이진법으로 바꾸었다. 빈칸은 여러분의 몫으로 남겨둔다(어딘가 이진법의 수와 십진법의 수를 서로 바꾸어주는 계산기가 존재할 텐데 내가 지금 일일이 하고 있자니 재미있는 일은 아니다).

여기까지 해서 눈치를 채셨을라나? 나머지 카드들도 모두 이진법의 수로 바꾸고 나면 규칙을 발견하게 될 것이다.

카드1은 이진법의 수로 바꾸었을 때 맨 뒷자리의 숫자가 1인 수들을 크기순으로 나열한 것이고, 카드2는 이진법으로 바꾸었을 때 뒤에서 두 번째 자리의 숫자가 1인 수들을 크기순으로 나열한 것이다. 마찬가지로 나머지의 카드 역시 순서대로 뒤에서 세 번째, 뒤에서 네 번째, 뒤에서 다섯 번째, 뒤에서 여섯 번째, 뒤에서 일곱 번째의 숫자가 1인 수들이다.

누군가 카드1, 카드3, 카드4, 카드6 네 장을 선택하였다고 하자. 그러면 이 사람이 선택한 수는 이집법의 수 101101임을 알 수 있다.

	카드7	카드6	카드5	카드4	카드3	카드2	카드1
존재 여부	없다	있다	없다	있다	있다	없다	있다
이진법의 수	0	1	0	1	1	0	1

이 이진법의 수를 십진법으로 계산하면 답이 나오겠지만 즉시 알아맞히지 못한다면 마술이라고 할 수 있겠는가.

그런데 네 장의 카드의 맨 앞에 쓰인 수들을 합하면 이 수가 된다고 하니 지금부터 그 이유를 알아보기로 하자.

각 카드의 맨 앞의 수는 그 카드에 쓰인 수 중 가장 작은 수이다(순서대로 적혀 있으므로). 그러니까 카드 3의 맨 앞의 수는 뒤에서 세 번째 숫자가 1인 이진수 중에서 가장 작은 수인 것이다. 그 수는 이진수 100, 즉 $100_{(2)}$이다. 마찬가지로 카드 6의 맨 앞의 수는 이진수 100000.

이진수 101101을 이진수의 합으로 나타내보면

$$101101 = 100000 + 1000 + 100 + 1$$이다.

따라서 카드 6, 카드 4, 카드 3, 카드 1의 맨 앞의 수를 더하면 되는 것이다.

Test

해원이는 한 장의 카드를 골랐다고 한다. 해원이가 생각하고 있는 숫자가 다음 중 있다면 그것은 어느 것일까?

① 7 ② 25 ③ 64 ④ 98

Solution

한 장을 골랐다면 이진법의 수 들 중 1이 오직 한 개인 수일 것이다. 예를 들면

이진법으로 1, 10, 100, 1000, 10000, …

십진법으로 바꾸면 2^0, 2^1, 2^2, 2^3, 2^4, 2^5, …

정답은 ③번

Test

해준이는 이 마술 카드에 100이상의 수가 없다는 것이 불만이어서 Quiz를 수정하였다. 해준이가 수정한 마술 카드의 카드8의 맨 앞의 수는 무엇일까?

Solution

Quiz와 Test를 차분히 보았다면 이미 규칙을 발견했겠지? 카드들의 맨 앞의 수는 2^n(n은 정수)이라는 사실을. 또 다른 방법으로 생각해보

면 카드8의 수는 뒤에서 여덟 번째 숫자가 1인 이진수들이다. 맨 앞의 수는 그 중에서 가장 작은 수. 따라서 그 수는 이진수 10000000이다. 십진수로 바꾸면 $2^7 = 128$.

이 카드 마술에서 이진법의 특징을 알게 되었는가? 만일 삼진법을 활용하여 이런 마술을 하려고 한다면 어떻게 될까? 이 카드는 오직 0과 1로만 된 이진법을 활용하였기에 금방 알아맞히는 마술이 가능한 것이다. 이진법은 17세기 독일의 수학자 라이프니츠(Gottfried Wilhelm von Leibniz, 1646~1716)가 발명하였다. 그는 선교사에 의해 전해진 중국의 역경을 보고 음양이원론의 원리와 체계를 바탕으로 이진법의 이론을 만들었다고 전해진다. 역경에 나온 팔괘는 이진법과 밀접한 관련이 있다. 이진법은 십진법보다 단순 명확하고 표현이 간단해서 기계화하기 좋은 방식이다. 전기가 들어오는 신호는 1, 꺼지는 신호는 0으로. 컴퓨터 속에는 복잡한 회로와 칩이 있는데 모두 두 가지 신호(전류가 들어오면 1, 아니면 0)만 받을 뿐이다. 이 두 가지 명령으로 컴퓨터가 실행되는 것이다. 마우스의 버튼을 누르면 1, 손가락을 떼면 0으로 우리가 클릭을 할 때마다 1과 0의 신호를 보내는 것이고 컴퓨터는 받은 신호를

팔괘

모니터로 보여주는 것이다. 이처럼 컴퓨터는 이진법을 기초로 만들어진 것이다.

2진법 마술 카드놀이를 하다 보니 또 하나의 호기심이 생겼다. 카드 마술은 2진법으로만 가능할까? 2진법 카드 원리를 참고로 하여 지금부터 생각해 보기로 하자.

3진법으로 된 수는 각 자리마다 세 개의 숫자 0, 1, 2로 되어 있다. 그럼 카드를 어떻게 분류할 수 있을까?

E	D	C	B	A
3^4자리	3^3자리	3^2자리	3^1자리	3^0자리

각 자리의 숫자가 0인 카드는 카드마술을 할 때 필요가 없으므로

3^0자리의 숫자가 1인 카드를 카드A-1
〃 2인 카드를 카드A-2
3^1자리의 숫자가 1인 카드를 카드B-1
〃 2인 카드를 카드B-2
3^2자리의 숫자가 1인 카드를 카드C-1
〃 2인 카드를 카드C-2
3^3자리의 숫자가 1인 카드를 카드D-1
〃 2인 카드를 카드D-2
3^4자리의 숫자가 1인 카드를 카드E-1
〃 2인 카드를 카드E-2

로 구분하여 만들자.

카드A-1									
1	4	7	10	13	16	19	22	25	28
31	34	37	40	43	46	49	52	55	58
61	64	67	70	73	76	79	82	85	88
91	94	97	100						

카드A-2									
2	5	8	11	14	17	20	23	26	29
32	35	38	41	44	47	50	53	56	59
62	65	68	71	74	77	80	83	86	89
92	95	98							

카드B-1									
3	4	5	12	13	14	21	22	23	30
31	32	39	40	41	48	49	50	57	58
59	66	67	68	75	76	77	84	85	86
93	94	95							

카드B-2									
6	7	8	15	16	17	24	25	26	33
34	35	42	43	44	51	52	53	60	61
62	69	70	71	78	79	80	87	88	89
96	97	98							

카드C-1									
9	10	11	12	13	14	15	16	17	36
37	38	39	40	41	42	43	44	63	64
65	66	67	68	69	70	71	90	91	92
93	94	95	96	97	98				

카드C-2									
18	19	20	21	22	23	24	25	26	45
46	47	48	49	50	51	52	53	72	73
74	75	76	77	78	79	80	99	100	

카드D-1									
27	28	29	30	31	32	33	34	35	36
37	38	39	40	41	42	43	44	45	46
47	48	49	50	51	52	53			

카드D-2									
54	55	56	57	58	59	60	61	62	63
64	65	66	67	68	69	70	71	72	73
74	75	76	77	78	79	80			

카드E-1									
81	82	83	84	85	86	87	88	89	90
91	92	93	94	95	96	97	98	99	100

이 카드를 가지고 똑같은 방법으로 카드마술을 할 수 있겠지?

만일 내가 생각한 수가 100이라면 십진법 수 100은 3진법으로 10201이다.

따라서 3^4자리의 숫자가 1인 카드E-1, 3^2자리의 숫자가 2인 카드C-2, 3^0자리의 숫자가 1인 카드A-1에 100이 포함 되어 있을 것이다.

$100_{(10)} = 10201_{(3)}$이고,

$10201_{(3)} = 10000_{(3)} + 200_{(3)} + 1_{(1)}$이며,

$10000_{(3)}$은 3^4자리의 숫자가 1인 수 중 가장 작은 수로 카드E-1의 가장 앞에 있는 수 81,

$200_{(3)}$은 3^2자리의 숫자가 2인 수 중 가장 작은 수로 카드E-1의 가장 앞에 있는 수 18,

$1_{(3)}$은 3^0자리의 숫자가 1인 수 중 가장 작은 수로 카드E-1의 가장 앞에 있는 수 1,

따라서 $10201_{(3)} = 10000_{(3)} + 200_{(3)} + 1_{(1)} = 81 + 18 + 1 = 100$이 되는 것이다.

Test

72는 3진법 마술카드 몇 장에 적혀 있을까?

Solution

72를 3진법으로 표시하면 $72_{(10)} = 2200_{(3)}$. 따라서 카드C-2와 카드D-2, 두 장.

생각해보자. 1부터 100까지의 수로 만든 2진법 마술카드와 3진법 마술카드의 차이점은 무엇인가?

(1) 2진법 마술카드는 7장, 3진법 마술카드는 9장이 생겼다.

(2) 2진법 마술카드 7장에 적힌 수는 모두 몇 개인가? 3진법 마술카드 7장에 적힌 수는 모두 몇 개인가?

(3) 또 어떤 차이점이 있을까?

컴퓨터는 전기 신호가 있으면 1, 없으면 0으로 표현하는 2진법 체계를 사용한다. 그런데 최근에 3진법을 이해하는 초절전 반도체 소자·회로 기술이 개발되었다는 뉴스[1)]를 보았다. 3진법을 이해하는 컴퓨터는 2진법 컴퓨터의 60%에 해당하는 소자만으로도 동일한 기능을 수행할 수 있어 반도체칩의 소형화, 저전력화, 고속화가 가능하다고 한다.

1) http://blog.naver.com/with_msip?Redirect=Log&logNo=220869674479

36 음악과 수학 - 12음계는 어떻게

음악과 수학의 관계를 알아보기 전에 잠시 음악에 대한 상식을 체크해볼까?

Quiz

(1) 한 옥타브에 피아노 건반(흰 건반과 검은 건반)은 모두 몇 개인가?

① 7개 ② 8개 ③ 12개 ④ 13개

(2) 어떤 음과 그 음보다 한 옥타브 높은 음은 어떤 관계가 있을까?

① 음의 진동수가 두 배이다. ② 음의 진폭이 두 배이다.

Solution

(1)

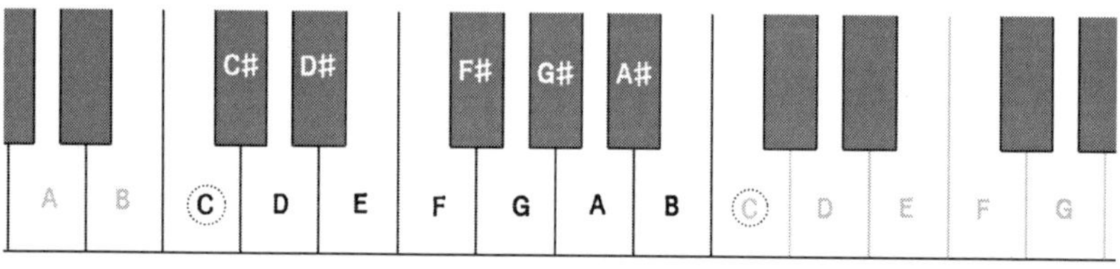

그림에서 볼 수 있듯이 한 옥타브의 건반은 흰 건반 7개와 검은 건반 5개로 모두 12개이다.

정답은 ③번

(2) 음높이는 진동수와 관계가 있고, 소리의 크기는 진폭과 관계된다.

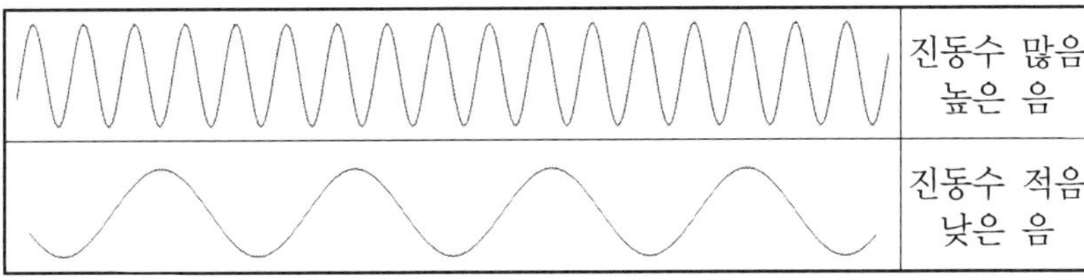

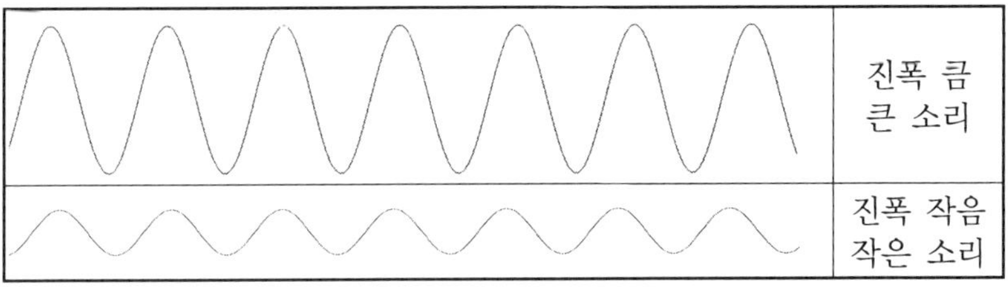

음높이에 대한 연구로는 피타고라스의 이야기가 잘 알려져 있다. 피타고라스가 대장간 옆을 지나는데 평소에는 소음으로 들리던 쇠를 두드리는 망치 소리들이 어느 날은 아름답게 들렸다고 한다. 이 때 그는 동시에 여러 개의 소리가 날 때 어떤 것은 소음이 되기도 하고 어떤 것은 아름다운 소리가 되기도 한다는 사실을 깨닫게 되었다. 일정한 규칙이 존재할 것이라고 예상한 그는 연구 결과 현의 길이와 음의 높이가 반비례한다는 사실을 발견하였다. 피타고라스학파의 연구로 현의 길이가 반이 되면 진동수가 두 배 된다는 사실과 함께, 진동수가 두 배 또는 반이 되는 소리는 높이는 다르지만 같은 느낌이라는 사실을 깨달았다. 그리하여 진동수가 두 배될 때마다 한 옥타브 높은 같은 이름의 음으로 정하게 되었다. 또 피타고라스는 진동수의 비가 간단한 정수비가 될수록 아름다운 화음이 된다는 사실을 발견하였다.

정답은 ①번

길이가 다른 (같은 종류의) 고무줄을 가지고 실험을 해볼까? 긴 고무줄과 짧은 고무줄을 같은 힘으로 당기면 짧은 고무줄이 더 높은 소리를 낸다. 진동수가 더 많다는 것이다. 쉽게 실험을 할 수 있는 것은 우리 주위에 얼마든지 있다. 주방에 보면 똑같은 재질의 크고 작은 그릇이 있을 것이다. 숟가락으로 살짝 두드려보면 맑은 소리가 난다.

어느 것이 높은 소리가 나는가?

조율기를 사용하지 않더라도 작은 그릇의 소리가 높다는 것을 금방 알 수 있다. 작을수록 진동수가 많기 때문이다. 바이올린이나 기타는 손가락으로 현을 누르면서 연주한다. 이때 현의 길이가 짧아질수록 높은 소리가 나는 것을 알 수 있다. 바이올린보다 큰 비올라는 더 낮은 소리를 내고, 더 큰 첼로는 더 낮은 소리를 낸다. 관악기도 길이가 길어질수록 낮은 소리를 낸다. 내가 즐겨 연주하는 오카리나 역시 클수록 낮은 소리를 내고 작을수록 높은 소리를 낸다.

소리를 듣고 음높이를 정확히 아는 사람을 절대음감을 가졌다고 하는데 절대음감을 가진 사람은 흔치 않다고 한다. 음높이를 맞추기 위해서 전에는 조율기를 구입해서 사용하였지만 요즘엔 휴대폰 앱을 사용하면 되므로 매우 편리하다.

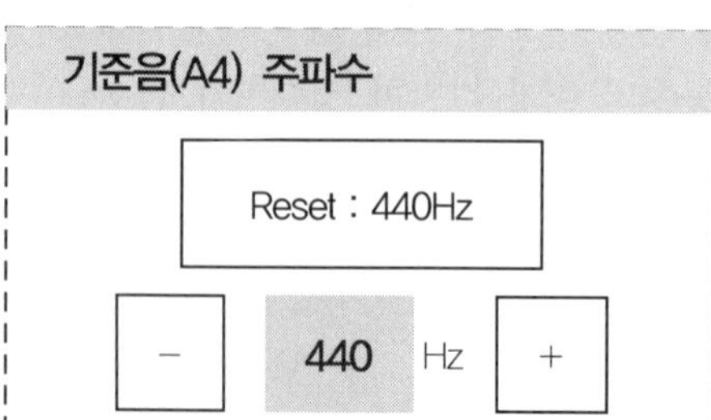

조율기를 보면 그림처럼 기준음(A4)이 440Hz라고 쓰여 있는 것을 볼 수 있다. Hz는 진동수의 단위이며, 440Hz는 1초에 440번의 진

동이 일어난다는 뜻이다. A4는 네 번째 A라는 뜻인데, A는 피아노 그림에서 볼 수 있듯이 계이름 '라' 건반을 가리키며 네 번째 A란 피아노 건반 왼쪽에서부터 네 번째 '라' 건반(피아노의 49번째 건반)이라는 뜻이다. A4 : 440Hz은 국제표준으로 정해졌다. 한 옥타브 높은 A5는 880Hz가 되고, 한 옥타브 낮은 A3는 220Hz가 되겠지.

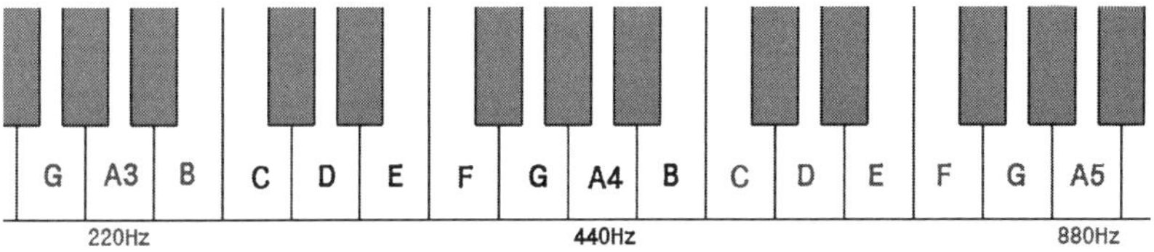

Quiz

한 옥타브 안의 피아노 건반은 검은 건반과 흰 건반을 합쳐서 12개이다. 그러니까 한 옥타브 내의 음을 12개의 간격으로 나눈 것이다. 12개로 나눈 특별한 까닭이 있는 것일까?

C	C#	D	D#	E	F	F#	G	G#	A	A#	B

Solution

앞에서 우리는 한 옥타브 높은 음은 진동수가 2배가 된다는 것을 알았다. 현악기만 본다면, 현의 길이는 연속적이며 길이가 달라지면 다른 진동수가 나타날 것이므로 음의 높이는 실제로는 연속적이라고 해야 맞을 것이다. 그러나 피아노나 실로폰은 건반을 누르거나 쳐서 소리를 내게 되어 있으므로 붙어있는 건반과 건반 사이의 음은 낼 수가 없겠지.

한 옥타브 안에 몇 개의 음을 어떻게 넣으면 좋을까?

먼저 피타고라스의 8음계에 대해 간략히 살펴보자.

① 현의 길이가 1일 때 C_1(도) 음을 낸다고 하자.	C_1 : 1
② C_1 길이를 $\frac{1}{2}$하여 한 옥타브 높은 C_2(도)를 얻는다.	C_2 : $\frac{1}{2}$
③ C_1 길이를 $\frac{2}{3}$배하여 C_1(도)보다 5도 높은 G_1(솔)을 얻는다.	G_1 : $\frac{2}{3}$
④ G_1에 다시 $\frac{2}{3}$배하면 $\frac{4}{9}$가 되는데 이것은 G_1(솔)보다 5도 높은 음이 되어 위 옥타브의 D_2(레)가 된다. 이것의 길이를 2배($\frac{4}{9}\times 2=\frac{8}{9}$)하면 한 옥타브 아래의 D_1(레)이 된다.	D_2 : $\frac{4}{9}$ D_1 : $\frac{8}{9}$
⑤ D_1을 $\frac{2}{3}$배($\frac{8}{9}\times\frac{2}{3}=\frac{16}{27}$)하여 5도 높은 A_1(라)을 얻는다.	A_1 : $\frac{16}{27}$
⑥ A_1을 $\frac{2}{3}$배($\frac{16}{27}\times\frac{2}{3}=\frac{32}{81}$)하면 5도 높은 윗 옥타브의 E_2(미)가 되므로 다시 2배($\frac{32}{81}\times 2=\frac{64}{81}$)하여 E_1(미)을 얻는다.	E_2 : $\frac{32}{81}$ E_1 : $\frac{64}{81}$
⑦ E_1을 $\frac{2}{3}$배($\frac{64}{81}\times\frac{2}{3}=\frac{128}{243}$)하여 5도 높은 B_1(시)을 얻는다.	B_1 : $\frac{128}{243}$
⑧ C_2(도)보다 5도 낮추면 F_1(파)가 된다. C_2(도)의 길이($\frac{1}{2}$)를 $\frac{3}{2}$배($\frac{1}{2}\times\frac{3}{2}=\frac{3}{4}$)하여 F_1(파)을 얻는다.	F_1 : $\frac{3}{4}$

진동수는 현의 길이에 반비례하므로 다음과 같은 결과를 얻는다.

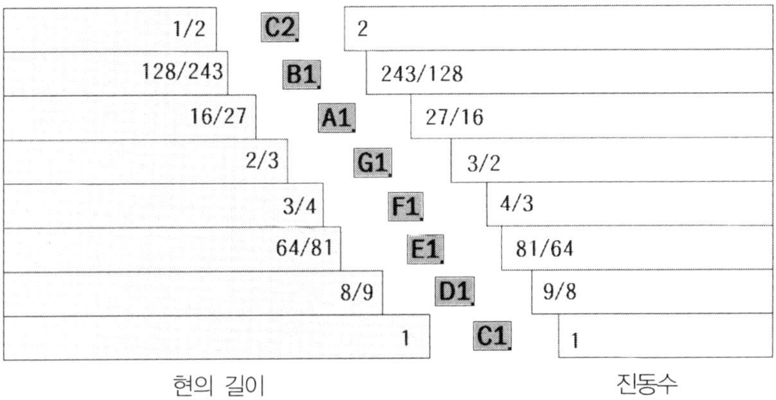

이렇게 하여 완성된 8음계는 온음 사이의 진동수의 비는 $\frac{9}{8}$이고, 반음 사이(미와 파, 시와 도)의 진동수의 비는 $\frac{256}{243}$이다. 이 때 반음 사이의 진동수의 비를 두 번 곱하면 $\frac{256}{243} \times \frac{256}{243} \fallingdotseq 1.10986$이고, 온음 사이의 진동수의 비는 $\frac{9}{8}=1.1250$이 되어 조바꿈을 할 수 없는 문제가 생긴다.

현재 사용되고 있는 평균율은 한 옥타브를 12개의 반음으로 균등 분할한 피아노 건반 상의 음계이다.

자 그럼 지금부터 한 옥타브의 음을 12개로 나누게 된 과정을 살펴보자.

기준이 되는 음 '도'와 한 옥타브 높은 '도', 그 사이에 놓인 가장 중요한 음은 '솔'이다. 이는 솔이 갖는 진동수가 1.5 즉 3/2 이기 때문이다. 도와 솔의 진동수의 비가 간단한 정수비라는 사실은 이 두 소리가 함께 울릴 때 사람의 귀에 조화롭게 들린다는 것을 의미한다.

어떤 음의 진동수가 1이라고 가정하면 한 옥타브 높은 음의 진동수는 2가 되겠지.

진동수 1과 2사이에 진동수가 1.5인 조화로운 음(솔)을 몇 번째 음으로 하여 1과 2사이의 비를 일정하게 분할할 것인가 하는 문제이다.

일정한 비를 a라고 하면, 이와 같은 등비수열이 된다.

$$1,\quad a,\quad a^2,\quad \cdots\ a^m = 1.5,\ \cdots\ ,\ a^n = 2(\text{n, m은 자연수})$$

여기서 우리는 m과 n을 구하면 된다.

$a^n = 2$이므로 양변을 $\frac{1}{n}$ 제곱하면 $a = 2^{\frac{1}{n}}$이다.

$$a^m = \left(2^{\frac{1}{n}}\right)^m = \frac{3}{2},\quad 2^{\frac{m}{n}} = \frac{3}{2}$$

$$\frac{m}{n} = \frac{\log\frac{3}{2}}{\log 2}$$

이제 $\frac{\log\frac{3}{2}}{\log 2}$에 가까운 유리수를 찾는 문제로 바뀌었다.

여기서 필요한 연분수의 개념을 잠간 들여다보자.

연분수란 다음과 같은 꼴의 분수를 말한다.

$$x = a_0 + \cfrac{1}{a_1 + \cfrac{1}{a_2 + \cfrac{1}{a_3 + \cfrac{1}{a_4 + \ldots}}}}$$

식에서 a_0는 정수, 나머지 $a_i(i > 0)$는 양의 정수이다. 이것을 $[a_0;a_1,a_2,a_3,\ldots]$로 표시한다.

모든 유리수는 유한 연분수로 나타내어진다.

모든 무리수는 무한 연분수로 표현 가능하며 그 표현은 유일하다.

무리수를 연분수로 나타내는 방법은 (처음 몇 항까지의 연분수가) 좋은 유리수 근삿값을 주기 때문에 특히 유용하다.

예를 들어서 설명을 해 보자.

먼저 유리수를 연분수로 나타내보자.

$$\frac{11}{7}=1+\frac{4}{7}=1+\frac{1}{\frac{7}{4}}=1+\frac{1}{1+\frac{3}{4}}=1+\frac{1}{1+\frac{1}{\frac{4}{3}}}=1+\frac{1}{1+\frac{1}{1+\frac{1}{3}}}$$

이제 무리수인 $\sqrt{2}$를 연분수로 나타내 보자.

$\sqrt{2}$의 정수 부분이 1이므로

$$\sqrt{2}=1+(\sqrt{2}-1)=1+\frac{1}{\frac{1}{\sqrt{2}-1}}=1+\frac{1}{\frac{\sqrt{2}+1}{(\sqrt{2}-1)(\sqrt{2}+1)}}$$

$$=1+\frac{1}{\sqrt{2}+1}=1+\frac{1}{2+(\sqrt{2}-1)}$$

$$=1+\frac{1}{2+\frac{1}{\frac{1}{\sqrt{2}-1}}}=1+\frac{1}{2+\frac{1}{\sqrt{2}+1}}=\cdots$$

$$=1+\frac{1}{2+\frac{1}{2+\frac{1}{2+\frac{1}{\cdots}}}}=[1;2,2,2,\ldots]$$

이것으로 $\sqrt{2}$의 근사분수를 알 수 있다는 것이다.

$$\sqrt{2}\fallingdotseq 1+\frac{1}{2}=\frac{3}{2}$$

$$\text{또는}\quad \sqrt{2}\fallingdotseq 1+\frac{1}{2+\frac{1}{2}}=\frac{7}{5}$$

$$\text{또는 } 1+\cfrac{1}{2+\cfrac{1}{2+\cfrac{1}{2}}}=\frac{17}{12}$$

이와 같이 유리수로 나타낼 수 있으며 점점 가까운 근삿값을 알 수 있다.

π를 연분수로 나타내면(과정 생략)

$$\pi=[3;7,15,1,292,1,1,1,2,\ldots]$$

따라서 π의 근사값을 $3+\frac{1}{7}$이나 $3+\cfrac{1}{7+\cfrac{1}{15}}$로 구할 수 있다.

본론으로 돌아와서, $\dfrac{\log\frac{3}{2}}{\log 2}$을 연분수로 나타내면(과정 생략)

$$\frac{\log\frac{3}{2}}{\log 2}=[1,1,2,2,3,1,\ \cdots]$$

따라서 $\dfrac{\log\frac{3}{2}}{\log 2}$의 근사분수를 다음과 같이 나타낼 수 있다.

$$\cfrac{1}{1+\cfrac{1}{1}}=\frac{1}{2},\quad \cfrac{1}{1+\cfrac{1}{1+\cfrac{1}{2}}}=\frac{3}{5},\quad \cfrac{1}{1+\cfrac{1}{1+\cfrac{1}{2+\cfrac{1}{2}}}}=\frac{7}{12},$$

$$\cfrac{1}{1+\cfrac{1}{1+\cfrac{1}{2+\cfrac{1}{2+\cfrac{1}{3}}}}}=\frac{24}{41},\ \cdots$$

계산해 보면 $\dfrac{\log\frac{3}{2}}{\log 2} \fallingdotseq 0.58496$이며, $\dfrac{7}{12} \fallingdotseq 0.58333$, $\dfrac{24}{41} \fallingdotseq 0.58537$이다. 점점 $\dfrac{\log\frac{3}{2}}{\log 2}$값과의 오차는 작아질 것이다.

그런데 만일 $\dfrac{m}{n}=\dfrac{24}{41}$ 로 정한다고 해 보자. 즉, $m=24$, $n=41$로 한다면 한 옥타브 내에 음이 41개가 되어 너무 많아지겠지? 그래서 $\dfrac{m}{n}=\dfrac{7}{12}$, 즉 $m=7$, $n=12$ 로 정하였다.

그러니까 도~솔 사이에 7개, 도~도 사이에 12개의 건반이 위치하게 된 것이다.

지금까지 한 옥타브 내에 피아노 건반의 개수가 12개가 된 이유를 알아보았다. 이 과정에 연분수와 로그의 개념이 동원되었다는 사실을 새삼 깨닫게 되었다.

우리에게 가장 익숙한 피아노 건반에 표시 해보자.

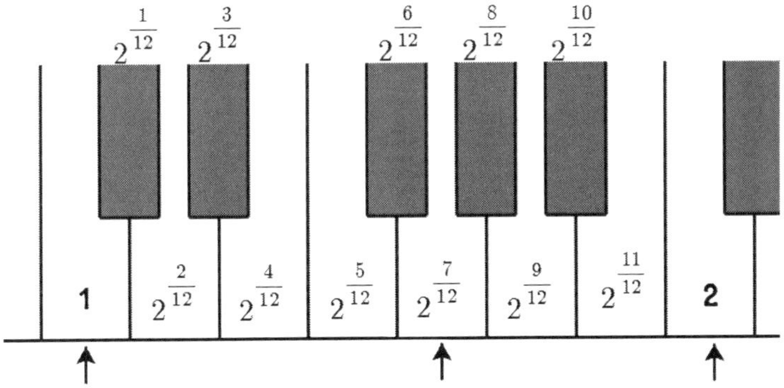

계산해 보면 $2^{\frac{7}{12}} \fallingdotseq 1.49831$이다. 1.5와 일치하지는 않지만 이만큼 작은 차이의 진동수에 의한 음높이의 차이를 사람들이 인지하기는 어렵

다고 한다.

우리가 피아노나 실로폰과 같이 조율된 건반을 두드려 소리를 낼 때는 거의 정확한 음의 소리를 낼 수 있지만 관악기는 약간의 호흡 차이로도 진동수가 달라진다. 실제로 오카리나 연습을 할 때 조율기의 움직임을 보면서 연주하여도 정확한 음을 내기란 쉽지 않다.

37 직육면체의 전개도

Quiz

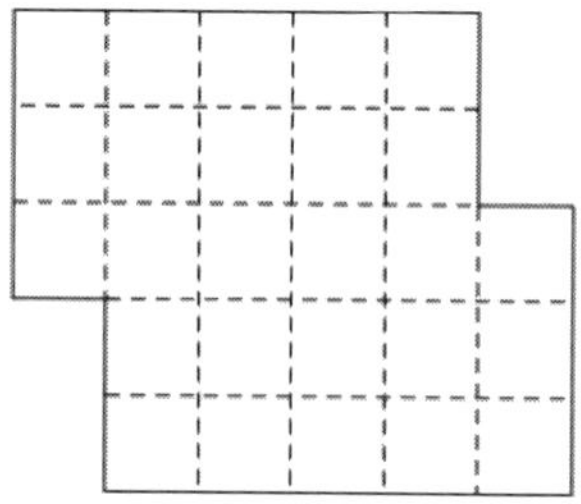

순이는 가지고 있는 종이에 정육면체의 전개도를 그린 후 오려 붙여서 상자를 만들려고 한다. 순이는 4개의 상자가 필요하다. 순이가 가지고 있는 이 종이는 선을 따라 접을 수 있게 되어 있으므로 전개도는 선을 따라 그려야 한다. 정육면체의 한 변의 길이와 종이 위의 정사각형의 한 변의 길이는 10cm이다. 전개도를 어떻게 그리면 될까?

Solution

정육면체의 전개도는 어떻게 그리면 될까? 모두 몇 가지의 방법으로 그릴 수 있을까? 정육면체의 전개도는 초등학교 5학년 교과서에 등장한다. 정육면체의 전개도는 여섯 개의 정사각형이 서로 최소한 한 개의 변을 공유하여 만들어진다.

우리는 그에 앞서 잠시 폴리오미노(Polyomino)에 대해 생각해 보기로 하자. 폴리오미노는 정사각형들이 서로 최소한 한 개의 변을 공유하여 만들어지는 다각형들을 총칭한다. 정사각형이 한 개이면 모노미노, 두 개이면 도미노, 세 개이면 트리오미노, 네 개이면 테트로미노, 다섯 개이면 펜토미노, 여섯 개일 때 헥소미노, …… 등의 이름을 가지고 있다. 뒤집거나 돌려서 겹치는 것은 같은 것으로 취급하기로 하면, 평면에 그릴 수 있는 각각의 폴리오미노는 몇 가지씩 그릴 수 있을까?

모노미노	
도미노	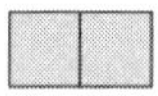
트리오미노	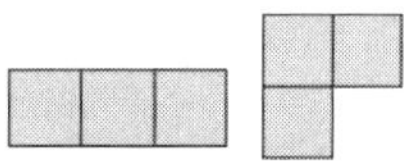
테트로미노	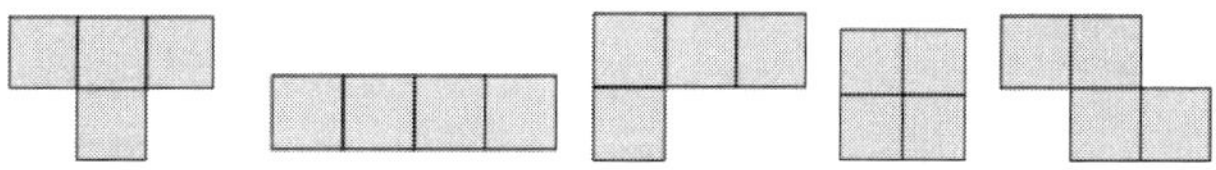
펜토미노	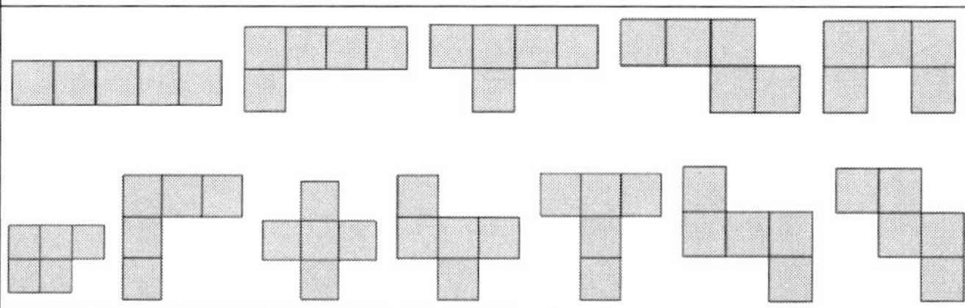

펜토미노 12가지 중 머릿속으로 접어서 뚜껑 없는 정육면체를 만들 수 있는 것과 만들 수 없는 것으로 나누어 보자.

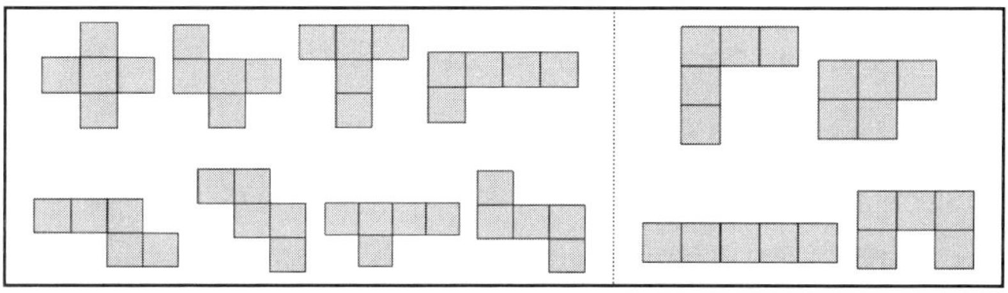

이제 서로 다른 모양의 정육면체의 전개도를 모두 찾아보자.

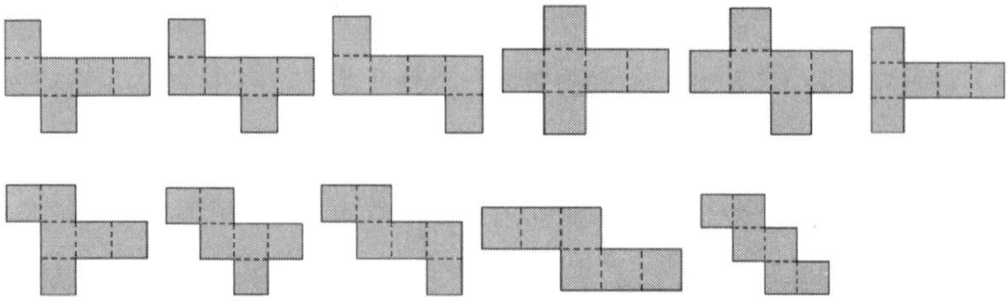

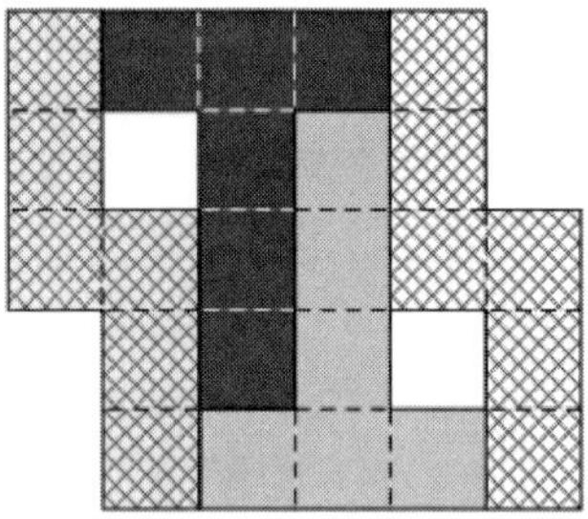

자, 이제 본론으로 돌아와서 순이가 가지고 있는 종이 위에 정육면체의 전개도 4개를 배치해야 한다.

또 다른 좋은 방법이 있는가?

어느 날 교장선생님 한 분이 전화를 하셨다. 정육면체의 전개도가 11가지 있다는 사실은 잘 알고 있는데 직육면체의 전개도는 몇 가지가 있는지 궁금하다고 하셨다. 며칠 후 학교에서 공개수업을 하는데 수업 내용이 직육면체의 전개도 단원이어서 수업 참관 오시는 분들에게 직육면체의 전개도를 모두 그려서 나눠주고 싶다고 하셨다. 직육면체의 전개도 역시 초등학교 교과서에 등장하는데 전개도가 모두 몇 가지인지는 교사용지도서에서도 다루지 않고 있다.

우선 직육면체의 전개도는 정육면체의 전개도보다 가짓수가 많을까? 적을까?

어떤 방법으로 접근하면 찾을 수 있을까 생각해 보자.

직육면체와 정육면체의 다른 점은 무엇인가?

직육면체에서 가로 세로 높이의 길이가 모두 같으면 정육면체가 된다. 그러므로 정육면체는 직육면체의 특별한 경우이다. 정육면체는 여섯 개의 면이 모두 합동이므로 면의 모양이 한 가지인 반면 직육면체는 면의 모양이 세 가지이다.

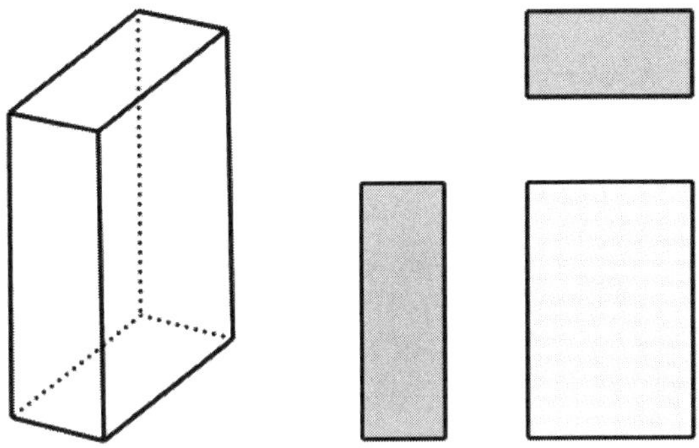

정육면체의 전개도 중 한 가지 모양을 가지고 생각해 보자.

펼쳤을 때 가운데 색칠해진 부분에 놓일 수 있는 면이 직육면체의 경우는 세 가지이다. 그리고 한 개의 면을 놓는 방향에 따라 서로 다른 두 가지의 전개도가 생긴다.

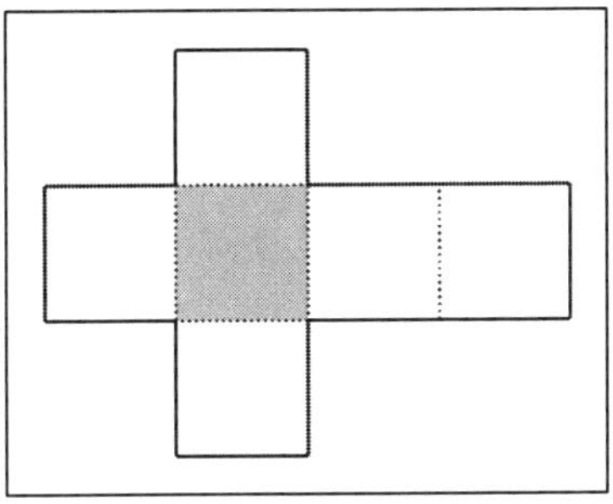

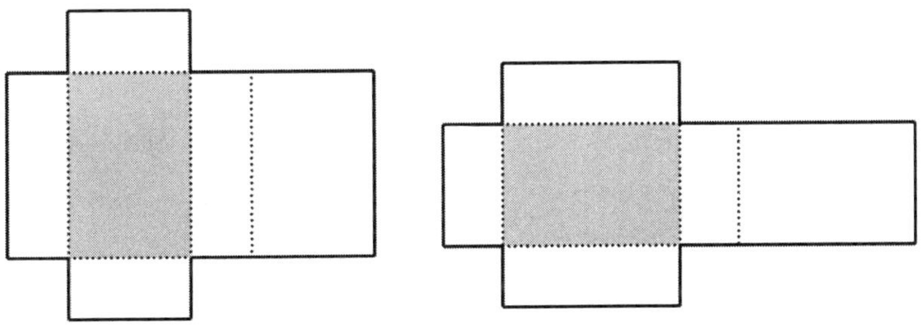

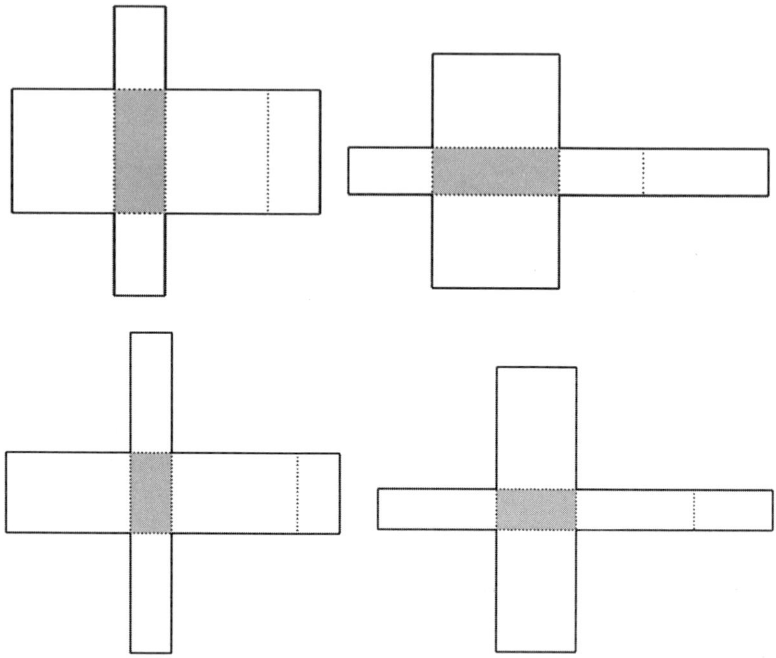

여섯 가지의 전개도 중 뒤집거나 돌려서 서로 겹치는 것이 있는지 잘 살펴보자.

가로 세로 높이의 길이가 같은 정육면체가 된다면 이 여섯 개의 전개도가 모두 동일하므로 한가지인데 반하여 가로 세로 높이가 모두 다른 직육면체의 경우는 여섯 가지가 되는 것을 확인하였다. 자, 그럼 이쯤에서 정육면체의 전개도가 11가지이므로 직육면체의 전개도는 11×6=66가지? 이런 생각이 든다면 자연스럽고 바람직하다.

정육면체의 전개도 11가지 중 겨우 한 가지를 확인한 상태인지라 성급한 일반화에 대한 불안감을 떨치고 싶으므로 한 가지 더 조사해 보기로 하자.

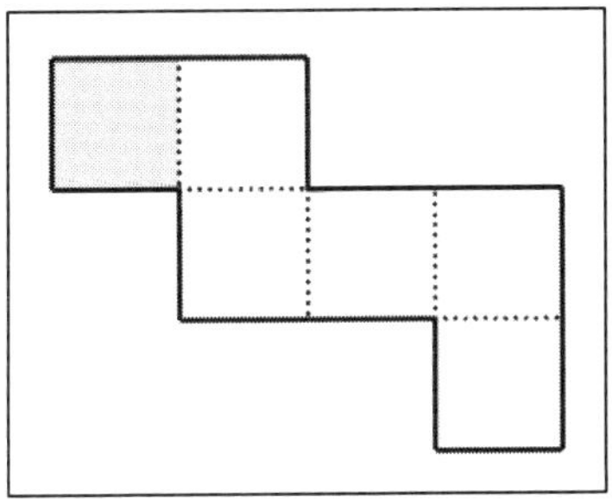

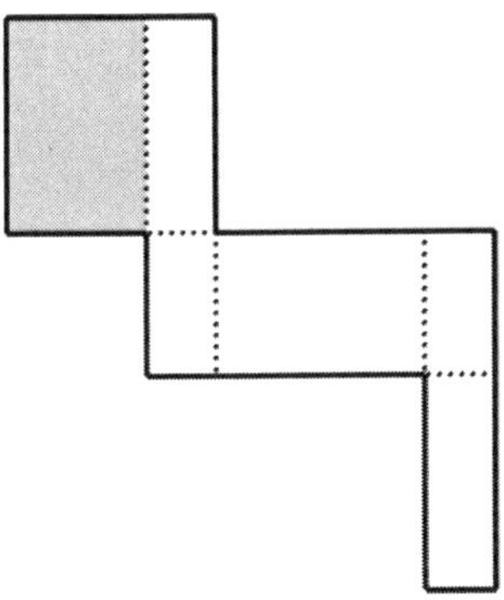

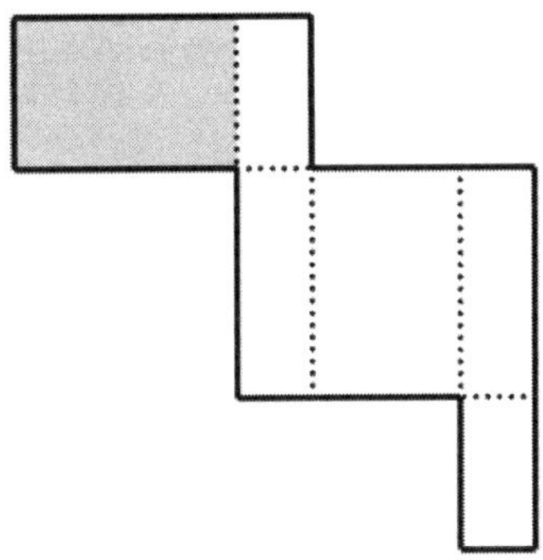

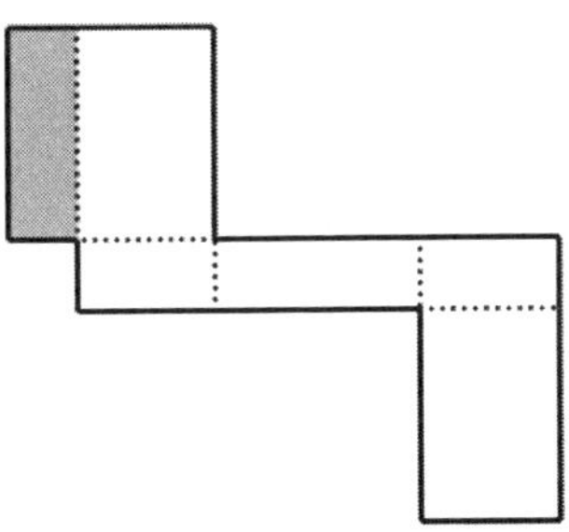

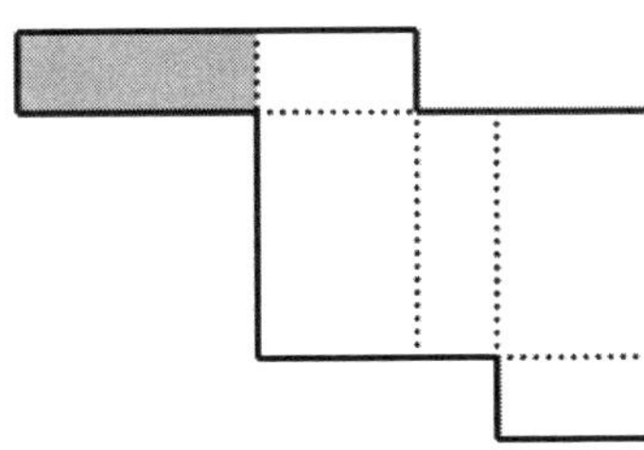

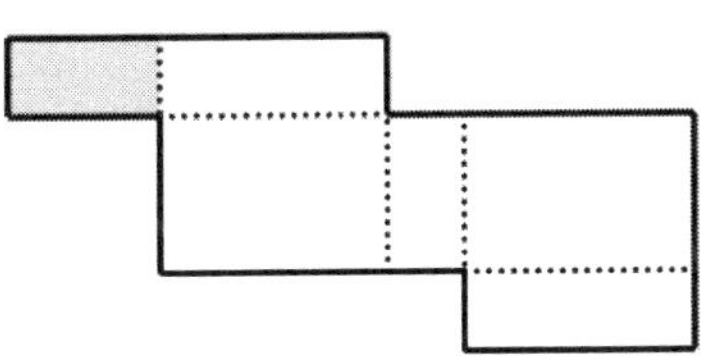

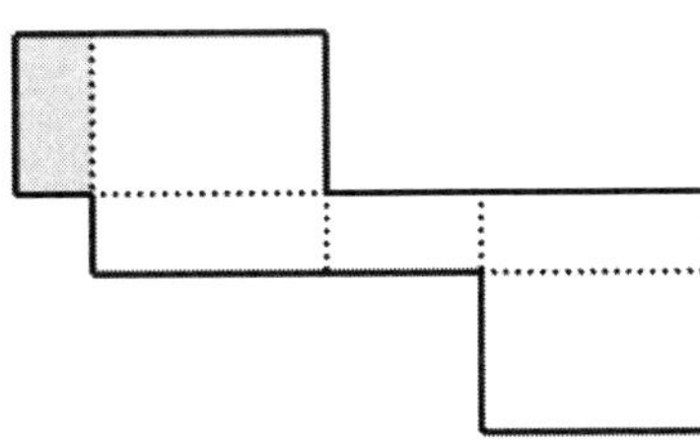

여섯 가지 중 뒤집거나 돌려서 겹치는 것이 있는가? 없으므로 11가지 모두 다 똑같이 6가지 일 것이라고 추측이 된다. 하지만 혹시나 어딘가에 반례가 도사리고 있을지도 모른다는 불안한 생각이 들므로 한 가지 모양만 더 확인하는 게 어떨까?

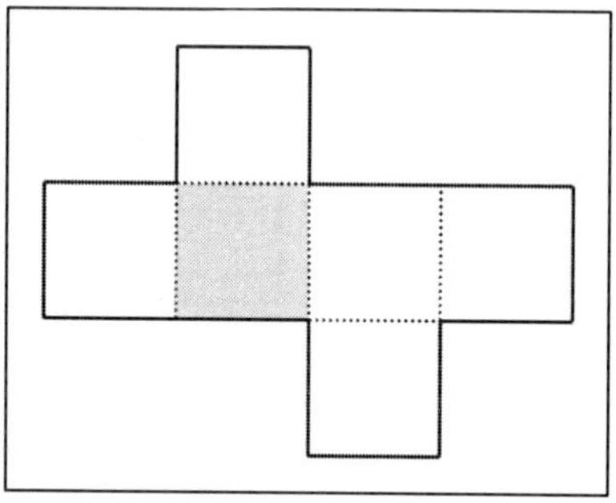

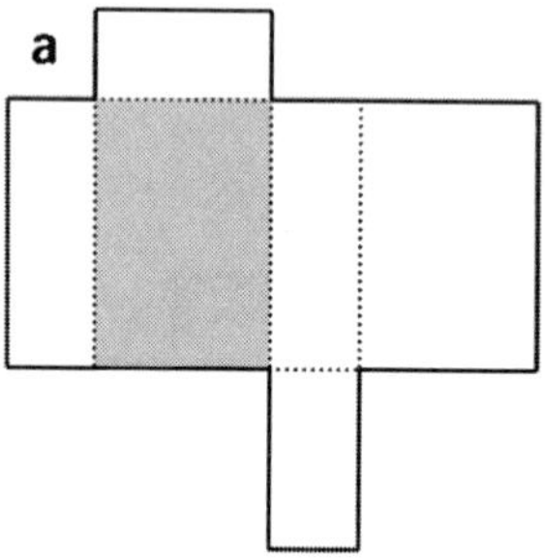

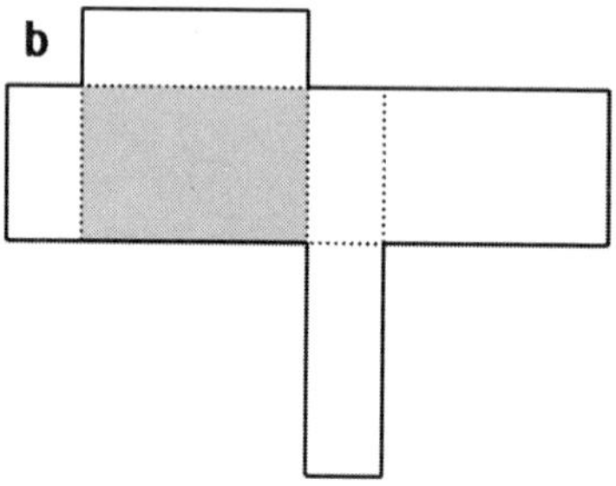

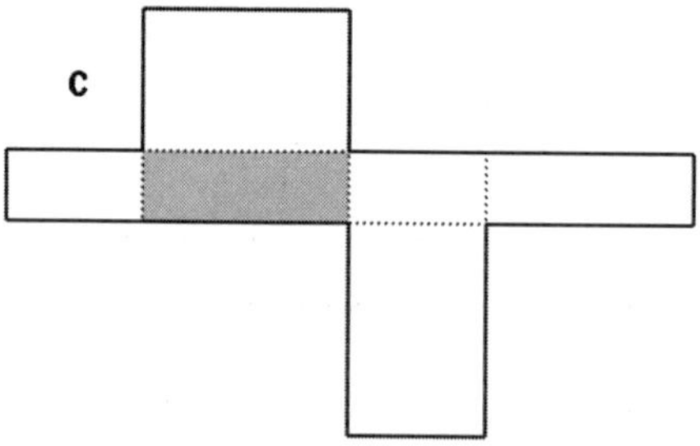

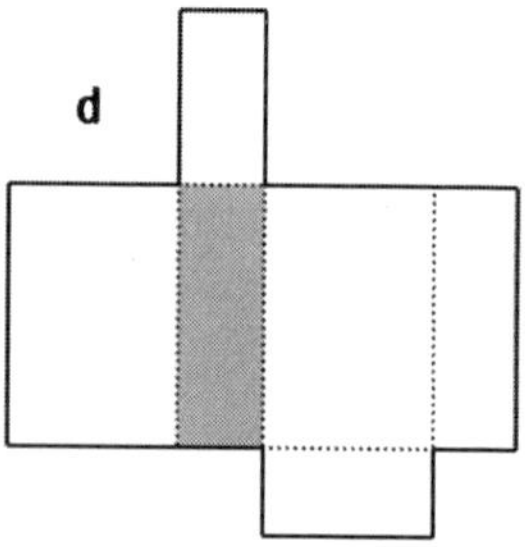

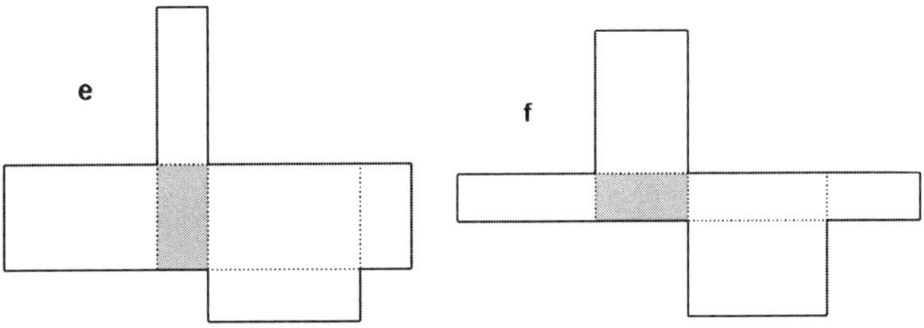

a와 e, b와 d, c와 f가 각각 돌리면 겹치는 것을 볼 수 있다.

앗, 그럼 예상이 틀렸다.

어떤 것(첫 번째와 두 번째)은 6가지이고, 또 어떤 것(세 번째)은 3가지가 되는 것을 알게 되었다. 자, 이제 어떻게 이 난관을 헤치고 문제의 답에 도달 할 수 있을까?

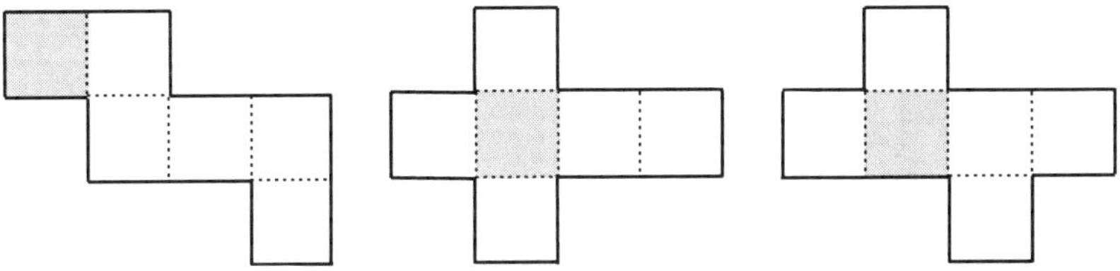

세 번째 것은 돌려서 겹치는 것이 생겼다는 점을 기억하면서, 세 번째 정육면체 전개도가 나머지 두 개와 다른 차이점을 분석해보자.

세 번째 정육면체 전개도가 점대칭 도형이라는 사실을 발견했을 것이다.

이제 정육면체의 전개도 중 점대칭 도형이 또 있는지 찾아보자.

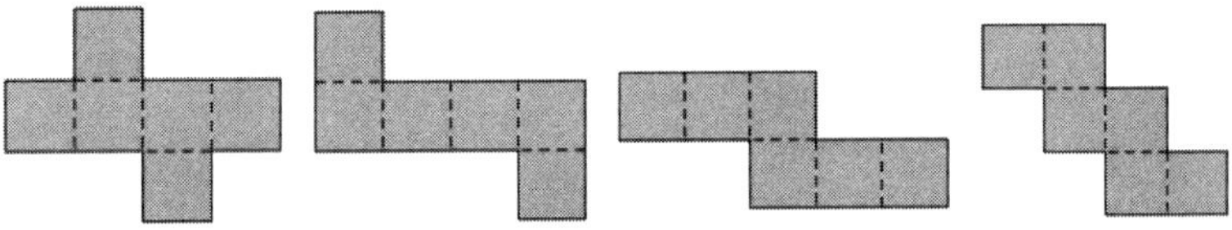

따라서 점대칭인 4개의 모양은 3가지, 나머지 7개는 6가지의 직육면체 전개도가 존재하여 모두 54가지이다.

스스로 전개도를 그려본 사람이라면 '정육면체의 전개도 모양을 하나 결정하고 그 중 하나의 면에 놓일 직사각형과 그 직사각형의 방향(가로와 세로)이 결정되면, 나머지 부분은 자연스럽게 그려진다.'는 사실을 깨달았을 것이다.

Test

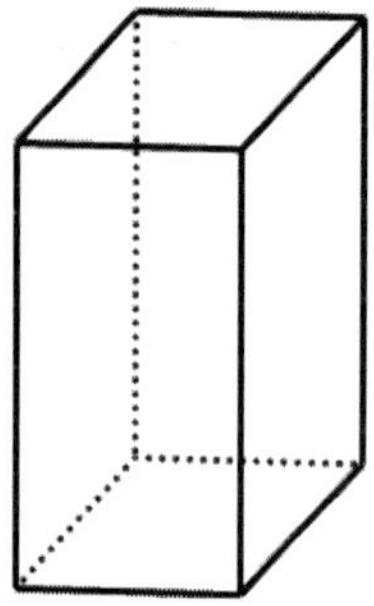

여기까지 도착한 여러분은 아마도 당연히 다음 질문을 하게 될 것이다. 가로, 세로, 높이의 길이 중 두 개의 길이가 같은 직육면체의 전개도는 모두 몇 개일까?

Solution

정육면체와 (가로, 세로, 높이의 길이가 모두 다른) 직육면체의 중간이므로 11가지보다는 많고 54가지보다는 적을 것이라고 추측할 수 있겠지?

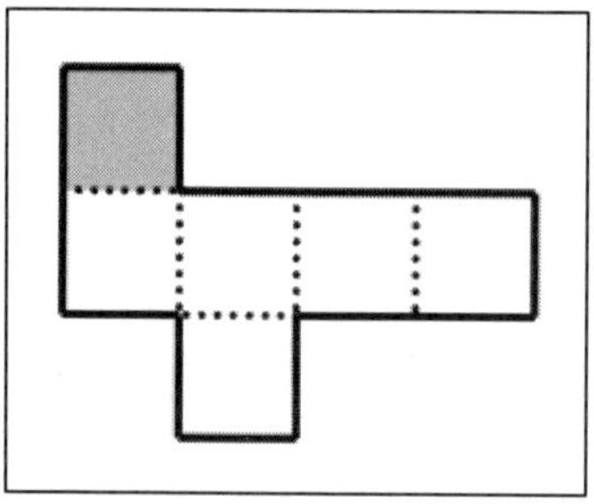

우선 이 직육면체의 면의 모양은 두 가지(한 개는 정사각형, 다른 하나는 직사각형)이다.

왼쪽그림과 같은 방법으로 정육면체의 전개도 한 가지를 가지고 살펴보자.

색칠된 면에 정사각형이 놓일 경우, 직육면체의 전개도는 한 가지 뿐이다.

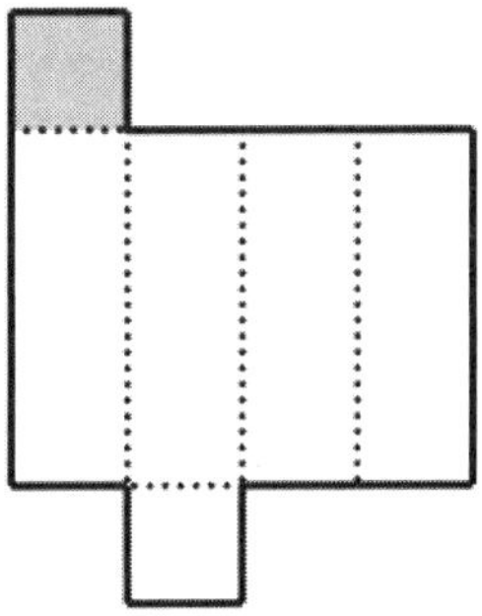

색칠된 면에 직사각형이 놓일 경우, 직육면체의 전개도는 두 가지이다.

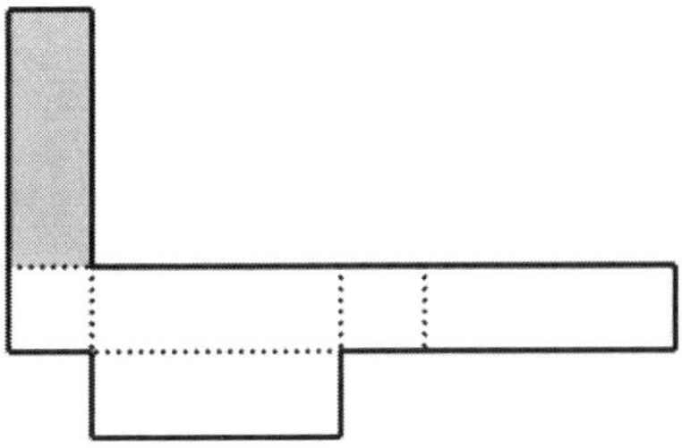

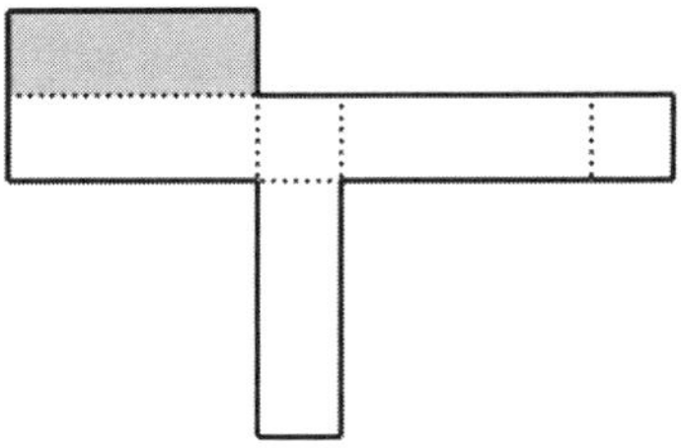

세 가지 전개도 중 뒤집거나 돌려서 겹치는 것이 없으므로 이 모양의 직육면체의 전개도는 세 가지이다.

다음으로 정육면체의 전개도 중 점대칭인 것 하나를 가지고 생각해 보자.

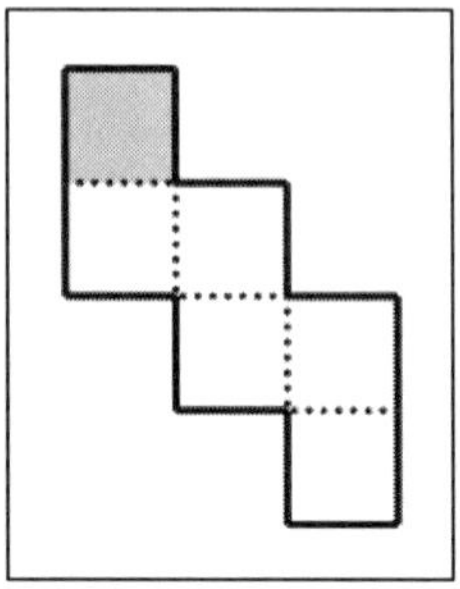

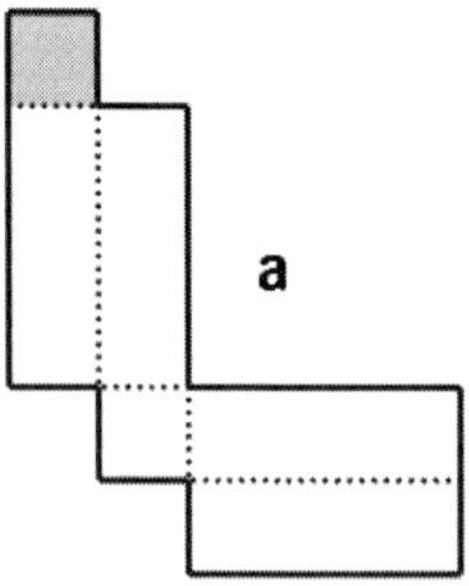

a

색칠된 면에 정사각형이 놓일 경우, 직육면체의 전개도는 한 가지 뿐이다.

색칠된 면에 직사각형이 놓일 경우, 직육면체의 전개도는 두 가지이다.

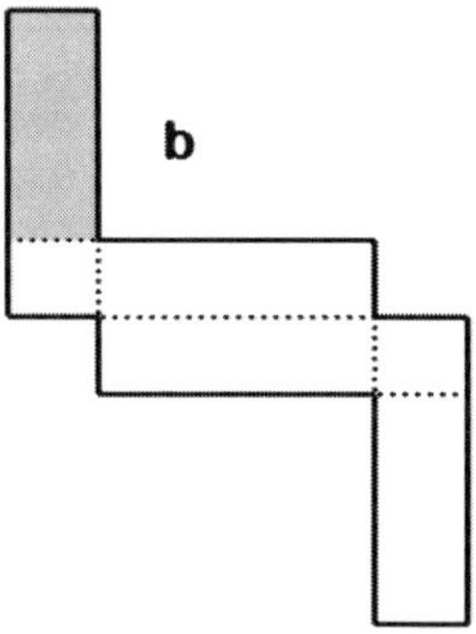

b

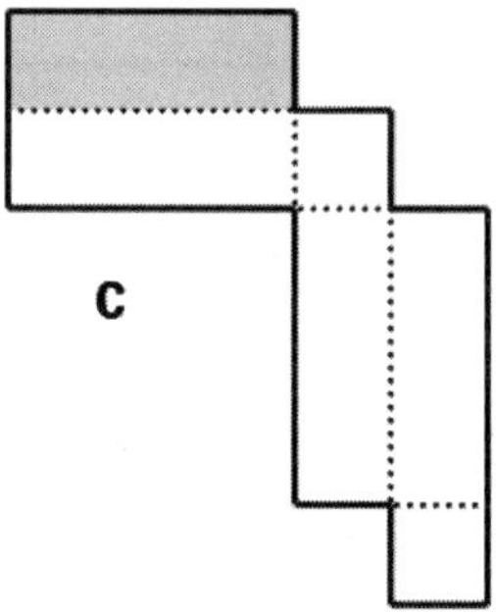

c

세 가지 전개도 중 뒤집거나 돌려서 겹치는 것이 있는가?

a를 180도 회전하면 c와 겹치게 된다. 따라서 이 모양의 직육면체의 전개도는 두 가지 뿐이다.

따라서 정육면체의 전개도 중 점대칭인 것 4개는 두 가지, 나머지 7개는 3가지의 직육면체 전개도가 존재하여 모두 29가지이다.

38 범인을 찾아라

제목을 쓰고 보니 초등학교 3학년 때의 일이 하나 떠오른다. 당시 담임선생님은 매우 무서운 분이셨다(나와 초등학교 동기동창이라면 모두 인정하는 사실이다). 어느 날 내 책상 밑에 떨어진 휴지조각을 발견하신 호랑이선생님께서 나에게 휴지를 버렸느냐고 물으셨다. 범인은 물론 나였다. 그렇지만 나는 고개를 끄덕이는 대신 좌우로 흔들고 말았다. 그러자 죄 없는 짝꿍 남자아이에게 추궁하셨다. 둘 다 버리지 않았다고 하니 크게 혼낼 수가 없었던지 항상 들고 계시던 매로 머리를 한 대씩 때리셨고(요즈음 같으면 있을 수 없는 일이지만 그 당시 이런 정도의 체벌은 일상이었다) 매우 다행히도 일은 그렇게 마무리 되었다. 위기를 잘 모면하기는 했지만 어린 마음에도 부끄러움과 미안함은 쉽게 가시지 않았다. 그런데 어른이 된 어느 날 그가 그 일을 기억하지 못하고 있다는 사실을 알게 된 것은 나에게 무척 다행스러운 일이었다. 당시 선생님께서 솔로몬의 지혜를 가지셨더라면 범인을 제대로 찾을 수 있었을 텐데…

지금부터 우리는 논리를 동원하여 사건의 범인을 찾아보기로 하자.

Quiz

범인을 찾아라

(1) 범인은 민, 현, 익, 윤 네 사람 중 한 사람이다.

(2) 민, 현, 익, 윤 네 사람의 진술 중 한 사람의 진술만이 참이고, 나머지는 거짓이다.

(3) 네 사람이 진술한 내용은 다음과 같다.

민 : 현이가 범인이다.

현 : 나는 범인이 아니다.

익 : 나는 범인이 아니다.

윤 : 민이가 범인이다.

범인은 누구일까?

① 민 ④ 현 ③ 익 ② 윤

Solution

우리는 자주 '논리적'이라는 말을 사용하고 수학 공부를 하면 논리적 사고가 길러진다고 하는데, 논리란 무엇인가? 국어사전에는 '말이나 글에서 사고나 추리 따위를 이치에 맞게 이끌어가는 과정이나 원리'라고 되어 있다. 논리는 추론의 '타당과 부당'을 판단하는 것이다.

오늘의 뉴스 하나를 가지고 예를 들어보자. 최근에 담배값이 올랐는데 오늘 나온 뉴스는 담배값을 올린 후 담배의 판매량 변화에 대한 분석을 서로 다르게(보건복지부 발표는 담배 반출량이 감소했다는 것이고 소매점에서는 판매량이 줄지 않았다는) 하고 있는 내용이다.

정부는 담배값 인상의 이유를 국민의 건강에 두었다. 애초부터 그것을 믿는 사람은 거의(믿는다고 주장하는 사람이 나타날지도 모르므로) 없으리라. 자, 한 번 논리적으로 생각해보자.

「국민의 건강을 위하여 담배값을 올린다」는 말은 담배값을 올리면 국민이 건강해진다는 말인데, 그것은 담배값을 올리면 담배를 끊게 된다

는 가정이 성립해야한다. 이것을 다시 써 보면

담배값을 올리면 국민이 담배를 끊는다 −(1)

국민이 담배를 끊으면 건강해진다. −(2)

따라서 담배값을 올리면 국민이 건강해진다. −(3)

(그래서 담배값을 올린다)

그러니까 (1)과 (2)가 참일 때 (3)이 참이 되는 것이다. (2)는 인정하는 바이고 (1)은? 어쨌든 같은 현상을 두고 서로 다른 분석이다.

본론으로 돌아가서 지금부터 범인을 찾아보자. 네 사람 중 한사람만 진실을 말하고 있으므로 경우의 수를 표로 만들어 보자.

	경우1	경우2	경우3	경우4
민	참	거짓	거짓	거짓
현	거짓	참	거짓	거짓
익	거짓	거짓	참	거짓
윤	거짓	거짓	거짓	참

(경우1) 민이의 말이 참이라 했으므로 범인은 현이다. 그런데 익이는 스스로 범인이 아니라고 했고 그것이 거짓이려면 익이가 범인이어야 한다. 이것은 범인이 한 사람이라는데 모순이다.

(경우2) 민이의 말이 거짓이므로 현이는 범인이 아니다. 현이의 말이 참이므로 역시 현이는 범인이 아니다. 익이의 말이 거짓이므로 익이는 범인이다. 윤이의 말이 거짓이므로 민이는 범인이 아니다. 이상, 모순된 이야기가 없다. 따라서 범인은 익이다.

(경우3) 민이의 말이 거짓이므로 현이는 범인이 아니다. 현이의 말이 거짓이므로 현이는 범인이다. 이는 모순이다.

(경우4) (경우3)과 같은 이유로 모순.

따라서 (경우2)가 옳은 경우로서, 범인은 익이다.

정답은 ③번

Quiz

세 개의 상자에는 강아지, 뱀, 고양이가 한 마리씩 들어 있다. 상자 앞에는 다음과 같이 동물들이 각자 자기를 소개하고 있다.
그런데 강아지는 진실만을 말하고, 뱀이 하는 말은 항상 거짓이며, 고양이는 진실과 거짓 모두를 말할 수 있다.

상자1	상자2	상자3
나는 고양이가 아니다.	나는 뱀이 아니다.	나는 강아지가 아니다.

선생님께서는 재인이에게 상자 한 개를 선택하여 그 동물을 1년 동안 기르면서 관찰 보고서를 써야 한다고 하셨다. 재인이는 평소 강아지를 기르고 싶었는데 지금은 뱀 상자만 선택하지 않았으면 하고 바랄 뿐이다. 재인이가 피해야할 뱀 상자는 어느 것인가?

① 상자1 ② 상자2 ③ 상자3

Solution

세 개의 상자에 세 가지의 동물이 들어 있을 경우의 수는 모두 여섯 가지인데 그 중 하나가 정답일 것이다. 모순 없는 것이 어느 것인지 찾아보자.

	경우1	경우2	경우3	경우4	경우5	경우6
상자1	고양이	고양이	뱀	뱀	강아지	강아지
상자2	뱀	강아지	고양이	강아지	고양이	뱀
상자3	강아지	뱀	강아지	고양이	뱀	고양이

(경우1) 상자2가 뱀이라면 뱀이 하는 말은 거짓이므로 상자2는 뱀이다-(O). 상자3이 강아지라면 강아지가 하는 말은 진실이므로 상자3은 강아지가 아니다-(모순).

(경우2) 상자2가 강아지라면 강아지가 하는 말은 진실이므로 상자2는 뱀이 아니다-(O). 상자3이 뱀이라면 뱀이 하는 말은 거짓이므로 상자3은 강아지이다-(모순).

(경우3) 상자1이 뱀이라면 뱀이 하는 말은 거짓이므로 상자1은 고양이다-(모순).

(경우4) 상자1이 뱀이라면 뱀이 하는 말은 거짓이므로 상자1은 고양이다-(모순).

(경우5) 상자1이 강아지라면 강아지가 하는 말은 진실이므로 상자은 고양이가 아니다-(O). 상자3이 뱀이라면 뱀이 하는 말은 거짓이므로 상자3은 강아지이다-(모순).

(경우6) 상자1이 강아지라면 강아지가 하는 말은 진실이므로 상자은 고양이가 아니다-(O). 상자2가 뱀이라면 뱀이 하는 말은 거짓이므로 상자2는 뱀이다-(O). 상자3이 고양이라면 고양이는 진실과 거짓 모두를 말할 수 있다. 따라서 상자3은 강아지일수도 있고 아닐 수도 있다-(O)

모순이 없는 경우는 (경우6) 뿐이다. 따라서 상자2는 뱀이고 상자3은 고양이이므로 상자1은 강아지가 된다.

정답은 ②번

39 수학이 아름답다고?

Quiz

소주 마시기

소주 한 병을 따르면 7잔이 된다고 한다. 7잔이 되도록 양을 조절한 데에는 술을 많이 팔려는 상술이 숨어 있다고 한다. 이 7잔에 숨어있는 비밀은 무엇일까?

① 7은 행운의 수이다. ② 7은 홀수이다.

③ 7은 소수이다.

Solution

두 사람이 술을 주거니 받거니 하다보면 7잔으로는 공평하게 나눌 수가 없게 된다. 그러니 한 병 더 주문하게 된다나. 세 사람이 술을 마실 때도 7잔으로는 1잔이 남거나 2잔이 부족하게 되겠지. 네 사람인 경우 역시 1잔이 부족하겠네. 일곱 명일 때 비로소 딱 1잔씩 나누어 마실 수 있게 된다. 이처럼 술을 더 주문하도록 하기 위해 7잔이 되게 하였다는 것이다. 만일 소주 한 병이 6잔이라면 어떤가? 두 사람이면 3잔씩, 세 사람이면 2잔씩 나누어 마실 수 있게 되어 더 이상 주문하지 않아도 된다.

7과 같이 1과 자기자신(7) 외에 약수가 없는 수를 소수(prime number)라고 한다.

정답은 ③번

소주병과 소주잔 사이에 수학이 숨어있을 줄이야!

이처럼 우리가 미처 깨닫지 못하는 곳곳에 수학은 숨 쉬고 있다.

Test

윤이네 회사에서는 새로운 술을 개발하여 시판을 앞두고 있다. 소주의 경우와 같은 이유로 술병과 술잔의 크기를 조절하려고 한다. 한 병의 술을 잔에 따랐을 때 몇 잔이 되도록 하면 좋을지 다음 중에서 고른다면?

① 6잔 ② 9잔 ③ 11잔 ④ 12잔

Solution

같은 이유라면 윤이네 회사에서도 소수를 선택하면 좋겠지?

정답은 ③번

Quiz

가장 큰 소수(prime number)

가장 큰 소수는 어떤 수인지 알 수 있을까?

① 알 수 있다. ② 알 수 없다.

Solution

만일 가장 큰 소수를 알 수 있다면 소수의 개수는 유한개일 것이다. 가장 큰 소수보다 작은 소수들은 모두 찾을 수 있을 테니까.

소수의 개수가 유한개라고 가정하자. 그리고 그 개수를 n이라고 하자.

그러면 모든 소수들을 순서대로 늘어놓을 수 있을 것이다.

$p_1,\ p_2,\ p_3,\ \cdots,\ p_n$ 이렇게.

자, 여기서 새로운 수를 하나 정하기로 하자. 모든 소수들을 곱한 뒤 1을 더한 수. 이 수를 p라고 하면

$$p = p_1 \times p_2 \times p_3 \times \cdots \times p_n + 1$$

그러면 p는 모든 소수보다 큰 수이다. 따라서 p는 소수일 수 없다.

그런데 p는 $p_1,\ p_2,\ p_3,\ \cdots,\ p_n$ 중 어느 수로 나누어도 나머지가 1이 된다.

즉 어느 소수로도 나누어지지 않는다. 다시 말하면 p는 1과 자기자신 외에 약수가 없다. 그러면 p는 소수라는 이야기다. 이것은 모순이다.

따라서 소수의 개수는 유한개가 아니다.

소수는 무한히 많이 존재한다.

따라서 가장 큰 소수는 어떤 수인지 알 수 없겠지.

정답은 ②번

소수의 개수가 무한개라는 사실을 증명하는 것은 매우 복잡하고 어려울 것 같은데 이렇게 쉽고 간단히 증명할 수 있다니 놀랍지 않은가?

이 증명은 수학의 아름다움을 느낄 수 있는 우아한 증명 중에 하나로

꼽히고 있다.

복잡하게 얽혀있는 실타래를 하나씩 하나씩 풀어서 실이 술술 풀릴 때 어떤 느낌이 드는가? 그 느낌은 어렵고 복잡하게 생긴 수학 문제를 명쾌하게 해결했을 때 수학자들이 느끼는 희열과 같지 않을까?

어려운 수학문제를 잘 해결할 수 있게 하는 것은 논리성, 합리성, 엄밀성, 형식성, 추상성, 이상성, 일반성 등의 수학적 사고들의 조화이다. 이러한 수학적 사고의 조화를 수학의 (내적) 아름다움이라고 한다. 잘 조화를 이룬 소리가 아름다운 음악이 되고, 색깔이 조화를 잘 이루었을 때 아름답듯이.

40 필즈상

Quiz

다음 중 현재(2017년)까지 필즈상을 수상하지 못한 국가(메달 수여 당시 수상자의 국적을 기준으로)는?

① 대한민국 ② 핀란드 ③ 브라질 ④ 러시아 ⑤ 베트남

Solution

문제에서 현재를 2017년으로 날짜를 특정하지 않은 것은 필즈상이 매 4년마다 수여되기 때문이다. 4년마다 열리는 세계수학자대회(International Congress of Mathematicians)에서 수여하는 필즈상은 수학에서 가장 권위 있는 상으로 수학의 노벨상으로 불리기도 한다.

필즈상은 상이 수여되는 해의 1월을 기준으로 40세가 되지 않은 수학자들을 대상으로 수여되는데, 이 때문에 뛰어난 업적을 남기고도 필즈상을 수상하지 못한 수학자들도 많다. 대표적으로는 페르마의 마지막 정리를 증명했던 앤드류 와일즈(Andrew John Wiles)가 있다. 이러한 규정은 존 찰스 필즈(John Charles Fields, 1863~1932)의 유언에서 비롯된 것인데, 필즈는 그의 유언에서 다음과 같이 밝혔다.

'상의 수여는 이미 이루어진 업적을 기리면서 동시에 향후 연구를 지속하도록 격려하고 다른 수학자들의 분발을 촉구하는 뜻에서 이루어져야 할 것입니다.'

필즈상은 1936년에 처음 시상되었고, 제2차 세계 대전으로 인하여 14년간 시상이 중단되었다가, 1950년부터 다시 시상이 이어졌다.

2006년에는 그리고리 페렐만(Grigori Yakovlevich Perelman)이 수학계의 중요한 난제 중 하나인 푸앵카레 추측을 증명하여 필즈상 수상자 네 명 중 하나로 선정되었으나 수상을 거부하여 많은 사람들의 관심을 끌었다.

2010년 인도 하이데라바드에서 열렸던 세계수학자대회에서는 베트남인을 포함한 네 명의 젊은 수학자들이 필즈 메달을 수여 받았다.

2014년 서울에서 개최되었던 세계수학자대회에서는 역사상 처음으로 여성수학자 마리암 미르자카니(Maryam Mirzakhani)가 수상하여 주목을 받았다.

2018년에 세계수학자대회는 브라질에서 열린다.

인간의 평균수명이 길어지고 40대는 수학자들이 왕성히 활동하는 시점이라는 점을 들어 40세 미만으로 제한하는 필즈상의 규정을 재검토하자는 의견도 있다.

지금(2017년)까지 프랑스, 미국, 일본, 영국을 비롯하여 핀란드, 뉴

질랜드, 노르웨이, 스웨덴, 이탈리아, 벨기에, 러시아, 오스트레일리아, 이스라엘, 베트남, 브라질, 캐나다, 오스트리아, 이란 등의 국가에서 수상자를 배출하였으나 우리나라에서는 아직 수상자가 나오지 않았다.

정답은 ①번

여기서 국제수학올림피아드(International Mathematical Olympiad, IMO)에 대해 소개해야겠다. 국제수학올림피아드는 1959년 루마니아에서 열린 이후 매년 7월에 거행되는 국제적인 수학 경시대회이다. 대학교육을 받지 않은 20세 미만인 학생들에게 참가자격이 있으며, 각국 대표단은 6명의 학생으로 이루어진다. 초창기에는 주로 동구권 나라들이 참여하는 대회였으나 1970년대 중반 이후 미국 등 서방 국가들도 참여하기 시작하였고 우리나라는 1988년 호주 대회부터 참가하고 있다. 최근에는 100개국 남짓 참가하고 있고 아프리카와 서남아시아의 일부 국가들을 제외하고는 전 세계 거의 모든 나라들이 참가하고 있다.

시험은 이틀간 치러지며 하루에 3문제씩 총 6문제가 주어진다. 시간은 하루에 4시간 30분씩으로 이틀간 총 9시간이 주어지며 점수는 문제당 7점으로 모두 42점 만점이다. 점수에 따라 상위 1/12에게 금메달을, 1/6에게 은메달을, 1/4에게 동메달을 수여한다. 즉, 참가자의 반 정도가 메달을 받게 된다. 국가별 등수는 참가자 6명의 성적을 합산하여 매긴다.

우리나라는 1988년 처음 참가한 이후 몇 년간은 중위권의 성적을 유지하였다. 당시에 북한이나 일본에 비해 크게 뒤져서 언론에서 주요 이슈로 삼기도 하였으나, 1995년 캐나다 IMO부터 10위권 진입에 성공하고, 1999년부터는 본격적으로 최상위 그룹에 속하게 된다. 2000년 우리나라에서 열린 대회에서 4위를 한 이후 2012년에는 처음으로 우리나라가 1위를 하였다.

2016년에는 우리나라 대표 6명중 3명이 만점을 받았다.

2017년 58회 대회는 브라질에서 열린다.

국제수학올림피아드에 출전할 선수는 대한수학회에서 주관하는 한국수학올림피아드(KMO)에서 여러 번의 절차를 거쳐 선발한다.

국제올림피아드 출신으로 필즈상을 받은 수학자도 있다.

1994년 필즈상을 수상하였고, 우리나라의 고등과학원에서 석학교수를 지낸 에핌 젤마노프(Efim Isaakovich Zelmanov) 교수는 IMO 수상과 필즈상과의 상관관계에 대해 이렇게 말한다.

"IMO에서 금메달을 받는 일은 굉장히 어렵지만, IMO문제를 기발하게 풀었다고 해서 논문이 되진 않는다. 필즈상은 모든 자료가 공개돼 있는 상황에서 수년간 혹은 수십 년간 연구해 해결하는 것이기 때문에 성격이 다르다. IMO에서 메달을 수상했다 해도 열정을 잃는다면 대 수학자가 되긴 어렵다"

국제수학올림피아드에서 꾸준히 우수한 성적을 거두고 있는 우리나라도 머지않아 수상국에 명단을 올릴 것으로 기대한다.

지은이 임해경

전남대학교 수학교육과를 졸업하고 잠시 고등학교에서 학생들을 가르치다 대학원에 진학하였다. 대학원에서 위상수학을 전공하였고 1988년 이학박사 학위를 받았다.

현재 광주교육대학교 수학교육과 교수로 재직 중이다. 학부와 대학원에서 〈수학과 교육〉, 〈컴퓨터와 수학교육〉, 〈생활과 수학〉, 〈초등수학 기초론〉 등의 강의를 하고 있으며, 대학 부설 영재교육원에서 초등영재들을 가르치고 있다. 수학과 교육과정 심의위원, 교과서 심의위원 등으로 활동했다.

저서로 『초·중등교사를 위한 GSP의 활용』, 『퀴즈로 알아보는 수학이야기』가 있다.

생활 속의 수학이야기

초판3쇄발행 2023년 8월 10일

지은이 임해경 / **펴낸이** 오판근
펴낸곳 (주) 교 우
주 소 서울시 동대문구 약령시로 8 교우빌딩 2층 (주)교우
전 화 02-925-2861 / **팩 스** 02-925-2860, **편집부** 02-925-2825
홈페이지&북스토어 www.kyowoo.co.kr / **이메일** kyowoo@kyowoo.co.kr

등 록 1994년 3월 24일 제1994-000013호
ISBN 979-11-251-0209-0 (03410)

Published by Kyowoo Co., Ltd. Printed in Korea

값 18,000원

교우미디어는 (주) 교우의 Imprint 사입니다.
수학정원·과학정원은 (주) 교우의 새로운 브랜드명입니다.